土木工程专业设计指导手册

丛书主编 龙炳煌

主编 田水

副主编 黄婧 李书进 古倩

钢筋混凝土框架结构
设计指导手册

中国水利水电出版社
www.waterpub.com.cn

内 容 提 要

本书涵盖了钢筋混凝土框架结构设计的全部过程,内容包括结构平面布置、构件截面尺寸选择、荷载计算、框架内力计算、荷载效应组合、侧移验算、抗震设计以及构件设计等内容。在对规范条文及理论讲解的基础上通过实例对钢筋混凝土框架结构设计过程进行全面演示,具有很强的实用价值和可操作性。

本书适合土木工程专业及相关专业本、专科学生及设计人员学习参考。

图书在版编目(CIP)数据

钢筋混凝土框架结构设计指导手册 / 田水主编. --
北京 : 中国水利水电出版社,2014.4
(土木工程专业设计指导手册 / 龙炳煌主编)
ISBN 978-7-5170-1879-7

Ⅰ. ①钢… Ⅱ. ①田… Ⅲ. ①钢筋混凝土结构—框架
结构—结构设计—手册 Ⅳ. ①TU375.4-62

中国版本图书馆CIP数据核字(2014)第070349号

书 名	土木工程专业设计指导手册 **钢筋混凝土框架结构设计指导手册**
作 者	丛书主编 龙炳煌 主编 田水
出版发行	中国水利水电出版社 (北京市海淀区玉渊潭南路1号D座 100038) 网址:www.waterpub.com.cn E-mail:sales@waterpub.com.cn 电话:(010)68367658(发行部)
经 售	北京科水图书销售中心(零售) 电话:(010)88383994、63202643、68545874 全国各地新华书店和相关出版物销售网点
排 版	中国水利水电出版社微机排版中心
印 刷	北京瑞斯通印务发展有限公司
规 格	184mm×260mm 16开本 13.5印张 320千字
版 次	2014年4月第1版 2014年4月第1次印刷
印 数	0001—3000册
定 价	**28.00元**

编 委 会

前　言

近几年我国建筑结构的有关规范及规程又经历了新的一轮修改，对钢筋混凝土框架结构设计的相关内容进行了较多补充与更新。本书详细讲解了广泛应用于多层房屋建筑中的现浇钢筋混凝土框架结构设计的全过程，内容包括结构布置、构件截面尺寸选择、计算简图选取、荷载计算和框架内力计算、荷载效应组合、框架的抗震设计、构件配筋设计等。

钢筋混凝土框架设计涵盖了《建筑结构荷载规范》（GB 50009—2012）、《混凝土结构设计规范》（GB 50010—2010）、《建筑抗震设计规范》（GB 50011—2010）、《高层建筑混凝土结构技术规程》（JGJ 3—2010）、《建筑地基基础设计规范》（GB 50007—2011）等内容。内容多且涉及面广，对于刚开始从事钢筋混凝土框架设计的人员及在校学生要全面了解钢筋混凝土框架设计的理论，熟练应用规范、规程条文及了解规范之间、条文之间的内在联系尚有一定困难。为帮助大家深入理解钢筋混凝土框架结构设计的理论及规范条文，系统、全面地掌握钢筋混凝土框架结构的设计方法，本书结合现行规范对钢筋混凝土框架结构设计方法进行了全面、系统、详细地阐述，以钢筋混凝土框架设计为主线，讲解相关规范条文，通过将不同规范的相应条文放在一起讲解使大家更深入地理解规范条文的含义，了解不同规范之间的衔接，形成钢筋混凝土框架结构设计的整体思路。通过对不同规范的相关条文对比，指出其异同及适用条件，达到深刻理解并能正确运用规范条文的目的，最后通过一个设计实例，使理论和实践紧密结合。通过手算与电算的讲解，使大家对手算和计算机操作均有了解。

本分册共分 10 章，由田水、黄靖、李书进、谷倩、孔亚美、童小龙、杨世杰、王笑杰共同编写，由龙炳煌审阅。

限于编者的水平，书中不可避免的存在着疏漏和错误，敬请读者批评指正。

编者

目　　录

第1章 钢筋混凝土框架结构设计步骤概述

钢筋混凝土框架结构设计是土木工程专业学生毕业设计的主要内容，也是从事建筑结构设计工作的设计人员经常遇到的工作。钢筋混凝土框架结构设计主要包括建筑设计和结构设计两个部分。

1.1 建筑设计

建筑设计的主要内容是在总体规划的前提下，根据设计任务书的要求，综合考虑环境、使用功能、结构选型、施工、材料、设备、建筑经济及建筑艺术等问题，首先进行建筑总平面设计，解决使用功能和使用空间的合理安排，确定与场地和周围环境的关系，以及完成人流、车流、主次出入口布置及环境的美化等；其次，更细化地确定主要功能房间以及辅助房间的平面布置、面积、门窗大小及位置，水平和垂直交通联系，进而进行立面设计和剖面设计等。

1.2 结构设计

结构设计部分为密切结合建筑设计进行结构总体布置，确定结构形式，使建筑物具有良好的受力力学性能和合理的传力路线。通过力学计算及合理的构造措施保证结构的安全性、适用性、耐久性。此部分为本书的主要内容。

结构设计是保证结构安全的重要设计过程。结构设计与建筑结构的安全性和可靠性息息相关，做好结构设计不仅需要设计人员具备专业的理论知识和设计经验，还需要严格遵守相关规范、规程的规定。结构设计一般包括：结构方案、内力分析、截面设计、连接构造、耐久性、施工可行性及特殊工程的性能设计等。《混凝土结构设计规范》（GB 50010—2010）对混凝土结构设计的内容进行了规定：

> 3.1.1 混凝土结构设计应包括下列内容：
>
> 1 结构方案设计，包括结构选型、传力途径和构件布置；
>
> 2 作用及作用效应分析；
>
> 3 结构构件截面配筋计算或验算；
>
> 4 结构及构件的构造、连接措施；
>
> 5 对耐久性及施工的要求；
>
> 6 满足特殊要求结构的专门性能设计。

总体来说，在满足建筑方案和能保证结构安全的基础上，结构设计应在以构件设计为主的基础上扩展到考虑整个结构体系的设计。

对于一般的钢筋混凝土框架结构的设计，其步骤见图 1.1.1。

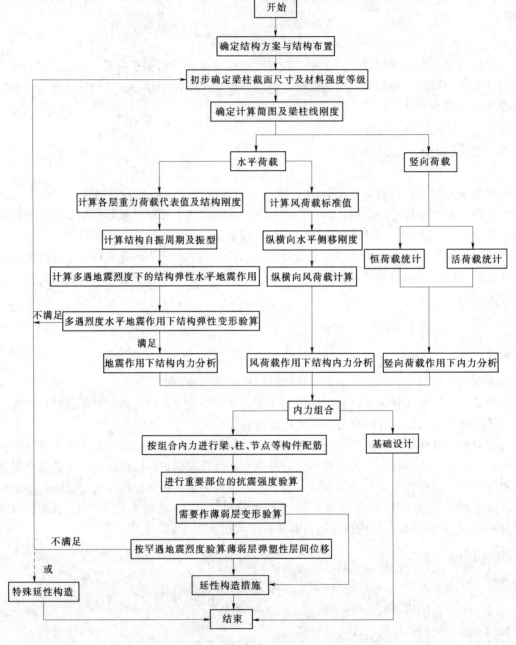

图 1.1.1　钢筋混凝土框架结构设计步骤框图

第2章 框架结构设计规范基本规定

2.1 适用范围

2.1.1 房屋适用高度

每一种结构体系均有其最佳的适用高度范围，在其最佳适用高度范围内结构体系受力合理、建筑材料能得到充分应用，结构效能能得到充分发挥，这时结构具有良好的经济性。钢筋混凝土框架结构体系也有其适用高度，我国规范从安全、结构效能和经济性等诸方面综合考虑对其适用的最大高度进行限制，规定了钢筋混凝土框架结构体系的最大适用高度。

（1）《建筑抗震设计规范》（GB 50011—2010）规定：

6.1.1 本章适用的现浇钢筋混凝土房屋的结构类型和最大高度应符合表 6.1.1 的要求。平面和竖向均不规则的结构，适用的最大高度宜适当降低。一般减少 10% 左右。

表 6.1.1　　　　　　　现浇钢筋混凝土房屋适用的最大高度（m）

结构类型	烈　　度				
	6	7	8(0.2g)	8(0.3g)	9
框架	60	50	40	35	24

注　1. 房屋高度指室外地面到主要屋面板板顶的高度（不包括局部突出屋顶部分）；
　　2. 表中框架，不包括异形柱框架；
　　3. 乙类建筑可按本地区抗震设防烈度确定其适用的最大高度；
　　4. 超过表内高度的房屋，应进行专门研究和论证，采取有效地加强措施。

（2）《高层建筑混凝土结构技术规程》（JGJ 3—2010）将钢筋混凝土结构抗侧力体系的最大适用高度分成 A 级、B 级两类。A 级高度钢筋混凝土高层建筑是目前应用最广泛的建筑，A 级的钢筋混凝土框架结构体系的高度应符合《高层建筑混凝土结构技术规程》的规定：

3.3.1 钢筋混凝土高层建筑结构的最大适用高度应区分为 A 级和 B 级。A 级高度钢筋混凝土乙类和丙类高层建筑的最大适用高度应符合表 3.3.1-1 的规定。
平面和竖向均不规则的高层建筑结构，其最大适用高度宜适当降低。

表 3.3.1－1　　　　　A 级高度钢筋混凝土高层建筑的最大适用高度（m）

结 构 体 系	非抗震设计	抗震设防烈度				
		6	7	8		9
				0.20g	0.30g	
框架	70	60	50	40	35	—

注　1. 表中框架不含异形柱框架；
　　2. 甲类建筑，6～8 度时宜按本地区抗震设防烈度提高一度后符合本表的要求，9 度时应专门研究；
　　3. 当房屋高度超过本表数值时，结构设计应有可靠依据，并采取有效地加强措施。

可以看出《建筑抗震设计规范》和《高层建筑混凝土结构技术规程》规定的结构最大适用高度在抗震设防烈度 8 度及以下时是相同的，9 度时钢筋混凝土框架不能应用于高层建筑结构。表中的房屋高度均是指室外地面到主要屋面板板顶的高度，不包括电梯机房、水箱、构架等局部突出屋顶的部分。当钢筋混凝土框架结构房屋的高度超过最大适用高度时，应通过专门研究，采取有效加强措施，并进行专项审查。

注意：表 3.3.1－1 为乙类和丙类建筑的最大适用高度，甲类建筑在抗震设防烈度6～8 度时宜按本地区抗震设防烈度提高一级后符合表的要求。

2.1.2　房屋适用高宽比

房屋高宽比是影响结构效能及经济性的另一个重要影响因素。当建筑高宽比达到一定值后，随着建筑高宽比的增加，结构的侧向位移、倾覆力矩均将迅速增大，高层建筑结构的侧向位移常常成为高层结构设计的主要控制因素，因此，建筑物的高宽比不宜过大。为了使设计者在初步设计阶段就能在宏观上控制结构的刚度、整体稳定、承载能力和经济合理性，确定经济、合理的结构体形，充分利用钢筋混凝土框架结构的受力性能，《高层建筑混凝土结构技术规程》规定了钢筋混凝土框架结构的高宽比限值：

3.3.2　钢筋混凝土高层建筑结构的高宽比不宜超过表 3.3.2 的规定。

表 3.3.2　　　　　钢筋混凝土高层建筑结构适用的最大高宽比

结 构 体 系	非抗震设计	抗震设防烈度		
		6 度、7 度	8 度	9 度
框架	5	4	3	—

计算房屋的高宽比时，房屋的高度是指室外地面到主要屋面板板顶的高度，宽度是指房屋平面轮廓边缘的最小尺寸。

《高层建筑混凝土结构技术规程》第 3.3.2 条的条文说明了控制高宽比的目的：

3.3.2　（条文说明）高层建筑的高宽比，是对结构刚度、整体稳定、承载能力和经济合理性的宏观控制；在结构设计满足本规程规定的承载力、稳定、抗倾覆、变形和舒适度等基本要求后，仅从结构安全角度讲高宽比限值不是必须满足的，主要影响结构设计的经济性。

《高层建筑混凝土结构技术规程》第 3.3.2 条的条文说明介绍了复杂体型建筑高宽比计算的原则：

3.3.2 （条文说明）在复杂体型的高层建筑中，如何计算高宽比是比较难以确定的问题。一般情况下，可按所考虑方向的最小宽度计算高宽比，但对突出建筑物平面很小的局部结构（如楼梯间、电梯间等），一般不应包含在计算宽度内；对于不宜采用最小宽度计算高宽比的情况，应由设计人员根据实际情况确定合理的计算方法；对带有裙房的高层建筑，当裙房的面积和刚度相对于其上部塔楼的面积和刚度较大时，计算高宽比的房屋高度和宽度可按裙房以上塔楼结构考虑。

《建筑抗震设计规范》及《混凝土结构设计规范》均未有控制建筑结构高宽比的条文。这表明仅在设计高层建筑结构时要验算高宽比。

2.2 材料选用

2.2.1 钢筋选择

1. 无抗震设防要求时

《混凝土结构设计规范》规定无抗震设防要求时：

4.2.1 混凝土结构的钢筋应按下列规定选用：
　　1　纵向受力普通钢筋宜采用 HRB400、HRB500、HRBF400、HRBF500 钢筋，也可采用 HPB300、HRB335、HRBF335、RRB400 钢筋；
　　2　梁、柱纵向受力普通钢筋应采用 HRB400、HRB500、HRBF400、HRBF500 钢筋；
　　3　箍筋宜采用 HRB400、HRBF400、HPB300、HRB500、HRBF500 钢筋，也可采用 HRB335、HRBF335 钢筋。

2. 有抗震设防要求时

为保证按一、二、三级抗震等级设计的各类框架构件在出现较大塑性变形或塑性铰后，钢筋具有必要的耗散地震作用的潜力，保证构件的基本抗震承载力；保证"强柱弱梁"、"强剪弱弯"设计要求的效果不致因钢筋屈服强度离散性过大而受到干扰；保证在抗震大变形条件下，钢筋具有足够的塑性变形能力，《混凝土结构设计规范》规定按一、二、三级抗震等级设计的各类框架构件中钢筋应满足抗震所需要的强度及变形要求：

> 11.2.3 按一、二、三级抗震等级设计的框架和斜撑构件，其纵向受力普通钢筋应符合下列要求：
>
> 　　1　钢筋的抗拉强度实测值与屈服强度实测值的比值不应小于 1.25；
>
> 　　2　钢筋的屈服强度实测值与屈服强度标准值的比值不应大于 1.30；
>
> 　　3　钢筋最大拉力下的总伸长率实测值不应小于 9％。

　　该要求与《高层建筑混凝土结构技术规程》的第 3.2.3 条要求相一致。

　　为保证当构件某个部位出现塑性铰以后，塑性铰处有足够的转动能力与耗能能力以及纵向钢筋具有足够的延性和伸长率和实现强柱弱梁、强剪弱弯所规定的内力调整，《建筑抗震设计规范》对钢筋的选材也做了如下规定：

> 3.9.2 结构材料性能指标，应符合下列最低要求：
>
> 　　2）抗震等级为一、二、三级的框架和斜撑构件（含梯段），其纵向受力钢筋采用普通钢筋时，钢筋的抗拉强度实测值与屈服强度实测值的比值不应小于 1.25；钢筋的屈服强度实测值与屈服强度标准值的比值不应大于 1.3，且钢筋在最大拉力下的总伸长率实测值不应小于 9％。
>
> 3.9.3 结构材料性能指标，尚宜符合下列要求：
>
> 　　1　普通钢筋宜优先采用延性、韧性和焊接性较好的钢筋；普通钢筋的强度等级，纵向受力钢筋宜选用符合抗震性能指标的不低于 HRB400 级的热轧钢筋，也可采用符合抗震性能指标的 HRB335 级热轧钢筋；箍筋宜选用符合抗震性能指标的不低于 HRB335 级的热轧钢筋，也可选用 HPB300 级热轧钢筋。
>
> 　　注：钢筋的检验方法应符合现行国家标准《混凝土结构工程施工质量验收规范》GB 50204 的规定。

2.2.2　混凝土强度等级的选用

　　1. 无抗震设防要求时

　　根据混凝土耐久性的基本要求，《混凝土结构设计规范》规定：

> 4.1.2　素混凝土结构的混凝土强度等级不应低于 C15；钢筋混凝土结构的混凝土强度等级不应低于 C20；采用强度等级 400MPa 及以上的钢筋时，混凝土强度等级不应低于 C25。
>
> 　　预应力混凝土结构的混凝土强度等级不宜低于 C40，且不应低于 C30。
>
> 　　承受重复荷载的钢筋混凝土构件，混凝土强度等级不应低于 C30。

　　2. 有抗震设防要求时

　　由于混凝土强度对保证构件塑性铰区发挥延性能力具有较重要作用，故抗震设计时混凝土强度等级不能太低；但因高强度混凝土表现出的明显脆性，以及因侧向变形系数偏小而使箍筋对它的约束效果受到一定削弱，故对地震高烈度区混凝土强度也不能太高。因此《混凝土结构设计规范》提出了有抗震设防要求的混凝土结构最高和最低强度等级的限制。

> 11.2.1 混凝土结构的混凝土强度等级应符合下列规定：
>
> 1 9度时不宜超过C60，8度时不宜超过C70。
>
> 2 一级抗震等级的框架梁、柱及节点，不应低于C30；其他各类结构构件，不应低于C20。

在抗震设计中考虑到高强度混凝土具有脆性性质，且随强度等级提高其脆性明显增加，根据现有的试验研究和工程经验，《建筑抗震设计规范》也限制了混凝土材料的强度等级，规定如下：

> 3.9.2 结构材料性能指标，应符合下列最低要求：
>
> 1）混凝土的强度等级，抗震等级为一级的框架梁、柱、节点核心区，不应低于C30；其他各类构件不应低于C20；
>
> 3.9.3 结构材料性能指标，尚宜符合下列要求：
>
> 2 混凝土结构的混凝土强度等级，抗震墙不宜超过C60，其他构件，9度时不宜超过C60，8度时不宜超过C70。

在高层建筑中，由于房屋高度大、层数多、柱距大，单柱轴向力很大，因轴压比限制而使柱截面尺寸过大，加大了自重和材料消耗，并且妨碍建筑功能、浪费有效面积。因此《高层建筑混凝土结构技术规程》在《混凝土结构设计规范》和《建筑抗震设计规范》规定的基础上规定：

> 3.2.1 高层建筑混凝土结构宜采用高强高性能混凝土。
>
> 3.2.2 各类结构用混凝土的强度等级均不应低于C20，并应符合下列规定：
>
> 3 作为上部结构嵌固部位的地下室楼盖的混凝土强度等级不宜低于C30；
>
> 4 转换层楼板、转换梁、转换柱、箱形转换结构以及转换厚板的混凝土强度等级均不低于C30；

2.3 设计原则和基本要求

建筑结构设计要满足安全性、适用性及耐久性的要求，结构设计时就必须根据相关规范、规程的规定。现行规范、规程对建筑结构设计的原则和要求有：

> 3.1.5 混凝土结构的安全等级和设计使用年限应符合现行国家标准《工程结构可靠性设计统一标准》GB 50153 的规定。

表 3.1.5	建筑结构的安全等级	
安 全 等 级	破 坏 后 果	建筑物类型
一级	很严重	重要的建筑物
二级	严重	一般的建筑物
三级	不严重	次要的建筑物

混凝土结构中各类结构构件的安全等级，宜与整个结构的安全等级相同。对其中部分结构构件的安全等级，可根据其重要程度适当调整。对于结构中重要构件和关键传力部位，宜适当提高其安全等级。

2.3.1 承载能力极限状态计算

《混凝土结构设计规范》规定：

3.3.1 混凝土结构的承载能力极限状态计算应包括下列内容：
　　1 结构构件应进行承载力（包括失稳）计算；
　　2 直接承受重复荷载的构件应进行疲劳验算；
　　3 有抗震设防要求时，应进行抗震承载力计算；
　　4 必要时尚应进行结构的倾覆、滑移、漂浮验算；
　　5 对于可能遭受偶然作用，且倒塌可引起严重后果的重要结构，宜进行防连续倒塌设计。

3.3.2 对持久设计状况、暂短设计状况和地震设计状况，当用内力的形式表达时，结构构件应采用下列承载能力极限状态设计表达式：

$$\gamma_0 S \leqslant R \tag{3.3.2-1}$$

$$R = R(f_c, f_s, a_d, \cdots)/\gamma_{Rd} \tag{3.3.2-2}$$

式中　γ_0——结构重要性系数：在持久设计状况和短暂设计状况下，对安全等级为一级的结构构件不应小于 1.1，对安全等级为二级的结构构件不应小于 1.0，对安全等级为三级的结构构件不应小于 0.9；对地震设计状况下不应小于 1.0；

　　　　S——承载能力极限状态下作用组合的效应设计值：对持久设计状况和暂短设计状况按作用的基本组合计算；对地震设计状况按作用的地震组合计算；

　　　　R——结构构件的抗力设计值；

　　$R(\cdot)$——结构构件的抗力力函数；

　　　γ_{Rd}——结构构件的抗力模型不定性系数：对静力设计，一般结构构件取 1.0，重要结构构件或不确定性较大的结构构件根据具体情况取大于 1.0 的数值；对抗震设计，采用承载力抗震调整系数 γ_{RE} 代替 γ_{Rd} 的表达形式；

f_c、f_s——混凝土、钢筋的强度设计值；

　　　a_d——几何参数的标准值；当几何参数的变异性对结构性能有明显的不利影响时，可另增减一个附加值。

公式（3.3.2-1）中的 $\gamma_0 S$，在本规范各章中用内力值（N、M、V、T 等）表达。

《高层建筑混凝土结构规程》规定：

3.8.1 高层建筑结构构件的承载力应按下列公式验算：

持久设计状况、短暂设计状况

$$\gamma_0 S_d \leqslant R_d \qquad\qquad (3.8.1-1)$$

地震设计状况

$$S_d \leqslant R_d / \gamma_{RE} \qquad\qquad (3.8.1-2)$$

式中 γ_0——结构重要性系数，对安全等级为一级的结构构件不应小于 1.1，对安全等级为二级的结构构件不应小于 1.0；

S_d——作用组合的效应设计值；

R_d——构件承载力设计值；

γ_{RE}——构件承载力抗震调整系数。

3.8.2 抗震设计时，钢筋混凝土构件的承载力抗震调整系数应按表 3.8.2 采用。当仅考虑竖向地震作用组合时，各类结构构件的承载力抗震调整系数均应取为 1.0。

表 3.8.2　　　　　　　　　　承载力抗震调整系数

构件类别	梁	轴压比小于 0.15 的柱	轴压比不小于 0.15 的柱	各类构件	节点
受力状态	受弯	偏压	偏压	受剪、偏拉	受剪
γ_{RE}	0.75	0.75	0.80	0.85	0.85

2.3.2 正常使用极限状态的验算

3.4.1 混凝土结构构件应根据其使用功能及外观要求，进行正常使用极限状态的验算。混凝土结构构件正常使用极限状态的验算应包括下列内容：

1 对需要控制变形的构件，应进行变形验算；

2 对不允许出现裂缝的构件，应进行混凝土拉应力验算；

3 对允许出现裂缝的构件，应进行受力裂缝宽度验算；

4 对有舒适度要求的楼盖结构，应进行竖向自振频率验算。

3.4.2 对于正常使用极限状态，钢筋混凝土构件应分别按荷载的准永久组合并考虑长期作用的影响或标准组合并考虑长期作用的影响，采用下列极限状态设计表达式进行验算：

$$S \leqslant C$$

式中 S——正常使用极限状态的荷载组合效应设计值；

C——结构构件达到正常使用要求所规定的变形、应力、裂缝宽度和自振频率等的限值。

3.4.3 钢筋混凝土受弯构件的最大挠度应按荷载的准永久组合，预应力混凝土受弯构件的最大挠度应按荷载的标准组合，并均应考虑荷载长期作用的影响进行计算，其计算值不应超过表 3.4.3 规定的挠度限值。

表 3.4.3   **受弯构件的挠度限值**

构 件 类 型		挠 度 限 值
屋盖、楼盖及楼梯构件	当 $l_0 < 7m$ 时	$l_0/200(l_0/250)$
	当 $7m \leqslant l_0 \leqslant 9m$ 时	$l_0/250(l_0/300)$
	当 $l_0 > 9m$ 时	$l_0/300(l_0/400)$

注 1. 表中 l_0 为构件的计算跨度；计算悬臂构件的挠度限值时，其计算跨度 l_0 按实际悬臂长度的 2 倍取用；
     2. 表中括号内的数值适用于使用上对挠度有较高要求的构件；
     3. 如果构件制作时预先起拱，且使用上也允许，则在验算挠度时，可将计算所得的挠度值减去起拱值；
     4. 构件制作时的起拱值不宜超过构件在相应荷载组合作用下的计算挠度值；
     5. 当构件对使用功能和外观有较高要求时，设计可对挠度限值适当加严。

在正常使用极限状态验算中，我国规范参考工程实践经验及国内常用构件的设计状况及实际效果的调查统计、耐久性专题研究以及长期暴露试验与快速试验的结果、国外规范的有关规定，提出了构件裂缝控制等级的划分和裂缝宽度限值，《混凝土结构设计规范》规定：

3.4.4   结构构件正截面的受力裂缝控制等级分为三级。在直接作用下，结构构件的裂缝控制等级划分及要求应符合下列规定：

    一级——严格要求不出现裂缝的构件，按荷载标准组合计算时，构件受拉边缘混凝土不应产生拉应力。

    二级——一般要求不出现裂缝的构件，按荷载标准组合计算时，构件受拉边缘混凝土拉应力不应大于混凝土抗拉强度的标准值。

    三级——允许出现裂缝的构件：对钢筋混凝土构件，按荷载准永久组合并考虑长期作用影响计算时，构件的最大裂缝宽度不应超过最大裂缝宽度限值。

3.4.5   结构构件应根据结构类型和本规范第 3.5.2 条规定的环境类别，按表 3.4.5 的规定选用不同的裂缝控制等级及最大裂缝宽度限值 w_{lim}。

表 3.4.5   **结构构件的裂缝控制等级及最大裂缝宽度的限值（mm）**

环 境 类 别	钢筋混凝土结构	
	裂缝控制等级	w_{lim}
一		0.30(0.40)
二 a	三级	
二 b		0.20
三 a、三 b		

注 1. 表中的规定适用于采用热轧钢筋的钢筋混凝土构件；当采用其他类别的钢丝或钢筋时，其裂缝控制要求可按专门标准确定；
     2. 对处于年平均相对湿度小于 60% 地区一级环境下的受弯构件，其最大裂缝宽度限值可采用括号内的数值；
     3. 在一类环境下，对钢筋混凝土屋面梁和托梁，其最大裂缝宽度限值应取为 0.30mm；
     4. 在一类环境下，对双向板体系，应按二级裂缝控制等级进行验算；对一类环境下的单向板，按表中二 a 级环境的要求进行验算；
     8. 对于处于四、五类环境下的结构构件，其裂缝控制要求应符合专门标准的有关规定；
     9. 混凝土保护层厚度较大的构件，可根据实践经验对表中最大裂缝宽度限值适当放宽。

结构所处环境是影响其耐久性的外因。《混凝土结构设计规范》对影响混凝土结构耐久性的环境类别进行了较详细的分类：

3.5.2　混凝土结构暴露的环境类别应按表 3.5.2 的要求划分。

表 3.5.2　　　　　　　　　　　混凝土结构的环境类别

环境类别	条　件
一	室内干燥环境； 无侵蚀性静水浸没环境
二 a	室内潮湿环境； 非严寒和非寒冷地区的露天环境； 非严寒和非寒冷地区与无侵蚀性的水或土壤直接接触的环境； 严寒和寒冷地区的冰冻线以下与无侵蚀性的水或土壤直接接触的环境
二 b	干湿交替环境； 水位频繁变动环境； 严寒和寒冷地区的露天环境； 严寒和寒冷地区的冰冻线以上与无侵蚀性的水或土壤直接接触的环境
三 a	严寒和寒冷地区冬季水位变动区环境； 受除冰盐影响环境； 海风环境
三 b	盐渍土环境； 受除冰盐作用环境； 海岸环境
四	海水环境
五	受人为或自然的侵蚀性物质影响的环境

注　1. 室内潮湿环境是指构件表面经常处于结露或湿润状态的环境；
　　2. 严寒和寒冷地区的划分应符合现行国家标准《民用建筑热工设计规范》（GB 50176）的有关规定；
　　3. 海岸环境和海风环境宜根据当地情况，考虑主导风向及结构所处迎风、背风部位等因素的影响，由调查研究和工程经验确定；
　　4. 受除冰盐影响环境是指受到除冰盐盐雾影响的环境；受除冰盐作用环境是指被除冰盐溶液溅射的环境以及使用除冰盐地区的洗车房、停车楼等建筑。
　　5. 暴露的环境是指混凝土结构表面所处的环境。

2.4　抗震等级及调整

2.4.1　抗震等级及抗震措施

钢筋混凝土房屋的抗震等级是重要的设计参数。钢筋混凝土建筑结构的抗震设计，根据设防烈度、结构类型、房屋高度区分为不同的抗震等级。抗震等级的划分，体现不同抗震设防类别、不同结构类型、不同烈度、同一烈度但不同高度的钢筋混凝土房屋结构延性要求的不同，以及同一种构件在不同结构类型中的延性要求的不同。抗震等级的高低，体现了对结构抗震性能要求的严格程度。

钢筋混凝土房屋结构应根据抗震等级采取相应的抗震措施。抗震措施是在按多遇地震作用进行构件截面承载力设计的基础上保证抗震结构在可能出现的最强地震作用下具有足够的整体延性和塑性耗能能力，保持对重力荷载的承载能力，维持结构不发生严重损毁或倒塌的基本措施。这里，抗震措施主要包括两类措施。一类是宏观限制或控制条件和对重要构件在多遇地震作用的组合内力设计值进行调整增大；另一类则是保证各类构件基本延性和塑性耗能能力的各种抗震构造措施。由于对不同抗震条件下各类结构构件的抗震措施要求不同，故采用"抗震等级"对其进行分级，抗震等级按抗震措施从强到弱分为一、二、三、四级。

内力调整措施和抗震构造措施分别从两个方面保证结构和构件的延性。

（1）内力调整措施是通过内力调整系数使构件在多遇地震作用计算时的内力设计值得到不同程度的增大，从而使结构和构件达到不同层次的延性水平。为此将结构和构件的抗震要求分成不同层次的"抗震措施等级"。

（2）抗震构造措施是采用具体构造规定来使结构和构件达到不同层次的延性水平，相应地将结构和构件的抗震要求分成不同层次的"抗震构造措施等级"。

"抗震措施等级"和"抗震构造措施等级"均分为四等，通称为"抗震等级"。在多数情况下"抗震措施等级"和"抗震构造措施等级"是一致的，但亦可能不一致。

2.4.2 抗震等级划分及调整

抗震等级应根据设防类别、结构类型、烈度和房屋高度4个因素确定。《混凝土结构设计规范》第11.1.3条、《建筑抗震设计规范》第6.1.2条及《高层建筑混凝土结构技术规程》第3.9.3条规定：

> 房屋建筑混凝土结构构件的抗震设计，应根据设防类别、烈度、结构类型和房屋高度采用不同的抗震等级，并应符合相应的计算和构造措施要求。丙类建筑的抗震等级应按表2.4-1确定。

表 2.4-1　　　　　　　　　混凝土结构的抗震等级

结构类型		设防烈度						
		6		7		8		9
	高度（m）	≤24	>24	≤24	>24	≤24	>24	≤24
框架结构	普通框架	四	三	三	二	二	一	一
	大跨度框架	三		二		一		一

注　1. 建筑场地为Ⅰ类时，除6度设防烈度外应允许按表内降低一度所对应的抗震等级采取抗震构造措施，但相应的计算要求不应降低；
　　2. 接近或等于高度分界时，应允许结合房屋不规则程度及场地、地基条件确定抗震等级；
　　3. 大跨度框架指跨度不小于18m的框架；
　　4. 表中框架结构不包括异型柱框架；
　　5. 丙类建筑为现行国家标准《建筑工程抗震设防分类标准》GB 50223中标准设防类建筑的简称。

表 2.4-1 中仅考虑了设防烈度、结构类型和房屋高度 3 个因素，表 2.4-1 的"设防类别"为"丙类"，其他"设防类别"应用时要调整。乙类建筑应提高一度并查表 2.4-1 确定其抗震等级。

建筑场地为Ⅰ类时，除 6 度外应允许按表内降低一度所对应的抗震等级采取抗震构造措施。

抗震设防类别为甲、乙、丁类，场地类别为Ⅰ，Ⅲ，Ⅳ的抗震等级不能直接应用表 2.4-1，应对"设防烈度"进行调整后再查表 2.4-1。

《建筑工程抗震设防分类标准》（GB 501223—2008）第 3.0.3 条及《高层建筑混凝土结构技术规程》第 3.9.1 条规定了抗震设防类别为甲、乙、丁类时设防烈度的调整。

3.0.3 各抗震设防类别建筑的抗震设防标准，应符合下列要求：

1 标准设防类，应按本地区抗震设防烈度确定其抗震措施和地震作用，达到在遭遇高于当地抗震设防烈度的预估罕遇地震影响时不致倒塌或发生危及生命安全的严重破坏的抗震设防目标。简称丙类；

2 重点设防类，应按高于本地区抗震设防烈度一度的要求加强其抗震措施，但抗震设防烈度为 9 度时应按比 9 度更高的要求采取抗震措施；地基基础的抗震措施，应符合有关规定。同时，应按本地区抗震设防烈度确定其地震作用。简称乙类；

3 特殊设防类，应按高于本地区抗震设防烈度提高一度的要求加强其抗震措施；但抗震设防烈度为 9 度时应按比 9 度更高的要求采取抗震措施。同时，应按批准的地震安全性评价的结果且高于本地区抗震设防烈度的要求确定其地震作用。简称甲类；

4 适度设防类，允许比本地区抗震设防烈度的要求适当降低其抗震措施，但抗震设防烈度为 6 度时不应降低。一般情况下，仍应按本地区抗震设防烈度确定其地震作用。简称丁类；

注：对于划为重点设防类而规模很小的工业建筑，当改用抗震性能较好的材料且符合抗震设计规范对结构体系的要求时，允许按标准设防类设防。

《建筑抗震设计规范》第 3.3.2 条、第 3.3.3 条及《高层建筑混凝土结构技术规程》第 3.9.1 条、第 3.9.2 条规定了场地类别为Ⅰ，Ⅲ，Ⅳ时设防烈度的调整。

3.3.2 建筑场地为Ⅰ类时，对甲、乙类的建筑应允许仍按本地区抗震设防烈度的要求采取抗震构造措施；对丙类的建筑应允许按本地区抗震设防烈度降低一度的要求采取抗震构造措施，但抗震设防烈度为 6 度时仍应按本地区抗震设防烈度的要求采取抗震构造措施。

3.3.3 建筑场地为Ⅲ，Ⅳ类时，对设计基本地震加速度为 0.15g 和 0.30g 的地区，除本规范另有规定外，宜分别按抗震设防烈度 8 度（0.20g）和 9 度（0.40g）时各抗震设防类别建筑的要求采取抗震构造措施。

2.5　水平位移限值及变形验算

《建筑抗震设计规范》规定：

5.5.1　表 5.5.1 所列各类结构应进行多遇地震作用下的抗震变形验算，其楼层内最大的弹性层间位移应符合下式要求：

$$\Delta u_e \leqslant [\theta_e] H \qquad (5.5.1)$$

式中　Δu_e——多遇地震作用标准值产生的楼层内最大的弹性层间位移；计算时，除以弯曲变形为主的高层建筑外，可不扣除结构整体弯曲变形；应计入扭转变形，各作用分项系数均应采用 1.0；钢筋混凝土结构构件的截面刚度可采用弹性刚度；

　　　$[\theta_e]$——弹性层间位移角限值，宜按表 5.5.1 采用；

　　　H——计算楼层层高。

表 5.5.1　弹性层间位移角限值

结构类型	$[\theta_e]$
钢筋混凝土框架	1/550

5.5.2　结构在罕遇地震作用下薄弱层的弹塑性变形验算，应符合下列要求：

　　1　下列结构应进行弹塑性变形验算：

　　2）7～9 度时楼层屈服强度系数小于 0.5 的钢筋混凝土框架结构；

　　4）甲类建筑和 9 度时乙类建筑中的钢筋混凝土结构；

　　5）采用隔震和消能减震设计的结构。

　　2　下列结构宜进行弹塑性变形验算：

　　1）本规范表 5.1.2-1 所列高度范围且属于本规范表 3.4.3-2 所列竖向不规则类型的高层建筑结构；

　　2）7 度Ⅲ、Ⅳ类场地和 8 度时乙类建筑中的钢筋混凝土结构和钢结构；

　　注：楼层屈服强度系数为按钢筋混凝土构件实际配筋和材料强度标准值计算的楼层受剪承载力和按罕遇地震作用标准值计算的楼层弹性地震剪力的比值；对排架柱，指按实际配筋面积、材料强度标准值和轴向力计算的正截面受弯承载力与按罕遇地震作用标准值计算的弹性地震弯矩的比值。

5.5.3　结构在罕遇地震作用下薄弱层（部位）弹塑性变形计算，可采用下列方法：

　　1　不超过 12 层且层刚度无突变的钢筋混凝土框架结构可采用本规范第 5.5.4 条的简化计算法；

　　2　除 1 款以外的建筑结构，可采用静力弹塑性分析方法或弹塑性时程分析法等。

　　3　规则结构可采用弯剪层模型或平面杆系模型，属于本规范第 3.4 节规定的不规则结构应采用空间结构模型。

5.5.4　结构薄弱层（部位）弹塑性层间位移的简化计算，宜符合下列要求：

　　1　结构薄弱层（部位）的位置可按下列情况确定：

1) 楼层屈服强度系数沿高度分布均匀的结构，可取底层；

2) 楼层屈服强度系数沿高度分布不均匀的结构，可取该系数最小的楼层（部位）和相对较小的楼层，一般不超过2~3处；

3) 单层厂房，可取上柱。

2 弹塑性层间位移可按下列公式计算：

$$\Delta u_p = \eta_p \Delta u_e \qquad (5.5.4-1)$$

或

$$\Delta u_p = \mu \Delta u_y = \frac{\eta_p}{\xi_y} \Delta u_y \qquad (5.5.4-2)$$

式中　Δu_p——弹塑性层间位移；

　　　Δu_y——层间屈服位移；

　　　μ——楼层延性系数；

　　　Δu_e——罕遇地震作用下按弹性分析的层间位移；

　　　η_p——弹塑性层间位移增大系数，当薄弱层（部位）的屈服强度系数不小于相邻层（部位）该系数平均值的0.8时，可按表5.5.4采用。当不大于该平均值的0.5时，可按表内相应数值的1.5倍采用；其他情况可采用内插法取值；

　　　ξ_y——楼层屈服强度系数。

表5.5.4　　　　　　　　　　弹塑性层间位移增大系数

结构类型	总层数 n 或部位	ξ_y		
		0.5	0.4	0.3
多层均匀框架结构	2~4	1.30	1.40	1.60
	5~7	1.50	1.65	1.80
	8~12	1.80	2.00	2.20

5.5.5　结构薄弱层（部位）弹塑性层间位移应符合下式要求：

$$\Delta u_p \leqslant [\theta_p] h \qquad (5.5.5)$$

式中　$[\theta_p]$——弹塑性层间位移角限值，可按表5.5.5采用；对钢筋混凝土框架结构，当轴压比小于0.40时，可提高10%；当柱子全高的箍筋构造比本规范第6.3.9条规定的体积配箍率大30%时，可提高20%，但累计不超过25%；

　　　h——薄弱层楼层高度。

表5.5.5　　　　　　　　　　弹塑性层间位移角限值

结构类型	$[\theta_p]$
钢筋混凝土框架	1/50

《高层建筑混凝土结构技术规程》：

3.7.3 按弹性方法计算的风荷载或多遇地震标准值作用下的楼层层间最大水平位移与层高之比 $\Delta u/h$ 宜符合下列规定：

  1 高度不大于 150m 的高层建筑，其楼层层间最大位移与层高之比 $\Delta u/h$ 不宜大于表 3.7.3 的限值。

表 3.7.3   楼层层间最大位移与层高之比的限值

结 构 体 系	$\Delta u/h$
框架	1/550

  2 高度不小于 250m 的高层建筑，其楼层层间最大位移与层高之比 $\Delta u/h$ 不宜大于 1/500。

  3 高度在 150～250m 之间的高层建筑，其楼层层间最大位移与层高之比 $\Delta u/h$ 的限值可按本条第 1 款和第 2 款的限值线性插入取用。

  注：楼层层间最大位移 Δu 以楼层竖向构件最大的水平位移差计算，不扣除整体弯曲变形。抗震设计时，本条规定的楼层位移计算可不考虑偶然偏心的影响。

3.7.4 高层建筑结构在罕遇地震作用下的薄弱层弹塑性变形验算，应符合下列规定：

  1 下列结构应进行弹塑性变形验算：

  （1）7～9 度时楼层屈服强度系数小于 0.5 的框架结构；

  （2）甲类建筑和 9 度抗震设防的乙类建筑结构；

  （3）采用隔振和消能减震设计的建筑结构；

  （4）房屋高度大于 150m 的结构。

  2 下列结构宜进行弹塑性变形验算：

  （1）本规程 4.3.4 所列高度范围且不满足本规程第 3.5.2～2.5.6 条规定的竖向不规则高层建筑结构；

  （2）7 度 Ⅲ、Ⅳ 类场地和 8 度抗震设防的乙类建筑结构；

  （3）板柱—剪力墙结构。

  注：楼层屈服强度系数未按构建实际配筋和材料强度标准值计算的楼层受剪承载力与按罕遇地震作用计算的楼层弹性地震剪力的比值。

3.7.5 结构薄弱层（部位）层间弹塑性位移应符合下式规定：

$$\Delta u_p \leqslant [\theta_p]H \qquad\qquad (3.7.5)$$

式中　Δu_p——层间弹塑性位移；

　　　$[\theta_p]$——层间弹塑性位移角限值，可按表 3.7.5 采用；对框架结构，当轴压比小于 0.40 时，可提高 10%；当柱子全高的箍筋构造采用比本规程中框架箍筋最小配箍特征值大 30% 时，可提高 20%，但累计提高不宜超过 25%；

　　　H——层高。

表 3. 7. 5	层间弹塑性位移角限值
结 构 体 系	$[\theta_p]$
框架结构	1/50

2. 6　结构稳定

　　结构整体稳定性是建筑结构设计的基本要求。多层建筑钢筋混凝土结构产生整体失稳及高层建筑混凝土结构仅在竖向重力荷载作用下产生整体失稳的可能性都很小。高层建筑结构的稳定设计主要是控制在风荷载或水平地震作用下，重力荷载产生的二阶效应不致过大，以免引起结构的失稳、倒塌。《高层建筑混凝土结构技术规程》规定：

　　5.4.4　高层建筑结构的稳定应符合下列规定：

　　2　框架结构应符合下式要求：

$$D_i \geqslant 10 \sum_{j=i}^{n} G_i / h_i \qquad (5.4.4-2)$$

式中　D_i——第 i 楼层的弹性等效侧向刚度，可取该层剪力与层间位移的比值；

　　　G_i——第 i 楼层重力荷载设计值，取 1.2 倍的永久荷载标准值与 1.4 倍的楼面可变荷载标准值的组合值；

　　　h_i——第 i 楼层层高；

　　　n——结构计算总层数。

　　结构的刚度和重力荷载之比（简称刚重比）是影响重力 $P-\Delta$ 效应的主要参数。如果结构的刚重比满足以上公式的规定，则结构的稳定具有适宜的安全储备。若结构的刚重比进一步减小，则重力 $P-\Delta$ 效应将会呈非线性关系急剧增长，直至引起结构的整体失稳。如不满足以上公式，应调整并增大结构的侧向刚度，直到满足此要求为止。

　　当结构的设计水平力较小，如计算的楼层剪重比（楼层剪力与其上各层重力荷载代表值之和的比值）较小时，结构刚度虽能满足水平位移限值要求，但有可能不满足结构稳定的要求。因此要使结构同时满足刚重比及剪重比的要求，才能保证结构的稳定。

第3章 钢筋混凝土框架结构设计的前期工作

3.1 结构方案与布置

3.1.1 结构方案

进行结构设计时，首先要选择结构的形式。结构选型是否合理，不但关系到是否满足使用要求和结构受力是否可靠，而且也关系到经济合理性和施工方便性。结构选型的基本原则为：满足使用要求；受力性能好；施工简便；经济合理。

《混凝土结构设计规范》对钢筋混凝土结构设计方案的要求为：

> 3.2.1 混凝土结构的设计方案应符合下列要求：
> 1 选用合理的结构体系、构件型式和布置；
> 2 结构的平、立面布置宜规则，各部分的质量和刚度宜均匀、连续；
> 3 结构传力途径应简捷、明确，竖向构件宜连续贯通、对齐；
> 4 宜采用超静定结构，重要构件和关键传力部位应增加冗余约束或有多条传力途径。
> 5 宜减小偶然作用的影响范围，避免发生因局部破坏引起的结构连续倒塌。

3.1.2 结构布置的一般原则

根据设计任务书、建筑环境、使用功能、建筑高度、抗震设防烈度等因素合理选择抗侧力体系、材料后，应进行结构总体布置。结构总体布置是指建筑的平面、立面体型及结构构件的平面布置、竖向布置等，通过建筑的平面、立面体型设计满足使用功能、建筑美学要求，通过布置结构构件满足强度、刚度、稳定性及抗震要求。结构总体布置对结构的受力性能具有决定性作用。

结构设计有许多不确定因素，因此除了必须进行细致的计算分析外，结构概念设计也是使设计先进合理不可缺少的重要步骤，结构布置就是结构概念设计的一个过程。

结构总体布置应做到：

（1）减少平面和竖向布置的不规则性：进行结构平面设计时应尽量设计成规则、对称而简单的形状，使各部分刚度均匀对称，结构的刚度中心和质量中心尽量重合，以减少因形状不规则产生扭转的可能性，保证整体结构的稳定性。

结构的竖向布置要做到刚度均匀、连续，避免刚度突变，避免薄弱层。结构上部的突出部分在地震作用下会产生鞭梢效应，要采取措施加强。

（2）明确、合理的传力路径：上部荷载能通过简洁明了的传力路径不间断地传递到基础、地基。

（3）适宜的刚度和承载力：地震作用大小与结构的刚度密切相关，结构的刚度不宜太大，也不宜太小，选择适宜的刚度和承载力是结构抗震设计经济合理的关键。

（4）多道抗震防线：抗震结构应有最大可能数量的内部、外部赘余度，有意识地建立起一系列屈服区，以使结构能够吸收和耗散大量的地震能量，具有多道抗震防线是增强结构抗倒塌能力的重要措施。

（5）部分结构或构件的破坏不应导致整体结构倒塌。

3.1.3 建筑结构平面布置和竖向布置

1. 平面布置

国内、外历次大地震震害及相关试验都表明，平面不规则、质量与刚度偏心和抗扭刚度太弱的结构在地震中都遭到了严重的破坏，过大的扭转效应也会引起结构的严重破坏。因此《高层建筑混凝土结构技术规程》对结构平面布置提出以下要求：

3.4.1 在高层建筑的一个独立结构单元内，结构平面形状宜简单、规则，质量、刚度和承载力分布宜均匀。不应采用严重不规则的平面布置。

3.4.2 高层建筑宜选用风作用效应较小的平面形状。

3.4.3 抗震设计的混凝土高层建筑，其平面布置宜符合下列规定：

1 平面宜简单、规则、对称，减少偏心；

2 平面长度不宜过长（图3.4.3），L/B宜符合表3.4.3的要求；

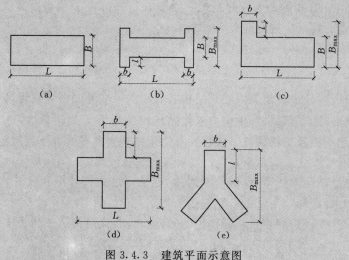

图3.4.3 建筑平面示意图

3 平面突出部分的长度 l 不宜过大、宽度 b 不宜过小（图3.4.3），l/B_{max}，l/b宜符合表3.4.3的要求；

4 建筑平面不宜采用角部重叠或细腰形平面布置。

表 3.4.3	平面尺寸及突出部位尺寸的比值限值		
设 防 烈 度	L/B	l/B_{max}	l/b
6、7度	≤6.0	≤0.35	≤0.2
8、9度	≤5.0	≤0.30	≤1.5

3.4.5 结构平面布置应减少扭转的影响。在考虑偶然偏心影响的规定水平地震力作用下，楼层竖向构件最大的水平位移和层间位移，A级高度高层建筑不宜大于该楼层平均值的1.2倍，不应大于该楼层平均值的1.5倍。结构扭转为主的第一自振周期 T_t 与平动为主的第一自振周期 T_1 之比，A级高度高层建筑不应大于0.9。

注：当楼层的最大层间位移角不大于本规程第3.7.3条规定的限值的40%时，该楼层竖向构件的最大水平位移和层间位移与该楼层平均值的比值可适当放松，但不应大于1.60。

目前在工程设计中应用的多数计算分析方法和计算机软件大多假定楼板在平面内不变形，平面内刚度为无限大，这对于大多数工程来说是可以接受的。但当楼板平面狭长、有较大的凹入和开洞等较大削弱时，楼板可能产生显著的面内变形，这时宜采用考虑楼板变形影响的计算方法，并应采取相应的加强措施。楼板有较大凹入或开有大面积洞口后，被凹口或洞口划分开的各部分之间的连接较为薄弱，在地震中易产生相对振动而使削弱部位出现震害，因此对凹入或洞口的大小应加以限制。

3.4.6 当楼板平面比较狭长、有较大的凹入或开洞时，应在设计中考虑其对结构产生的不利影响。有效楼板宽度不宜小于该层楼面宽度的50%；楼板开洞总面积不宜超过楼面面积的30%；在扣除凹入或开洞后，楼板在任一方向的最小净宽度不宜小于5m，且开洞后每一边的楼板净宽度不应小于2m。

2. 竖向布置

近些年来，国内外很多建筑因建筑结构竖向刚度突变等原因导致建筑中间或底层薄弱层出现严重倒塌破坏。所以设计中应力求使结构刚度自下而上逐渐均匀减小，体形均匀、不突变。《高层建筑混凝土结构技术规程》对框架结构竖向布置有下列规定：

3.5.1 高层建筑的竖向体型宜规则、均匀，避免有过大的外挑和收进。结构的侧向刚度宜下大上小，逐渐均匀变化。

3.5.2 抗震设计时，高层建筑相邻楼层的侧向刚度变化应符合下列规定：

1 对框架结构，楼层与其相邻上层的侧向刚度比 γ_1 可按式（3.5.2-1）计算，且本层与相邻上层的比值不宜小于0.7，与相邻上部三层刚度平均值的比值不宜小于0.8。

$$\gamma_1 = \frac{V_i \Delta_{i+1}}{V_{i+1} \Delta_i} \qquad (3.5.2-1)$$

式中 γ_1——楼层侧向刚度比；

V_i、V_{i+1}——第 i 层和第 $i+1$ 层的地震剪力标准值，kN；

Δ_i、Δ_{i+1}——第 i 层和第 $i+1$ 层的地震剪力标准值作用下的层间位移，m。

3.5.3 A级高度高层建筑的楼层抗侧力结构的层间受剪承载力不宜小于其相邻上一层受剪承载力的 80%，不应小于其相邻上一层受剪承载力的 65%。

注：楼层抗侧力结构的层间受剪承载力是指在所考虑的水平地震作用方向上，该层全部柱、剪力墙、斜撑的受剪承载力之和。

3.5.4 抗震设计时，结构竖向抗侧力构件宜上、下连续贯通。

3.5.5 抗震设计时，当结构上部楼层收进部位到室外地面的高度 H_1 与房屋高度 H 之比大于 0.2 时，上部楼层收进后的水平尺寸 B_1 不宜小于下部楼层水平尺寸 B 的 75% [图 3.5.5 (a)、(b)]；当上部结构楼层相对于下部楼层外挑时，上部楼层水平尺寸 B_1 不宜大于下部楼层的水平尺寸 B 的 1.1 倍，且水平外挑尺寸 a 不宜大于 4m [图 3.5.5 (c)、(d)]。

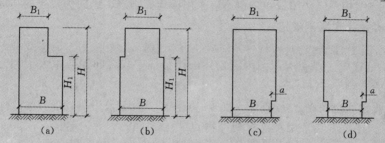

图 3.5.5 结构竖向收进和外挑示意

3.5.6 楼层质量沿高度宜均匀分布，楼层质量不宜大于相邻下部楼层质量的 1.5 倍。

3.5.7 不宜采用同一楼层刚度和承载力变化同时不满足本规程第 3.5.2 条和 3.5.3 条规定的高层建筑结构。

3.5.8 侧向刚度变化、承载力变化、竖向抗侧力构件连续性不符合本规程第 3.5.2、3.5.3、3.5.4 条要求的楼层，其对应于地震作用标准值的剪力应乘以 1.25 的增大系数。

3.5.9 结构顶层取消部分墙、柱形成空旷房间时，宜进行弹性或弹塑性时程分析补充计算并采取有效的构造措施。

3.1.4 框架结构体系布置

1. 柱网和层高

框架的柱网和层高在满足生产工艺和其他使用功能要求、满足建筑平面功能要求的情况下应力求柱网平面简单规则，尽量统一柱网及层高，以减少构件规格，简化设计及施工，以利于装配化、定型化和施工工业化。

2. 钢筋混凝土承重框架的布置

柱网确定后，应沿房屋纵横方向布置梁系，形成横向框架和纵向框架，分别承受各自方向上的水平作用。根据承重框架布置方向的不同，框架承重体系可分为 3 种。

(1) 横向框架承重方案：横向框架承重方案是在横向布置主梁，在纵向设置连系梁。

横向框架跨数较少，主梁沿框架横向布置有利于增加房屋横向抗侧刚度。由于竖向荷载主要通过横梁传递，所以以纵向连系梁截面尺寸均较小，这样有利于建筑物的通风和采光。但是由于主梁截面尺寸较大，净空要求会使结构层高增加。

（2）纵向框架承重方案：纵向框架承重方案是在纵向布置框架主梁，在横向布置连系梁。连系梁截面尺寸较小，净空较大，房屋布置灵活。但是进深尺寸受到板长度的限制而不能太大，且房屋的横向刚度较小。

（3）纵横向框架混合承重方案：在纵横两个方向均布置主梁。荷载沿两个方向传递，因此各杆件受力较均匀，整体性能也较好，该方案应按空间框架体系进行内力分析。

在地震区，考虑到地震方向的随意性以及地震产生的破坏效应较大，因此应按纵横向框架混合承重方案进行布置。高层建筑承受的水平荷载较大，也应设计为纵横向框架混合抗侧力体系，且主体结构不应采用铰接，也不应采用横向为刚接、纵向为铰接的结构体系。

《建筑抗震设计规范》规定：

6.1.5 框架结构中，框架应双向设置，梁中线与柱中线之间偏心距大于柱宽的 1/4 时，应计入偏心的影响。

甲、乙类建筑以及高度大于 24m 的丙类建筑，不应采用单跨框架结构；高度不大于 24m 的丙类建筑不宜采用单跨框架结构。

《高层建筑混凝土结构技术规程》规定：

6.1.1 框架结构应设计成双向梁柱抗侧力体系。主体结构除个别部位外，不应采用铰接。

6.1.2 抗震设计的框架结构不应采用单跨框架。

3. 变形缝设置

为防止结构因温度变化和混凝土收缩而产生裂缝，隔一定距离需用温度缝分开；在建筑高度差别较大的高层部分和低层部分之间，由于沉降不同，需由沉降缝分开；建筑物各部分层数、质量、刚度差异过大，或有错层时，需用防震缝分开。温度缝、沉降缝和防震缝将建筑划分为若干个结构独立的部分，成为独立的结构单元。

（1）抗震缝。《建筑抗震设计规范》规定：

6.1.4 钢筋混凝土房屋需要设置防震缝时，应符合下列规定：

1 防震缝宽度应分别符合下列要求：

1）框架结构房屋的防震缝宽度，当高度不超过 15m 时不应小于 100mm；高度超过 15m 时，6 度、7 度、8 度和 9 度分别每增加高度 5m，4m，3m 和 2m，宜加宽 20mm。

震害表明，即便按照规范规定的防震缝宽度设置防震缝，在强烈地震下相邻结构仍可能由于局部碰撞而损坏，规范给出的防震缝宽度为防震缝宽度最小值。但若加大防震缝宽度又会给立面处理造成困难。因此，是否设置防震缝应按规范的要求判断，能不设缝时尽量不设缝。

3.4.5 体型复杂、平立面不规则的建筑，应根据不规则程度、地基基础条件和技术经济等因素的比较分析，确定是否设置防震缝，并分别符合下列要求：

1 当不设置防震缝时，应采用符合实际的计算模型，分析判明其应力集中、变形集中或地震扭转效应等导致的易损部位，采取相应的加强措施。

2 当在适当部位设置防震缝时，宜形成多个较规则的抗侧力结构单元。防震缝应根据抗震设防烈度、结构材料种类、结构类型、结构单元的高度和高差以及可能的地震扭转效应的情况，留有足够的宽度，其两侧的上部结构应完全分开。

3 当设置伸缩缝和沉降缝时，其宽度应符合防震缝的要求。

《高层建筑混凝土结构技术规程》规定：

3.4.10 设置防震缝时，应符合下列规定：

1 防震缝宽度应符合下列规定：

1）框架结构房屋，高度不超过 15m 时不应小于 100mm；超过 15m 时，6 度、7 度、8 度和 9 度分别每增加高度 5m，4m，3m 和 2m，宜加宽 20mm；

3 防震缝两侧的房屋高度不同时，防震缝宽度可按较低的房屋高度确定；

4 8、9 度抗震设计的框架结构房屋，防震缝两侧结构层高相差较大时，防震缝两侧框架柱的箍筋应沿房屋全高加密，并可根据需要沿房屋全高在缝两侧各设置不少于两道垂直于防震缝的抗撞墙；

5 当相邻结构的基础存在较大沉降差时，宜增大防震缝的宽度；

6 防震缝宜沿房屋全高设置，地下室、基础可不设防震缝，但在与上部防震缝对应处应加强构造和连接；

7 结构单元之间或主楼与裙房之间不宜采用牛腿托梁的做法设置防震缝，否则应采取可靠措施。

（2）伸缩缝。房屋的总长度宜控制在最大温度伸缩缝间距内，当现浇钢筋混凝土框架结构房屋长度超过 55m 时，可设伸缩缝将房屋分成若干温度区段。

（3）沉降缝。结构的高度及重量相差悬殊时常采用沉降缝将相差悬殊的各部分结构从顶层到基础全部断开，使各部分自由沉降，避免因沉降引起的裂缝或破坏。

伸缩缝和沉降缝的宽度设置应符合防震缝的要求。

3.1.5 绘制结构平面布置图

确定了柱网及梁、柱布置后应绘制各层结构平面布置图，在图中标出柱距等尺寸及轴线号，并对框架柱、框架梁、次梁及楼面（屋面）板进行编号。

3.2 材料及截面尺寸选择

3.2.1 材料选用

综合考虑结构内力大小、规范对混凝土及钢筋材料要求、建筑施工企业的施工水平、市场供应情况等因素后选择合适的钢筋、混凝土材料，材料的选取参考第 2.2 节。

3.2.2 初估梁柱截面尺寸

1. 框架梁截面尺寸

在设计钢筋混凝土梁时，首先要确定梁的截面尺寸。框架梁的截面尺寸应根据承受竖向荷载的大小、梁的跨度、是否考虑抗震设防以及选用的材料强度等因素综合考虑确定。其一般步骤是：先由梁的高跨比 h/l_0 确定梁的高度 h，再由梁的高宽比 h/b 确定梁的宽度 b（b 为矩形截面梁的宽度或 T 形、I 形截面梁的腹板宽度），并将其模数化。对变形和裂缝宽度要求严格的梁，尚应按规定进行挠度验算及裂缝宽度验算。

（1）框架梁的高跨比及高宽比要求。《混凝土结构设计规范》第 11.3.5 条及《建筑抗震设计规范》第 6.3.1 条均规定：

> 框架梁截面尺寸宜符合下列要求：
> 1 截面宽度不宜小于 200mm；
> 2 截面高度与宽度的比值不宜大于 4；
> 3 净跨与截面高度的比值不宜小于 4。

《高层建筑混凝土结构技术规程》规定：

> 6.3.1 框架结构的主梁截面高度可按计算跨度的 1/10～1/18 确定；梁净跨与截面高度之比不宜小于 4。梁的截面宽度不宜小于梁截面高度的 1/4，也不宜小于 200mm。
>
> 当梁高较小或采用扁梁时，除应验算其承载力和受剪截面要求外，尚应满足刚度和裂缝的有关要求。在计算梁的挠度时，可扣除梁的合理起拱值；对现浇梁板结构，宜考虑梁受压翼缘的有利影响。

（2）模数要求。当梁高 $h \leqslant 800$mm 时，h 取 50mm 的倍数；当 $h > 800$mm 时，h 取 100mm 的倍数。当梁宽 $b \geqslant 200$mm 时，梁的宽度取 50mm 的倍数；梁宽小于 200mm 时梁宽通常取 100mm，150mm，180mm 3 种。

（3）主、次梁的截面尺寸关系。在现浇混凝土结构中，主梁的宽度不应小于 200mm，通常为 250mm 及以上；次梁宽度不应小于 150mm。主梁的高度应至少比次梁高 50mm 或 100mm（当主梁下部可能为双排钢筋时）。

2. 框架柱截面尺寸

框架柱的截面形式通常为方形、矩形。柱截面的宽与高一般取层高的 1/15～1/20，

同时满足 $h \geqslant l_0/25$、$b \geqslant l_0/30$，l_0 为柱计算长度。多层房屋中，框架柱截面的宽度和高度不宜小于 300mm；高层建筑中，框架柱截面的高度不宜小于 400mm，宽度不宜小于 350mm。柱截面高度与宽度之比为 1~2。柱净高与截面高度之比宜大于 4。

框架柱的截面尺寸还应符合规范对轴压比（$N/f_cb_ch_c$）、剪压比（$V_c/f_cb_ch_{c0}$）限值的要求，以保证柱的延性。

《混凝土结构设计规范》第 11.4.11 条、《建筑抗震设计规范》第 6.3.5 条及《高层建筑混凝土结构技术规程》第 6.4.1 条规定：

> 框架柱的截面尺寸应符合下列要求：
> 1 矩形截面柱，非抗震设计时不宜小于 250mm；抗震设计时，抗震等级为四级或层数不超过 2 层时，其最小截面尺寸不宜小于 300mm、一、二、三级抗震等级且层数超过 2 层时不宜小于 400mm；圆柱的截面直径，抗震等级为四级或层数不超过 2 层时不宜小于 350mm，一、二、三级抗震等级且层数超过 2 层时不宜小于 450mm；
> 2 柱的剪跨比宜大于 2；
> 3 柱截面长边与短边的边长比不宜大于 3。

柱截面宽度一般不小于框架主梁截面宽度＋100mm。为了减少构件类型，简化施工，多层房屋中柱截面沿房屋高度不宜改变。

3. 现浇板厚度

现浇板的厚度应根据使用环境、受力情形、跨度等条件综合确定。《混凝土结构设计规范》在考虑结构安全及舒适度（刚度）要求的基础上根据工程经验提出了混凝土板的跨厚比，并从构造角度提出了现浇板最小厚度的要求。现浇板的合理厚度应在符合承载力极限状态和正常使用极限状态要求的前提下，按经济合理的原则选定，并考虑防火、防爆等要求确定。现浇板的厚度一般取 10mm 的倍数。

> 9.1.2 现浇混凝土板的尺寸宜符合下列规定：
> 1 板的跨厚比：钢筋混凝土单向板不大于 30，双向板不大于 40；无梁支撑的有柱帽板不大于 35，无梁支撑的无柱帽板不大于 30。预应力板可适当增加；当板的荷载、跨度较大时宜适当减小。
> 2 现浇钢筋混凝土板的厚度不应小于表 9.1.2 规定的数值。

表 9.1.2 　　　　　　　　现浇钢筋混凝土板的最小厚度（mm）

板 的 类 别		最小厚度
单向板	屋面板	60
	民用建筑楼板	60
	工业建筑楼板	70
	行车道下的楼板	80

板 的 类 别		最 小 厚 度
双向板		80
密肋楼盖	面板	50
	肋高	250
悬臂板（根部）	悬臂长度不大于 500mm	60
	悬臂长度 1200mm	100
无梁楼板		150
现浇空心楼盖		200

3.3 计算简图

在对结构进行内力计算前需要将实际结构简化为计算简图以简化计算。计算简图的简化一般包括杆件的长度（跨度或高度）、杆件的连接（支撑）、杆件截面的几何特征和荷载（作用）等。

3.3.1 计算简图的简化

1. 杆件的尺寸、连接

在框架结构的计算简图中，杆件用轴线表示杆件长度用节点间的距离表示，荷载的作用位置也表示为与轴线间的关系。等截面柱的柱轴线取截面形心位置，当同一轴线的上下柱截面尺寸不同时，则取上层柱截面形心线作为柱轴线。

计算简图中的柱长取值：

底层柱，取基础顶面至二层楼板顶面（对现浇楼板）或至二层楼板底面（对预制楼板）间的高度，即：

$$底层柱＝层高＋室内外高差＋基础顶面至室外地面的高度$$

除底层柱外的其他柱柱长取层高。

计算简图中的框架梁的计算跨度取值：

框架梁的计算跨度取柱轴线间距离，当框架各跨的跨度不等但相差不超过 10％时，可当做具有平均跨度的等跨度框架；当屋面框架横梁为斜形或折线形但其倾斜度未超过 1/8 时，仍可当做水平横梁计算。

通常情况下框架梁柱节点的简化需要根据具体情况确定：现浇整体式框架结构，梁与柱连接、基础与柱的连接简化为刚接；装配式框架结构，梁与柱连接简化为铰接，基础与柱的连接简化为刚接。当顶层为大空间、采用屋架代替顶层的框架横梁时，屋架和柱顶的连接则简化为铰接。

2. 基础顶面高度的确定

计算简图中的底层柱是从基础顶面算起的，因此该位置的确定至关重要。根据地质勘察报告的内容，首先应选定持力层，基础底面进入持力层的深度不小于 0.5m；现浇柱基础的高度应满足柱纵向钢筋锚固长度的要求，基础满足抗冲切、抗剪要求，基础顶面或基础梁顶面不应露出室外地面（至少距离室外地面 100mm）的要求。综合多方面因素（如建筑物的用途、有无地下室或地下设施及设备基础、工程地质和水文地质条件、地基土的冻胀和融陷影响、与相邻原有建筑物的关系等），最后可选定合适的基础顶面位置。

3. 截面惯性矩和线刚度

框架结构是超静定结构，在进行内力计算时需要知道各杆件的截面惯性矩、杆件的线刚度。

框架柱的截面惯性矩可直接按柱截面尺寸求出，而框架梁的截面惯性矩则需要考虑楼盖的类型（现浇、预制或装配整体式）及框架所处位置对其产生的影响。现浇和装配整体式楼板作为梁的有效翼缘与梁形成 T 形截面提高了楼面梁的刚度，《混凝土结构设计规范》指出：

5.2.4 对现浇楼盖和装配整体式楼盖，宜考虑楼板作为翼缘对梁刚度和承载力的影响。可采用梁刚度增大系数法近似考虑，刚度增大系数应根据梁有效翼缘尺寸与梁截面尺寸的相对比例确定。

《高层建筑混凝土结构计算规程》提出：

5.2.2 在结构内力与位移计算中，现浇楼盖和装配整体式楼盖中，梁的刚度可考虑翼缘的作用予以增大。近似考虑时，楼面梁刚度增大系数可根据翼缘情况取 1.3～2.0。
对于无现浇面层的装配式楼盖，不宜考虑楼面梁刚度的增大。

现浇楼面和装配整体式楼面的楼板作为梁的有效翼缘形成 T 形截面，提高了楼面梁的刚度，结构计算时应当考虑其影响，根据梁翼缘尺寸与梁截面尺寸的比例关系确定增大系数的取值。通常现浇楼面的边框架梁可取 1.5，中框架梁可取 2.0；有现浇面层的装配式楼面梁的刚度增大系数可适当减小。当框架梁截面较小而楼板较厚或者梁截面较大而楼板较薄时，梁刚度增大系数可能会超出 1.5～2.0 的范围，因此规定增大系数可取 1.3～2.0。通常可参考表 3.3.1 选取。

表 3.3.1	框 架 梁 的 I 值		
楼盖的类型	现 浇 楼 盖	装 配 式 楼 盖	装配整体式楼盖
中间框架	$I=2I_0$	$I=I_0$	$I=1.5I_0$
边框架	$I=1.5I_0$	$I=I_0$	$I=1.2I_0$

注 I_0 为按相应矩形截面 $b \times h$ 算出的惯性矩。

4. 选取计算单元，确定框架计算简图

计算简图是根据结构的实际形状、构件的受力和变形状况、构件间的连接和支撑条件以及各种构造措施等，进行合理的简化后确定的。

《混凝土结构设计规范》规定：

5.2.2　混凝土结构的计算简图宜按下列方法确定：

　1　梁、柱、杆等一维构件的轴线宜取为截面几何中心的连线；

　2　现浇结构和装配整体式结构的梁柱节点、柱与基础连接处等可作为刚接；非整体浇筑的次梁两端及板跨两端可近似作为铰接；

　3　梁、柱等杆件的计算跨度或计算高度可按其两端支承长度的中心距或净距确定，并应根据支承节点的连接刚度或支承反力的位置加以修正；

　4　梁、柱等杆件间连接部分的刚度远大于杆件中间截面的刚度时，在计算模型中可作为刚域处理。

5.2.3　进行结构整体分析时，对于现浇结构或装配整体式结构，可假定楼盖在其自身平面内为无限刚性。当楼盖开有较大洞口或其局部会产生明显的平面内变形时，在结构分析中应考虑其影响。

具体步骤如下：

选取计算单元（所需计算的一榀或几榀框架），画出计算简图，标注框架编号（横向为1、2、3、…纵向为 A、B、C、…）、框架梁编号（材料、截面和跨度相同的编同一号），框架柱编号（材料、截面和高度相同的编同一号），并标出梁的计算跨度、柱的计算高度。

3.3.2　计算简图上作用的荷载：

《混凝土结构设计规范》规定：

3.1.4　结构上的直接作用（荷载）应根据现行国家标准《建筑结构荷载规范》（GB 50009—2012）及相关标准确定；地震作用应根据现行国家标准《建筑抗震设计规范》确定。

　间接作用和偶然作用应根据有关的标准或具体条件确定。

　直接承受吊车荷载的结构构件应考虑吊车荷载的动力系数。预制构件制作、运输及安装时应考虑相应的动力系数。对现浇结构，必要时应考虑施工阶段的荷载。

作用在框架结构上的荷载通常为恒载和活荷载。

1. 恒载

《建筑结构荷载规范》规定：

4.0.1　永久荷载应包括结构构件、围护构件、面层及装饰、固定设备、长期储物的自重，土压力、水压力，以及其他需要按永久荷载考虑的荷载。

　常见材料的自重标准值参考《建筑结构荷载规范》（GB 50009—2012）的附录 A。

2. 活载

活荷载包括楼面和屋面活荷载、风荷载、雪荷载、安装荷载等。

（1）楼面和屋面活荷载。计算楼面和屋面活荷载时，一般考虑民用建筑楼面均布活荷载、工业建筑楼面均布活荷载和工业与民用建筑屋面均布活荷载。它们的取值参考《建筑结构荷载规范》。

屋面均布活荷载，不应与雪荷载同时考虑。

（2）风荷载。在框架计算中，水平风荷载简化为作用于屋盖和各层楼盖处的集中作用。垂直于建筑物表面上的风荷载标准值与建筑物高度、体型、自振频率及建筑物所在地区有关，可按《建筑结构荷载规范》或《高层建筑混凝土结构技术规程》的规定计算。

8.1.1 垂直于建筑物表面上的风荷载标准值，应按下列规定确定：

1 计算主要受力结构时，应按下式计算：

$$W_k = \beta_z \mu_s \mu_z w_0 \tag{8.1.1-1}$$

式中 W_k——风荷载标准值，kN/m^2；

β_z——高度 z 处的风振系数；

μ_s——风荷载体型系数；

μ_z——风压高度变化系数；

w_0——基本风压，kN/m^2。

2 计算围护结构时，应按下式计算：

$$W_k = \beta_{gz} \mu_{sl} \mu_z w_0 \tag{8.1.1-2}$$

式中 β_{gz}——高度 z 处的阵风系数；

μ_{sl}——风荷载局部体型系数。

8.1.2 基本风压应采用按本规范规定的方法确定的 50 年重现期的风压，但不得小于 $0.3kN/m^2$。对于高层建筑、高耸结构以及对风荷载比较敏感的其他结构，基本风压的取值应适当提高，并应符合有关结构设计规范的规定。

8.1.4 风荷载的组合值系数、频遇值系数和准永久值系数可分别取 0.6、0.4 和 0.0。

1）风压高度变化系数。风压高度变化系数主要取决于地面粗糙度和计算点高度。《建筑结构荷载规范》规定：

风压高度变化系数应根据地面粗糙度类别按表 8.2.1 确定。地面粗糙度可分为 A、B、C、D 四类：A 类指近海海面和海岛、海岸、湖岸及沙漠地区；B 类指田野、乡村、丛林、丘陵以及房屋比较稀疏的乡镇；C 类指有密集建筑群的城市市区；D 类指有密集建筑群且房屋较高的城市市区。

表 8.2.1　　　　　　　　　　　　　　风压高度变化系数 μ_z

离地面或海平面高度（m）	地面粗糙度类别			
	A	B	C	D
5	1.09	1.00	0.65	0.51
10	1.28	1.00	0.65	0.51

离地面或海 平面高度（m）	地面粗糙度类别			
	A	B	C	D
15	1.42	1.13	0.65	0.51
20	1.52	1.23	0.74	0.51
30	1.67	1.39	0.68	0.51
40	1.79	1.52	1.00	0.60
50	1.89	1.62	1.10	0.69
60	1.97	1.71	1.20	0.77
70	2.05	1.79	1.28	0.84
80	2.12	1.87	1.36	0.91
90	2.18	1.93	1.43	0.98
100	2.23	2.00	1.50	1.04
150	2.46	2.25	1.79	1.33
200	2.64	2.46	2.03	1.58
250	2.78	2.63	2.24	1.81
300	2.91	2.77	2.43	2.02
350	2.91	2.91	2.60	2.22
400	2.91	2.91	2.76	2.40
450	2.91	2.91	2.91	2.58
500	2.91	2.91	2.91	2.74
≥550	2.91	2.91	2.91	2.91

2）风荷载体型系数。

8.3.1 房屋和构筑物的风荷载体型系数，可按下列规定采用：

1 房屋和构筑物与表8.3.1中的体型类同时，可按表8.3.1的规定采用；

2 房屋和构筑物与表8.3.1中的体型不同时，可按有关资料采用；当无资料时，宜由风洞试验确定；

3 对于重要且体型复杂的房屋和构筑物，应由风洞试验确定。

表 8.3.1　　常用的风载体型系数

| 30 | 封闭式房屋和构筑物 | 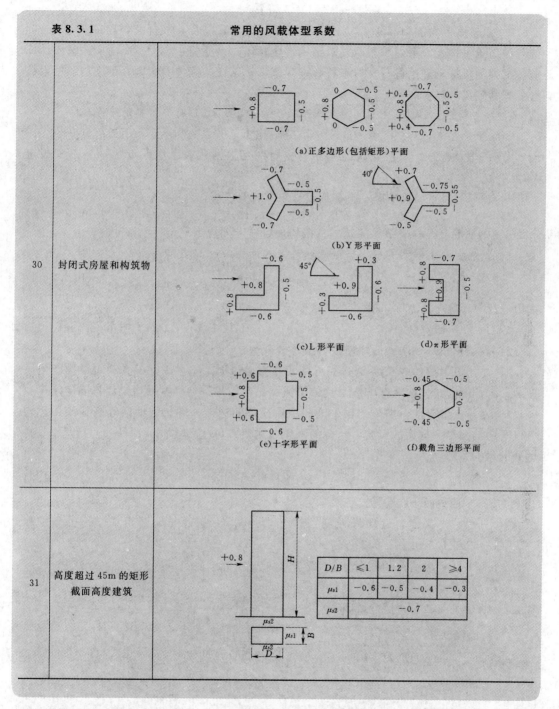 |
| 31 | 高度超过 45m 的矩形截面高度建筑 | |

(a)正多边形(包括矩形)平面

(b)Y 形平面

(c)L 形平面

(d)π 形平面

(e)十字形平面

(f)截角三边形平面

D/B	≤1	1.2	2	≥4
μ_{s1}	-0.6	-0.5	-0.4	-0.3
μ_{s2}	-0.7			

3）顺风向风振和风振系数。当建筑或构筑物的高宽比小于 1.5 或高度小于 30m 和 T <0.25s 时，通常我们按照构造要求进行结构设计时，结构的刚度就足够，所以，一般不考虑风振不会影响结构的抗风安全。但对于不满足这些要求的建筑或构筑物，进行结构设计应考虑风压脉动对结构产生的顺风向风振的影响。

8.4.1 对于高度大于30m且高宽比大于1.5的房屋，以及基本自振周期 T_1 大于0.25s 的各种高耸结构，应考虑风压脉动对结构产生顺风向风振的影响。顺风向风振响应 应按结构随机振动理论进行。对于符合本规范第8.4.3条规定的结构，可采用风振系数 法计算其顺风向风荷载。

注：1. 结构的自振周期应按结构动力学计算；近似的基本自振周期 T_1 可按附录F计算；

F.2 高层建筑

F.2.1 一般情况下，高层建筑的基本自振周期可根据建筑总层数近似地按下列规定 采用：

2 钢筋混凝土结构的基本自振周期按下式计算：

$$T_1 = (0.05 \sim 0.10)n \qquad (F.2.1-2)$$

F.2.2 钢筋混凝土框架结构的基本自振周期可按下列规定采用：

1 钢筋混凝土框架的基本自振周期按下式计算：

$$T_1 = 0.25 + 0.53 \times 10^{-3} \frac{H^2}{\sqrt[3]{B}} \qquad (F.2.2-1)$$

式中 H——房屋总高度，m；

B——房屋宽度，m。

2 高层建筑顺风向风振加速度可按本规范附录J计算。

8.4.2 对于风敏感的或跨度大于36m的柔性屋盖结构，应考虑风压脉动对结构产生风 振的影响。屋盖结构的风振响应，宜依据风洞试验结果按随机振动理论计算确定。

8.4.3 对于一般竖向悬臂型结构，例如高层建筑和构架、塔架、烟囱等高耸结构，均 可仅考虑结构第一振型的影响，结构的顺风向风荷载可按公式（8.1.1-1）计算。z 高 度处的风振系数 β_z 可按下式计算：

$$\beta_z = 1 + 2g I_{10} B_z \sqrt{1 + R^2} \qquad (8.4.3)$$

式中 g——峰值因子，可取2.5；

I_{10}——10m高度名义湍流强度，对应 A、B、C 和 D 类地面粗糙度，可分别取 0.12、0.14、0.23 和 0.39；

R——脉动风荷载的共振分量因子；

B_z——脉动风荷载的背景分量因子。

8.4.4 脉动风荷载的共振分量因子可按下列公式计算：

$$R = \sqrt{\frac{\pi}{6\zeta_1} \frac{x_1^2}{(1 + x_1^2)^{4/3}}} \qquad (8.4.4-1)$$

$$x_1 = \frac{30 f_1}{\sqrt{k_w \omega_0}}, x_1 > 5 \qquad (8.4.4-2)$$

式中 f_1——结构第1阶自振频率，Hz；

k_w——地面粗糙度修正系数，对 A 类、B 类、C 类和 D 类地面粗糙度分别取 1.28、1.0、0.54 和 0.26；

ζ_1——结构阻尼比，对钢结构可取0.01，对有填充墙的钢结构房屋可取0.02，对钢筋混凝土及砌体结构可取 0.05，对其他结构可根据工程经验确定。

8.4.5 脉动风荷载的背景分量因子可按下列规定确定：

1 对体型和质量沿高度均匀分布的高层建筑和高耸结构，可按下式计算：

$$B_z = kH^{a_1} \rho_x \rho_z \frac{\phi_1(z)}{\mu_z} \tag{8.4.5}$$

式中 $\phi_1(z)$——结构第 1 阶振型系数；

$\qquad$ H——结构总高度，m，对 A、B、C 和 D 类地面粗糙度，H 的取值分别不应大于 300m、350m、450m 和 550m；

$\qquad$ ρ_x——脉动风荷载水平方向相关系数；

$\qquad$ ρ_z——脉动风荷载竖直方向相关系数；

$\qquad$ k、a_1——系数，接表 8.4.5-1 取值。

表 8.4.5-1　　　　　　　　　系数 k 和 a_1

粗糙度类别		A	B	C	D
高层建筑	k	0.944	0.670	0.295	0.112
	a_1	0.155	0.187	0.261	0.346

2 对迎风面和侧风面的宽度沿高度按直线或接近直线变化，而质量沿高度按连续规律变化的高耸结构，式（8.4.5）计算的背景分量因子 B_z 应乘以修正系数 θ_B 和 θ_v。θ_B 为构筑物在 z 高度处的迎风面宽度 $B(z)$ 与底部宽度 $B(0)$ 的比值；θ_v 可按表 8.4.5-2 确定。

表 8.4.5-2　　　　　　　　　修正系数 θ_v

$B(H)/B(O)$	1	0.9	0.8	0.7	0.6	0.5	0.4	0.3	0.2	$\leqslant$0.1
θ_v	1.00	1.10	1.20	1.32	1.50	1.75	2.08	2.53	3.30	5.60

8.4.6 脉动风荷载的空间相关系数可按下列规定确定：

1 竖直方向的相关系数可按下式计算：

$$\rho_z = \frac{10\sqrt{H+60e^{-H/60}-60}}{H} \tag{8.4.6-1}$$

式中 H——结构总高度，m；对 A、B、C 和 D 类地面粗糙度，H 的取值分别不应大于 300m、350m、450m 和 550m。

2 水平方向相关系数可按下式计算：

$$\rho_z = \frac{10\sqrt{B+50e^{-B/50}-50}}{B} \tag{8.4.6-2}$$

式中 B——结构迎风面宽度，m，$B \leqslant 2H$。

3 对迎风面宽度较小的高耸结构，水平方向相关系数可取 $\rho_x = 1$。

8.4.7 振型系数应根据结构动力计算确定。对外形、质量、刚度沿高度按连续规律变化的竖向悬臂型高耸结构及沿高度比较均匀的高层建筑，振型系数 $\phi_1(z)$ 也可根据相对

高度 z/H 按本规范附录 G 确定。此处只列出高层建筑的振型系数。

G.0.3　迎风面宽度较大的高层建筑，当剪力墙和框架均起主要作用时，其振型系数可按表 G.0.3 采用。

表 G.0.3　　　　　高层建筑的振型系数

相 对 高 度	振 型 序 号			
z/H	1	2	3	4
0.1	0.02	−0.09	0.22	−0.38
0.2	0.08	−0.30	0.58	−0.73
0.3	0.17	−0.50	0.70	−0.40
0.4	0.27	−0.68	0.46	0.33
0.5	0.38	−0.63	−0.03	0.68
0.6	0.45	−0.48	−0.49	0.29
0.7	0.67	−0.18	−0.63	−0.47
0.8	0.74	0.17	−0.34	−0.62
0.9	0.86	0.58	0.27	−0.02
1.0	1.00	1.00	1.00	1.00

《高层建筑混凝土结构技术规程》规定：

4.2.1　主体结构计算时，风荷载作用面积应取垂直于风向的最大投影面积，垂直于建筑物表面的单位面积风荷载标准值应按下式计算：

$$\omega_k = \beta_z \mu_s \mu_z \omega_0 \qquad (4.2.1)$$

式中　ω_k——风荷载标准值，kN/m^2；

　　　ω_0——基本风压，kN/m^2；

　　　μ_z——风压高度变化系数；

　　　μ_s——风荷载体型系数；

　　　β_z——z 高度处的风振系数。

4.2.2　基本风压应按照现行国家标准《建筑结构荷载规范》的规定采用。对风荷载比较敏感的高层建筑，承载力设计时应按基本风压的 1.1 倍采用。

4.2.3　计算主体结构的风荷载效应时，风荷载体型系数 μ_s 可按下列规定采用：

　　1　圆形平面建筑取 0.8；

　　2　正多边形及截角三角形平面建筑，由下式计算：

$$\mu_s = 0.8 + 1.2/\sqrt{n} \qquad (4.2.3)$$

式中　n——多边形的边数。

　　3　高宽比 H/B 不大于 4 的矩形、方形、十字形平面建筑取 1.3；

　　4　下列建筑取 1.4：

　　（1）V 形、Y 形、弧形、双十字形、井字形平面建筑；

　　（2）L 形、槽型和高宽比 H/B 大于 4 的十字形平面建筑；

　　（3）高宽比 H/B 大于 4，长宽比 L/B 不大于 1.5 的矩形、鼓形平面建筑。

　　5　在需要更细致进行风荷载计算的场合，风荷载体型系数可按本规程附录 B 采用，或由风洞试验确定。

应分别计算房屋横向和纵向受风面的风荷载，并分别传至横向框架和纵向框架上。

（3）雪荷载。

《建筑结构荷载规范》规定：

7.1.1 屋面水平投影面上的雪荷载标准值应按下式计算：

$$S_k = \mu_r S_0 \tag{7.1.1}$$

式中 S_k——雪荷载标准值，kN/m^2；

μ_r——屋面积雪分布系数；

S_0——基本雪压，kN/m^2。

7.1.2 基本雪压应采用按本规范规定的方法确定的 50 年重现期的雪压；对雪荷载敏感的结构，应采用 100 年重现期的雪压。

7.1.3 全国各城市的基本雪压值应按本规范附录 E 中表 E.5 重现期 R 为 50 年的值采用。当城市或建设地点的基本雪压值在本规范表 E.5 中没有给出时，基本雪压值应按本规范附录 E 规定的方法，根据当地年最大雪压或雪深资料，按基本雪压定义，通过统计分析确定，分析时应考虑样本数量的影响。当地没有雪压和雪深资料时，可根据附近地区规定的基本雪压或长期资料，通过气象和地形条件的对比分析确定；也可比照本规范附录 E 中附图 E.6.1 全国基本雪压分布图近似确定。

7.1.4 山区的雪荷载应通过实际调查后确定。当无实测资料时，可按当地邻近空旷平坦地面的雪荷载值乘以系数 1.2 采用。

7.1.5 雪荷载的组合值系数可取 0.7；频遇值系数可取 0.6；准永久值系数应按雪荷载分区Ⅰ、Ⅱ和Ⅲ的不同，分别取 0.5、0.2 和 0；雪荷载分区应按本规范附录 E.5 或附图 E.6.2 的规定采用。

当屋面均布活荷载不与雪荷载同时考虑，应取两者中的较大值；当有屋面积灰荷载时，积灰荷载应与雪荷载或不上人的屋面均布活荷载两者中的较大值同时考虑。

（4）地震作用。

1）计算原则。我国《建筑抗震设计规范》规定：抗震设防烈度为 6 度及 6 度以上地区应进行抗震设计。

根据建筑使用功能的重要性，建筑分为甲类、乙类、丙类、丁类 4 个抗震设防类别，各类建筑对地震作用计算和抗震构造措施有不同要求。

现浇多层和高层钢筋混凝土房屋，应根据结构类型、房屋高度和设防烈度采用不同的抗震等级。对丙类建筑的现浇框架结构，直接查表确定其抗震等级。对于甲、乙、丁类建筑，应根据不同的抗震设防标准，调整后查表确定其抗震等级。

一般情况下，应在建筑结构的两个主轴方向分别计算水平地震作用并进行抗震验算，各方向的水平地震作用由该方向抗侧力构件承担；质量和刚度分布明显不对称的结构，应计入双向水平地震作用下的扭转影响（其他情况，允许采用调整地震作用效应的方法计入扭转影响）；对 8、9 度时的大跨度和长悬臂结构及 9 度时的高层建筑，应计算竖向地震作用；6 度时的建筑（建造于 Ⅳ 类场地上较高的高层建筑除外）可不进行截面抗震验算，但应符合有关抗震措施要求；对 7 度和 7 度以上的建筑结构，以及 6 度时建造于 Ⅳ 类场地上较高的高层建筑，应进行多遇地震作用下的截面抗震验算。此外，尚应按规定进行相应的变形验算。

《建筑抗震设计规范》第 5.1.2 条及《高层建筑混凝土结构技术规程》第 4.3.4 条均规定了框架结构抗震计算的方法：

> 各类建筑结构的抗震计算，应采用下列方法：
>
> 1　高度不超过 40m、以剪切变形为主且质量和刚度沿高度分布比较均匀的结构，以及近似于单质点体系的结构，可采用底部剪力法等简化方法。

2）水平地震作用的计算步骤。采用底部剪力法进行框架结构的水平地震作用计算时，要确定如下计算参数。

a. 框架的抗震等级。

b. 场地特征周期值。

c. 重力荷载代表值。

重力荷载代表值包括全部恒荷载标准值和部分活荷载标准值，在进行水平地震作用计算时，将其集中在相应楼盖和屋盖处。重力荷载代表值应按整个房屋计算，再将算出的水平地震作用分配给各框架。也可简化计算，即只取一榀中间框架为代表进行计算。

d. 结构自振周期。

框架结构的自振周期 T_1 可采用能量法、顶点位移法计算确定，也可采用经验公式确定。

e. 地震影响系数。

根据场地特征周期值和结构自振周期由地震影响曲线求出地震影响系数。

f. 进行水平地震作用标准值计算。

3）水平地震作用的计算方法。

a. 重力荷载代表值。

屋面竖向恒载：按屋面的做法逐项计算均布荷载×屋面面积；

屋面雪荷载：屋面基本雪压×屋面面积；

楼面竖向恒载：按楼面的做法逐项计算均布荷载×楼面面积；

楼面竖向活载：楼面均布活荷载×楼面面积；

梁柱自重（包括梁侧、梁底、柱的抹灰）：若梁侧、梁底抹灰、柱周抹灰，计算时可近似按加大梁柱截面尺寸计算，混凝土容重可采用 25kN/m³。

墙体自重：（包括女儿墙和各种纵横隔墙）。

若墙体采用两面抹灰，计算时可近似按加厚墙体考虑，墙体采用黏土砖时，其容重可采用 19kN/m³。

按现行国家标准《建筑结构可靠度设计统一标准》的原则规定，抗震设计的重力荷载

代表值 G_E 为永久荷载标准值与有关可变荷载组合值之和。

《建筑抗震设计规范》第 5.1.3 条及《高层建筑混凝土结构技术规程》第 4.3.6 条规定：

计算地震作用时，建筑的重力荷载代表值应取结构和构配件自重标准值和各可变荷载组合值之和。各可变荷载的组合值系数，应按表 3.3-3 采用。

表 3.3-3　　　　　　　　　　　　组 合 值 系 数

可 变 荷 载 种 类		组 合 值 系 数
雪荷载		0.5
屋面积灰荷载		0.5
屋面活荷载		不计入
按实际情况计算的楼面活荷载		1.0
按等效均布荷载计算的楼面活荷载	藏书库、档案库	0.8
	其他民用建筑	0.5
起重机悬吊物重力	硬钩吊车	0.3
	软钩吊车	不计入

注　硬钩吊车的吊重较大时，组合值系数应按实际情况采用。

即：屋面重力荷载代表值 $G_i =$ 屋面恒载＋50％屋面雪荷载＋纵横梁自重＋楼面下半层的柱及纵横墙自重；

楼层重力荷载代表值 $G_i =$ 楼面恒载＋50％楼面活载＋纵横梁自重＋楼面上下各半层的柱及纵横墙自重；

总重力荷载代表值 $G = \sum_{i=1}^{n} G_i$ 。

b. 框架侧移刚度

《混凝土结构设计规范》规定：

5.3.2　结构构件的刚度可按下列原则确定：

1　混凝土的弹性模量应按本规范表 4.1.5 采用；

2　截面惯性矩可按匀质的混凝土全截面计算；

3　端部加腋的杆件，应考虑其截面变化对结构分析的影响；

4　不同受力状态构件的截面刚度，宜考虑混凝土开裂、徐变等因素的影响予以折减。

梁的线刚度：

$i_b = E_c I_b / l$，其中 E_c 为混凝土弹性模量，I_b 为梁截面惯性矩，l 为梁的计算跨度。

柱的线刚度：

$i_c = E_c I_c / h$，其中 I_c 为柱截面惯性矩，h 为柱的计算高度。

框架柱的侧移刚度：

根据 D 值法，第 i 层第 j 根柱的侧移刚度为：

$$D_{ij} = \alpha_c \frac{12i_c}{h^2}$$

其中，α_c 体现了节点转角的影响，为柱侧移刚度修正系数。对于框架一般层的边柱与中柱和首层的边柱与中柱的 α_c 值按表 3.3.2 计算。

表 3.3.2　　　　　　　　　　　　柱侧移刚度修正系数

位　　置		边　　柱		中　　柱		α_c
		简图	$\overline{K}$	简图	$\overline{K}$	
一般层		i_2 i_c i_4	$\overline{K} = \dfrac{i_2 + i_4}{2i_c}$	i_1 i_2 i_c i_3 i_4	$\overline{K} = \dfrac{i_1 + i_2 + i_3 + i_4}{2i_c}$	$\alpha_c = \dfrac{\overline{K}}{2 + \overline{K}}$
底层	固接	i_2 i_c	$\overline{K} = \dfrac{i_2}{i_c}$	i_1 i_2 i_c	$\overline{K} = \dfrac{i_1 + i_2}{i_c}$	$\alpha_c = \dfrac{0.5 + \overline{K}}{2 + \overline{K}}$
	铰接	i_1 i_2 i_c	$\overline{K} = \dfrac{i_2}{i_c}$	i_2 i_c	$\overline{K} = \dfrac{i_1 + i_2}{i_c}$	$\alpha_c = \dfrac{0.5\overline{K}}{1 + 2\overline{K}}$

c. 横向框架自振周期。

顶点位移法：是求结构基本频率的一种近似方法。它是将结构简化为悬臂直杆，建立以顶点位移表示的基本周期公式。只要知道结构的顶点水平位移，就可以求得结构的基本周期，《高层建筑混凝土结构技术规程》给出的公式为：

C.0.2　对于质量和刚度沿高度分布比较均匀的框架结构、框架－剪力墙结构和剪力墙结构，其基本自振周期可按下式计算：

$$T_1 = 1.7\psi_T \sqrt{u_T} \tag{C.0.2}$$

式中　T_1——结构基本自振周期，s；

u_T——假想的结构顶点水平位移，m，即假想把集中在各楼层处的重力荷载代表值 G_i 作为该楼层水平荷载，计算得到的结构顶点弹性水平位移；

ψ_T——考虑非承重墙刚度对结构自振周期的折减系数，可按本规程第 4.3.17 条确定。

4.3.17　当非承重墙体为砌体墙时，高层建筑结构的计算自振周期折减系数可按下列规定取值：

1　框架结构可取 0.6～0.7；

对于其他结构体系或采用其他非承重墙体时，可根据工程情况确定周期折减系数。

能量法：是根据体系在振动过程的能量守恒推导出的，它适用于求结构的基本频率。

此方法常用于求解以剪切型变形为主的框架结构的基本周期。其计算原理如下（图 3.3.1）。

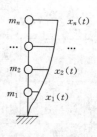

图 3.3.1　能量法
计算示意图

假设体系作自由振动，体系上任一质点 i 的位移为：

$$x_i(t) = X_i \sin(\omega t + \varepsilon)$$

则速度为：
$$\dot{x}(t) = \omega X_i \cos(\omega t + \varepsilon)$$

当体系振动达到平衡位置时，体系变形位能为零，体系动能达到最大值 $T_{\max}$

$$T_{\max} = \frac{1}{2} \omega^2 \sum_{i=1}^{n} m_i X_i^2$$

当体系振动达到振幅最大值时，体系动能为零，位能达到最大值 $U_{\max}$

$$U_{\max} = \frac{1}{2} \sum_{i=1}^{n} m_i g X_i$$

根据能量守恒原理：$T_{\max} = U_{\max}$，则可得

$$\omega = \sqrt{\frac{g \sum_{i=1}^{n} m_i X_i}{\sum_{i=1}^{n} m_i X_i^2}} \tag{3.3.1}$$

$$T_1 = \frac{2\pi}{\omega_1} = 2\pi \sqrt{\frac{\sum_{i=1}^{n} m_i X_i^2}{g \sum_{i=1}^{n} m_i X_i}} = \frac{2\pi}{\sqrt{g}} \sqrt{\frac{\sum_{i=1}^{n} G_i X_i^2}{\sum_{i=1}^{n} G_i X_i}} \tag{3.3.2}$$

式中　X_i——把集中在各楼层处的重力荷载代表值 G_i 视为作用在楼面处的水平力时，按弹性刚度计算得到的结构顶点侧向位移，m，$X_i = V_i / \sum_{k=1}^{m} D_{ik} = V_i / D_i$；

V_i——上述水平力作用下第 i 层的层间剪力，$V_i = \sum_{k=i}^{n} G_k$；

D_i——第 i 层柱的侧移刚度之和。

（5）多遇地震烈度下框架的弹性地震作用。《建筑抗震设计规范》给出了水平地震影响系数最大值及特征周期：

5.1.4　建筑结构的地震影响系数应根据烈度、场地类别、设计地震分组和结构自振周期以及阻尼比确定。其水平地震影响系数最大值应按表 5.1.4-1 采用；特征周期应根据场地类别和设计地震分组按表 5.1.4-2 采用，计算罕遇地震作用时，特征周期应增加 0.05s。

注：周期大于 6.0s 的建筑结构所采用的地震影响系数应专门研究。

表 5.1.4-1　　　　　　　　　　水平地震影响系数最大值

地震影响	6 度	7 度	8 度	9 度
多遇地震	0.04	0.08（0.12）	0.16（0.24）	0.32
罕遇地震	0.28	0.50（0.72）	0.90（1.20）	1.40

注　括号中数值分别用于设计基本地震加速度为 0.15g 和 0.30g 的地区。

设计地震分组	场 地 类 别				
	I₀	I₁	II	III	IV
第一组	0.20	0.25	0.35	0.45	0.65
第二组	0.25	0.30	0.40	0.55	0.75
第三组	0.30	0.35	0.45	0.65	0.90

《建筑抗震设计规范》给出的地震影响系数曲线为：

5.1.5 建筑结构地震影响系数曲线（图 5.1.5）的阻尼调整和形状参数应符合下列要求：

1 除有专门规定外，建筑结构的阻尼比应取 0.05，地震影响系数曲线的阻尼调整系数应按 1.0 采用，形状参数应符合下列规定：

1）直线上升段，周期小于 0.1s 的区段。

2）水平段，自 0.1s 至特征周期区段，应取最大值 α_{max}。

3）曲线下降段，自特征周期至 5 倍特征周期区段，衰减指数应取 0.9。

4）直线下降段，自 5 倍特征周期至 6s 区段，下降斜率调整系数应取 0.02。

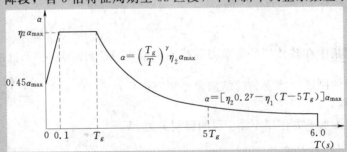

图 5.1.5　地震影响系数曲线

α—地震影响系数；α_{max}—地震影响系数最大值；η_1—直线下降段的下降斜率调整系数；
γ—衰减指数；T_g—特征周期；η_2—阻尼调整系数；T—结构自振周期

2 当建筑结构的阻尼比按有关规定不等于 0.05 时，地震影响系数曲线的阻尼调整系数和形状参数应符合下列规定：

1）曲线下降段的衰减指数应按下式确定：

$$\gamma=0.9+(0.05-\zeta)/(0.3+6\zeta) \qquad (5.1.5-1)$$

式中　γ——曲线下降段的衰减指数；

　　　ζ——阻尼比。

2）直线下降段的下降斜率调整系数应按下式确定：

$$\eta_1=0.02+(0.05-\zeta)/(4+32\zeta) \qquad (5.1.5-2)$$

式中　η_1——直线下降段的下降斜率调整系数，小于 0 时取 0。

3）阻尼调整系数应按下式确定：

$$\eta_2 = 1 + (0.05 - \zeta)/(0.08 + 1.6\zeta) \qquad (5.1.5-3)$$

式中　η_2——阻尼调整系数，当小于 0.55 时，应取 0.55。

《高层建筑混凝土结构技术规程》对《建筑抗震设计规范》进行了补充，增加了设防地震时的水平地震影响系数最大值：

4.3.7　建筑结构的地震影响系数应根据烈度、场地类别、设计地震分局和结构自振周期及阻尼比确定。其水平地震影响系数最大值 α_{max} 应按表 4.3.7-1 采用；特征周期应根据场地类别的设计和地震分组按表 4.3.7-2 采用，计算罕遇地震作用时，特征周期应增加 0.05s。

注：周期大于 6.0s 的高层建筑结构所采用的地震影响系数应作专门研究。

表 4.3.7-1　　　　　　　水平地震影响系数最大值 α_{max}

地 震 影 响	6 度	7 度	8 度	9 度
多遇地震	0.04	0.08（0.12）	0.16（0.24）	0.32
设防地震	0.12	0.23（0.34）	0.45（0.68）	0.90
罕遇地震	0.28	0.50（0.72）	0.90（1.20）	1.40

注　7、8 度时括号内数值分别用于设计基本地震加速度为 0.15g 和 0.30g 的地区。

表 4.3.7-2　　　　　　　特 征 周 期 值 $Tg(s)$

设计地震分组 \ 场地类别	I_0	I_1	II	III	IV
第一组	0.20	0.25	0.35	0.45	0.65
第二组	0.25	0.30	0.40	0.55	0.75
第三组	0.30	0.35	0.45	0.65	0.90

《高层建筑混凝土结构技术规程》采用的地震影响系数曲线、形状参数和阻尼调整同《建筑抗震设计规范》是一样的。

（6）结构水平地震力计算。

计算结构水平地震力的方法有底部剪力法、振型分解反应谱法。对满足底部剪力法适用条件的框架结构，可用底部剪力求解。《高层建筑混凝土结构技术规程》给出了底部剪力法的计算方法：

C.0.1　采用底部剪力法计算高层建筑结构的水平地震作用时，各楼层在计算方向可仅考虑一个自由度（图 C），并应符合下列规定：

1　结构总水平地震作用标准值应按下列公式计算：

$$F_{Ek} = \alpha_1 G_{eq} \qquad (C.0.1-1)$$

$$G_{eq} = 0.85 G_E \qquad (C.0.1-2)$$

式中　F_{Ek}——结构总水平地震作用标准值；

$\quad\alpha_1$——相应于结构基本自振周期 T_1 的水平地震影响系数，应按本规程第 4.3.8 条确定；结构基本自振周期 T_1 可按本附录 C.0.2 条近似计算，并应考虑非承重墙体的影响予以折减；

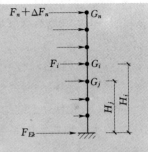

图 C　底部剪力法计算示意

$\quad G_{eq}$——计算地震作用时，结构等效总重力荷载代表值；

$\quad G_E$——计算地震作用时，结构总重力荷载代表值，应取各质点重力荷载代表值之和。

2　质点 i 的水平地震作用标准值可按下式计算：

$$F_i = \frac{G_i H_i}{\sum\limits_{j=1}^{n} G_j H_j} F_{Ek}(1 - \delta_n) \qquad (\mathrm{C.0.1-3})$$

$$(i = 1, 2, \cdots n)$$

式中　F_i——质点 i 的水平地震作用标准值；

$\quad G_i$、G_j——分别为集中于质点 i、j 的重力荷载代表值，应按本规程第 4.3.6 条的规定确定；

$\quad H_i$、H_j——分别为质点 i、j 的计算高度；

$\quad\delta_n$——顶部附加地震作用系数，可按表 C.0.1 采用。

表 C.0.1　　　　顶部附加地震作用系数 δ_n

$T_g(\mathrm{s})$	$T_1 > 1.4T_g$	$T_1 \leqslant 1.4T_g$
不大于 0.35	$0.08T_1 + 0.07$	
大于 0.35 但不大于 0.55	$0.08T_1 + 0.01$	不考虑
大于 0.55	$0.08T_1 - 0.02$	

注　1. T_g 为场地特征周期；

　　2. T_1 为结构基本自振周期，可按本附录 C.0.2 条计算，也可采用根据实测数据并考虑地震作用影响的其他方法计算。

3. 主体结构顶层附加水平地震作用标准值可按下式计算：

$$\Delta F_n = \delta_n F_{Ek} \qquad (\mathrm{C.0.1-4})$$

式中　ΔF_n——主体结构顶层附加水平地震作用标准值。

顶部附加地震作用系数取值《建筑抗震设计规范》5.2.1 与《高层建筑混凝土结构技术规程》C.0.1 一致。

表 5.2.1　　　　顶部附加地震作用系数

$T_g(\mathrm{s})$	$T_1 > 1.4T_g$	$T_1 \leqslant 1.4T_g$
$T_g \leqslant 0.35$	$0.08T_1 + 0.07$	
$0.35 < T_g \leqslant 0.55$	$0.08T_1 + 0.01$	0.0
$T_g > 0.55$	$0.08T_1 - 0.02$	

对不满足底部剪力法适用条件的框架结构，可采用振型分解反应谱法求解。

《建筑抗震设计规范》给出了振型分解反应谱法的计算方法：

5.2.2 采用振型分解反应谱法时，不进行扭转耦联计算的结构，应按下列规定计算其地震作用和作用效应：

1 结构 j 振型 i 质点的水平地震作用标准值，应按下列公式确定：

$$F_{ji} = \alpha_j \gamma_j X_{ji} G_i \qquad (5.2.2-1)$$

$$\gamma_j = \frac{\sum\limits_{i=1}^{n} X_{ji} G_i}{\sum\limits_{i=1}^{n} X_{ji}^2 G_i} \quad (i=1,2,\cdots,n; j=1,2,\cdots,m)$$

式中　F_{ji}——第 j 振型 i 层水平地震作用的标准值；

　　　α_j——相应于 j 振型自振周期的地震影响系数，应按本规程第 5.1.4，5.1.5 条确定；

　　　X_{ji}—— j 振型 i 层的水平相对位移；

　　　γ_j—— j 振型的参与系数。

2 水平地震作用效应（弯矩、剪力、轴向力和变形），当相邻振型的周期比小于 0.85 时，可按下式确定：

$$S_{Ek} = \sqrt{\sum_{j=1}^{m} S_j^2} \qquad (5.2.2-3)$$

式中　S_{Ek}——水平地震作用标准值的效应；

　　　S_j—— j 振型水平地震作用标准值的效应，可只取前 2～3 个振型，当基本自振周期大于 1.5s 或房屋高宽比大于 5 时，振型个数应适当增加。

5.2.3 水平地震作用下，建筑结构的扭转耦联地震效应应符合下列要求：

1 规则结构不进行扭转耦联计算时，平行于地震作用方向的两个边榀各构件，其地震作用效应应乘以增大系数。一般情况下，短边可按 1.15 采用，长边可按 1.05 采用；当扭转刚度较小时，周边各构件宜按不小于 1.3 采用。角部构件宜同时乘以两个方向各自的增大系数。

2 按扭转耦联振型分解法计算时，各楼层可取两个正交的水平位移和一个转角共三个自由度，并应按下列公式计算结构的地震作用和作用效应。确有依据时，尚可采用简化计算方法确定地震作用效应。

1) j 振型 i 层的水平地震作用标准值，应按下列公式确定：

$$F_{xji} = \alpha_j \gamma_{tj} X_{ji} G_i$$
$$F_{yji} = \alpha_j \gamma_{tj} Y_{ji} G_i \quad (i=1,2,\cdots,n, j=1,2,\cdots,m)$$
$$F_{tji} = \alpha_j \gamma_{tj} r_i^2 \varphi_{ji} G_i \qquad (5.2.3-1)$$

式中　F_{xji}、F_{yji}、F_{tji}—— j 振型 i 层的 x 方向、y 方向和转角方向的地震作用标准值；

　　　X_{ji}、Y_{ji}—— j 振型 i 层质心在 x、y 方向的水平相对位移；

φ_{ji}——j 振型 i 层的相对扭转角；

r_i——i 层转动半径，可取 i 层绕质心的转动惯量除以该层质量的商的正二次方根；

γ_{tj}——计入扭转的 j 振型的参与系数，可按下列公式确定。

当仅取 x 方向地震作用时

$$\gamma_{tj} = \sum_{i=1}^{n} X_{ji} G_i \Big/ \sum_{i=1}^{n} (X_{ji}^2 + Y_{ji}^2 + \varphi_{ji}^2 r_i^2) G_i \qquad (5.2.3-2)$$

当仅取 y 方向地震作用时

$$\gamma_{tj} = \sum_{i=1}^{n} Y_{ji} G_i \Big/ \sum_{i=1}^{n} (X_{ji}^2 + Y_{ji}^2 + \varphi_{ji}^2 r_i^2) G_i \qquad (5.2.3-3)$$

当取与 x 方向斜交的地震作用时

$$\gamma_{tj} = \gamma_{xj} \cos\theta + \gamma_{yj} \sin\theta \qquad (5.2.3-4)$$

式中　γ_{xj}、γ_{yj}——分别由式（5.2.3-2）、式（5.2.3-3）求得的参与系数；

θ——地震作用方向与 x 方向的夹角。

2）单向水平地震作用下的扭转耦联效应，可按下列公式确定：

$$S_{Ek} = \sqrt{\sum_{j=1}^{m} \sum_{k=1}^{m} \rho_{jk} S_j S_k} \qquad (5.2.3-5)$$

$$\rho_{jk} = \frac{8\sqrt{\zeta_j \zeta_k}(\zeta_j + \lambda_T \zeta_k)\lambda_T^{1.5}}{(1+\lambda_T^2)^2 + 4\zeta_j \zeta_k(1+\lambda_T^2)\lambda_T + 4(\zeta_j^2 + \zeta_k^2)\lambda_T^2} \qquad (5.2.3-6)$$

式中　S_{Ek}——地震作用标准值的扭转效应；

S_j、S_k——j、k 振型地震作用标准值的效应，可取前 9~15 个振型；

ζ_j、ζ_k——j、k 振型的阻尼比；

ρ_{jk}——j 振型与 k 振型的耦联系数；

λ_T——k 振型与 j 振型的自振周期比。

3）双向水平地震作用下的扭转耦联效应，可按下列公式中的较大值确定：

$$S_{Ek} = \sqrt{S_x^2 + (0.85 S_y)^2} \qquad (5.2.3-7)$$

或

$$S_{Ek} = \sqrt{S_y^2 + (0.85 S_x)^2} \qquad (5.2.3-8)$$

式中　S_x、S_y——x 向、y 向单向水平地震作用按式（5.2.3-5）计算的扭转效应。

5.2.5　抗震验算时，结构任一楼层的水平地震剪力应符合下式要求：

$$V_{Eki} = \lambda \sum_{j=1}^{n} G_j \qquad (5.2.5)$$

式中　V_{Eki}——第 i 层对应于水平地震作用标准值的楼层剪力；

λ——剪力系数，不应小于表 5.2.5 规定的楼层最小地震剪力系数值，对竖向不规则结构的薄弱层，尚应乘以 1.15 的增大系数；

G_j——第 j 层的重力荷载代表值。

表 5.2.5 楼层最小地震剪力系数值

类　　别	6　度	7　度	8　度	9　度
扭转效应明显或基本周期小于 3.5s 的结构	0.008	0.016 （0.024）	0.032 （0.048）	0.064
基本周期大于 5.0s 的结构	0.006	0.012 （0.018）	0.024 （0.036）	0.048

注　1. 基本周期介于 3.5s 和 5s 之间的结构，按插入法取值；
　　2. 括号内数值分别用于设计基本地震加速度为 0.15g 和 0.30g 的地区。

第4章 框架结构分析

框架结构的内力计算，可以手工完成，也可以利用计算机进行。作为土木工程专业的学生及结构设计人员，必须掌握相关的基础知识和基本专业技能。为了更清楚地介绍基础知识和基本专业技能，让大家了解计算过程，本章介绍框架结构内力、侧移等的手算方法。

4.1 框架内力计算

4.1.1 竖向荷载作用下的框架内力计算

4.1.1.1 梁柱荷载

1. 框架梁上的荷载（恒载和活载分别计算）

（1）楼（屋）面均布荷载传给梁的线荷载（假设板的短边长为 $2a$，长边长为 $2b$，板上均布荷载为 q）。

单向板短向分配荷载：0；单向板长向分配荷载：aq。

双向板短向分配荷载：$\dfrac{5}{8}aq$；双向板长向分配荷载：$\left[1-2\left(\dfrac{a}{2b}\right)^2+\left(\dfrac{a}{2b}\right)^3\right]aq$。

（2）梁上荷载＝梁自重＋楼（屋）面传来的线荷载＋次梁传来的集中荷载。

2. 框架柱上的集中荷载＝自重＋梁传来的集中荷载

《高层建筑混凝土结构技术规程》规定：

> 5.3.2 楼面梁与竖向构件的偏心以及上、下层竖向构件之间偏心宜按实际情况计入结构的整体计算。当结构整体计算中未考虑上述偏心时，应采用柱、墙端附加弯矩的方法予以近似考虑。

4.1.1.2 等效荷载

框架梁上的荷载有均布荷载、梯形荷载、集中荷载或同时存在多种荷载形式的荷载。进行内力计算前，需首先求出各框架梁的杆端弯矩。荷载作用下梁端弯矩的计算有两种方法：一种方法是直接利用有关公式求出每种荷载作用下的杆端弯矩，另一种办法则是将不同的荷载均化为等效均布荷载（"等效"仅指梁固端弯矩相等）。框架梁的杆端弯矩应根据框架梁上荷载形式按照表4.1.1的公式进行计算。

表 4.1.1   等截面梁固端弯矩及杆端剪力

简 图	杆 端 弯 矩		杆 端 剪 力	
	M_{AB}	M_{BA}	V_{AB}	V_{BA}
	$-Pa\beta^2$	$Pb\alpha^2$	$P\beta^2(1+2\alpha)$	$-P\alpha^2(1+2\beta)$
	$-Pa(1-\alpha)$	$Pa(1-\alpha)$	P	$-P$
	$-\dfrac{1}{12}ql^2$	$\dfrac{1}{12}ql^2$	$\dfrac{ql}{2}$	$-\dfrac{ql}{2}$
	$-\dfrac{qa^2}{12}(6-8\alpha+3\alpha^2)$	$\dfrac{qa^2}{12}(4-3\alpha)\alpha$	$\dfrac{qa}{2}(2-2\alpha^2+\alpha^3)$	$-\dfrac{qa}{2}(2-2\alpha)\alpha^2$
	$-\dfrac{qbl}{24}(3-\beta^2)$	$\dfrac{qbl}{24}(3-\beta^2)$	$\dfrac{qb}{2}$	$-\dfrac{qb}{2}$
	$-\dfrac{ql^2}{30}$	$-\dfrac{ql^2}{20}$	$\dfrac{3ql}{20}$	$-\dfrac{7ql}{20}$
	$-\dfrac{qa^2}{6}\left(2-3a+\dfrac{6a^2}{5}\right)$	$-\dfrac{qa^2}{4}\left(1-\dfrac{4a}{5}\right)\alpha$	$\dfrac{qa}{4}\left(2-3a^2+\dfrac{8a^3}{5}\right)$	$-\dfrac{qa}{4}\left(3-\dfrac{8a}{5}\right)\alpha^2$
	$-\dfrac{qb^2}{12}\left(1-\dfrac{3\beta}{5}\right)\beta$	$\dfrac{qb^2}{12}\left(2\alpha+\dfrac{3\beta^2}{5}\right)$	$\dfrac{qb}{4}\left(1-\dfrac{2\beta}{5}\right)\beta^2$	$-\dfrac{qb}{4}\left(2-\beta+\dfrac{2\beta^3}{5}\right)$
	$-\dfrac{5}{96}ql^2$	$\dfrac{5}{96}ql^2$	$\dfrac{1}{4}ql$	$-\dfrac{1}{4}ql$
	$-\dfrac{ql^2}{12}(1-2\alpha^2+\alpha^3)$	$\dfrac{ql^2}{12}(1-2\alpha^2+\alpha^3)$	$\dfrac{ql}{2}(1-\alpha)$	$-\dfrac{ql}{2}(1-\alpha)$
	$-\dfrac{ql^2}{3}$	$-\dfrac{ql^2}{6}$	ql	0
	$-\dfrac{5ql^2}{24}$	$-\dfrac{ql^2}{8}$	$\dfrac{ql}{2}$	0

注 $\alpha=a/l$, $\beta=b/l$。

当应用分层法或弯矩分配法计算出各杆杆端弯矩后，杆件跨内的弯矩可利用叠加原理计算，即在杆端弯矩连线上叠加原荷载产生的简支梁弯矩。

4.1.1.3 活荷载的最不利布置

根据活荷载的大小，其最不利布置可按如下 3 种方式考虑。

1. 满布荷载法

满布荷载法即将活荷载满布于各层各跨的框架上进行内力计算的方法。这种布置方法计算简单，手算时常采用此法，但计算得到的框架梁弯矩偏小，需对满布活荷载计算出的框架梁弯矩乘以 1.1~1.3 的系数进行修正。

《高层建筑混凝土结构技术规程》提出：

> 5.1.8 高层建筑结构内力计算中，当楼面活荷载大于 $4kN/m^2$ 时，应考虑楼面活荷载不利布置引起的结构内力的增大；当整体计算中未考虑楼面活荷载不利布置时，应适当增大楼面梁的计算弯矩。

一般框架结构的活荷载只占全部重力的 15%~20%，活载不利分布的影响较小。如果活荷载较大，其不利分布对梁弯矩的影响会比较明显，计算时应予考虑。除进行活荷载不利分布的详细计算分析外，也可将未考虑活荷载不利分布计算的框架梁弯矩乘以放大系数予以近似考虑，该放大系数通常可取为 1.1~1.3，活载大时可选用较大数值。近似考虑活荷载不利分布影响时，梁正、负弯矩应同时予以放大。

2. 分跨满布法

分跨满布法即在同跨内的框架各层同时布置活荷载（即 n 跨框架有 n 种布置）。经组合比较得出框架各控制截面的活荷载最不利布置（对于框架梁，其最不利布置与连续梁相同）。

3. 逐层逐跨布置法

分别计算活荷载逐层逐跨布置时的框架内力，通过对各控制截面进行组合叠加，得出控制截面的最不利内力。这种方法计算量大，主要用于计算机计算。

4.1.1.4 竖向荷载作用下框架弯矩计算

在竖向荷载的作用下，框架的侧移很小，可以按无侧移框架进行框架内力计算。其中手算时应用最广泛的方法是分层法和弯矩分配法。

1. 分层法

在竖向荷载作用下框架内力可采用分层法进行简化计算，此时每层框架连同上下层柱组成基本计算单元，竖向荷载产生的固端弯矩只在本层内进行弯矩分配，单元之间不再传递。梁的弯矩取分配后的数值；柱端弯矩取相邻两层单元对应柱端弯矩之和。其计算步骤为：

（1）求梁的固端弯矩。

（2）求梁柱的线刚度。

（3）分配系数：按与节点连接的各杆的转动刚度比值计算。

（4）传递系数：底层柱传递系数为 1/2，其余各层柱传递系数为 1/3；梁远端固定传递系数为 1/2，远端滑动铰支座传递系数为 -1。

（5）弯矩分配：分配 2～3 次为宜。

（6）节点不平衡弯矩的再分配：由于柱端弯矩按 1/3 传递系数传递到远端（底层按 1/2 传递系数），柱端弯矩取相邻两层单元对应柱端弯矩之和，此时原来已经平衡的节点弯矩由于加入了新的弯矩而不再平衡，应将不平衡弯矩再分配。

分层法计算层数较多的框架较为方便，因为中间若干标准层的计算单元是相同的。

2. 弯矩二次分配法

多层框架中某节点的不平衡弯矩对与其相邻的节点影响较大，对其他节点的影响较小，因而可假定某一节点的不平衡弯矩只对与该节点相交的各杆件的远端有影响，这样其计算步骤为：弯矩分配法的循环次数简化为弯矩二次分配和一次传递，此即弯矩二次分配法。

（1）根据各杆件的线刚度计算各节点的杆端弯矩分配系数，并计算竖向荷载作用下各跨梁的固端弯矩。

（2）计算框架各节点的不平衡弯矩，并对所有节点的反号后的不平衡弯矩均进行第一次分配（其间不进行弯矩传递）。

（3）将所有杆端的分配弯矩同时向其远端传递（对于刚结框架，传递系数均取 1/2）。

（4）将各节点因传递弯矩而产生的新的不平衡弯矩反号后进行第二次分配，使各节点处于平衡状态。至此，整个弯矩分配和传递过程即告结束。

（5）将各杆端的固端弯矩、分配弯矩和传递弯矩叠加，即得各杆端弯矩。做出梁柱最终弯矩图。

这种方法计算层数不多的框架较方便。

4.1.1.5 梁端剪力及柱轴力、柱剪力计算

通过分层法或弯矩分配法求出各杆端弯矩后，就可求出杆端的其他内力。

1. 梁端剪力

$$V_b = V_q + V_m = \frac{1}{2}ql + \frac{M_l - M_r}{l}$$

式中　V_q——荷载引起的剪力；

　　　　V_m——弯矩引起的剪力；

　　　　q——梁上均布荷载；

　　　　l——梁的计算跨度；

M_l、M_r——梁的左右端弯矩。

2. 柱轴力

$$N_c = V_b + P$$

式中　V_b——梁端剪力；

　　　　P——节点集中力及柱自重。

3. 柱剪力

$$V_c = (M_c^t + M_c^b)/H_c$$

式中　M_c^t、M_c^b——柱的上下端弯矩；

　　　　H_c——柱高度。

4.1.2　水平荷载作用下的框架内力计算

对比较规则、层数不多的框架结构，在风荷载及地震作用等水平荷载作用下其柱轴向变形对内力及位移影响不大，这种框架的内力近似计算方法一般可采用 D 值法。

4.1.2.1　D 值法

D 值法的主要步骤如下。

（1）计算各梁柱的线刚度，并根据梁柱相对线刚度计算节点转动影响系数。

（2）计算各柱修正后的侧移刚度 D_{ij}（其中 i 表示层号，j 表示该层的柱号）。

（3）计算总剪力在各层各柱间的分配，得到各柱的剪力。

（4）求标准反弯点高度比 y_0 及修正系数 y_1、y_2、y_3。

（5）求出柱的反弯点高度（从柱下端算起）$(y_0 + y_1 + y_2 + y_3)h$，h 为计算简图中的柱高。

（6）根据柱剪力和反弯点位置画柱的弯矩图。

（7）根据节点内力平衡条件求梁端弯矩（其值与梁的线刚度成正比）。

（8）根据平衡条件，由弯矩图作剪力图和轴力图。

计算由顶层开始自上而下进行，具体计算步骤如下。

1. 求柱端剪力

第 i 层第 k 根柱子的剪力为

$$V_{ik} = \frac{D_{ik}}{D_i} V_i = \frac{D_{ik}}{\displaystyle\sum_{r=1}^{n} D_{ir}} V_i \qquad (4.1.1)$$

式中　D_{ik}——第 i 层第 k 根框架柱的侧移刚度；

$\quad\quad D_i$——第 i 层框架的侧移刚度，是第 i 层所有框架柱侧移刚度之和，即 $D_i = \displaystyle\sum_{r=1}^{n} D_{ir}$ ；

$\quad\quad V_i$——第 i 层受到的水平剪力。

2. 柱的上下端弯矩

$$M_{ij}^t = V_{ij}(1-y)h \qquad (4.1.2)$$

$$M_{ij}^b = V_{ij} yh \qquad (4.1.3)$$

式中　M_{ij}^t、M_{ij}^b——第 i 层第 j 根框架柱的上、下端弯矩；

$\quad\quad V_{ij}$——第 i 层第 j 根框架柱的剪力；

$\quad\quad h$——计算简图中的框架柱柱高；

$\quad\quad y$——柱子的反弯点高度比，$y = y_0 + y_1 + y_2 + y_3$；

$\quad\quad y_0$——柱标准反弯点高度比，标准反弯点高度比是各层等高、各跨跨度相等、各层梁和柱线刚度都不改变的多层多跨规则框架在水平荷载作用下求得的反弯点高度比，可查表 4.1.2、表 4.1.3 得；

$\quad\quad y_1$——上下梁线刚度变化时的反弯点高度比修正值，当某柱的上、下梁线刚度不同，柱上、下节点转角不同时，反弯点位置有变化，应将 y_0 加以修正，修正值为 y_1，可查表 4.1.4；

y_2、y_3——上下层高度变化时反弯点高度比修正值，可查表 4.1.5。

3. 框架梁端的弯矩

梁端弯矩可以根据节点平衡求得。

对于中柱，左、右梁端弯矩可由上、下柱端弯矩之和按左、右梁的线刚度比例分配。

$$M_b^l = \frac{k_b^l}{k_b^l + k_b^r}(M_c^t + M_c^b) \tag{4.1.4}$$

$$M_b^r = \frac{k_b^r}{k_b^l + k_b^r}(M_c^t + M_c^b) \tag{4.1.5}$$

对边柱节点

$$M_b = M_c^t + M_c^b \tag{4.1.6}$$

以上各式中 M_b^l、M_b^r——节点左、右端框架梁梁端弯矩；

M_c^t、M_c^b——节点上、下柱端框架柱弯矩；

k_b^l、k_b^r——节点左、右端框架梁线刚度。

4. 框架梁端的剪力计算

根据框架梁隔离体的平衡条件，梁端弯矩的代数和除以梁的跨度即可得梁端剪力

$$V_b = \frac{M_b^l + M_b^r}{l} \tag{4.1.7}$$

式中 l——框架梁的计算跨度。

5. 框架柱的轴力计算

对于中柱，每个节点左、右梁端剪力之差即为柱的该层层间轴向力。

对于边柱，节点一侧的梁端剪力即为柱的该层层间轴向力。

从上到下逐层累加层间轴向力，即得柱在相应层的轴力。

表 4.1.2　　　　框架承受均布水平力作用时标准反弯点的高度比 y_0 值

m	$\overline{K}$ n	0.1	0.2	0.3	0.4	0.5	0.6	0.7	0.8	0.9	1.0	2.0	3.0	4.0	5.0
1	1	0.80	0.75	0.70	0.65	0.65	0.60	0.60	0.60	0.60	0.55	0.55	0.55	0.55	0.55
2	2	0.45	0.40	0.35	0.35	0.35	0.35	0.40	0.40	0.40	0.40	0.45	0.45	0.45	0.45
	1	0.95	0.80	0.75	0.70	0.65	0.65	0.60	0.60	0.60	0.60	0.55	0.55	0.55	0.50
3	3	0.15	0.20	0.20	0.25	0.30	0.30	0.30	0.35	0.35	0.35	0.40	0.45	0.45	0.45
	2	0.55	0.50	0.45	0.45	0.45	0.45	0.45	0.45	0.45	0.45	0.50	0.50	0.50	0.50
	1	1.00	0.85	0.80	0.75	0.70	0.70	0.65	0.65	0.65	0.60	0.55	0.55	0.55	0.55
4	4	−0.03	0.05	0.15	0.20	0.25	0.30	0.30	0.35	0.35	0.35	0.40	0.45	0.45	0.45
	3	0.25	0.30	0.30	0.35	0.35	0.40	0.40	0.40	0.40	0.45	0.50	0.50	0.50	0.50
	2	0.65	0.55	0.50	0.50	0.45	0.45	0.45	0.45	0.45	0.45	0.50	0.50	0.50	0.50
	1	1.10	0.90	0.80	0.75	0.70	0.70	0.65	0.65	0.65	0.60	0.55	0.55	0.55	0.55
5	5	−0.20	0.00	0.15	0.20	0.25	0.30	0.30	0.30	0.35	0.35	0.40	0.45	0.45	0.45
	4	0.10	0.20	0.25	2.30	0.35	0.35	0.40	0.40	0.40	0.40	0.45	0.45	0.45	0.50
	3	0.40	0.40	0.40	0.40	0.40	0.45	0.45	0.45	0.45	0.45	0.50	0.50	0.50	0.50
	2	0.65	0.55	0.50	0.50	0.50	0.50	0.50	0.50	0.50	0.50	0.50	0.50	0.50	0.50
	1	1.20	0.95	0.80	0.75	0.75	0.70	0.70	0.65	0.65	0.65	0.55	0.55	0.55	0.55

m	$\overline{K}$ / n	0.1	0.2	0.3	0.4	0.5	0.6	0.7	0.8	0.9	1.0	2.0	3.0	4.0	5.0
6	6	−0.30	0.00	0.10	0.20	0.25	0.25	0.30	0.30	0.35	0.35	0.40	0.45	0.45	0.45
	5	0.00	0.20	0.25	0.30	0.35	0.35	0.40	0.40	0.40	0.40	0.45	0.45	0.50	0.50
	4	0.20	0.30	0.35	0.35	0.40	0.40	0.40	0.45	0.45	0.45	0.45	0.50	0.50	0.50
	3	0.40	0.40	0.40	0.45	0.45	0.45	0.45	0.45	0.45	0.45	0.50	0.50	0.50	0.50
	2	0.70	0.60	0.55	0.50	0.50	0.50	0.50	0.50	0.50	0.50	0.50	0.50	0.50	0.50
	1	1.20	0.95	0.85	0.80	0.75	0.70	0.70	0.65	0.65	0.65	0.55	0.55	0.55	0.55
7	7	−0.35	−0.05	0.10	0.20	0.20	0.25	0.30	0.30	0.35	0.35	0.40	0.45	0.45	0.45
	6	−0.10	0.15	0.25	0.30	0.35	0.35	0.35	0.40	0.40	0.40	0.45	0.45	0.50	0.50
	5	0.10	0.25	0.30	0.35	0.40	0.40	0.40	0.45	0.45	0.45	0.45	0.50	0.50	0.50
	4	0.30	0.35	0.40	0.40	0.40	0.45	0.45	0.45	0.45	0.45	0.50	0.50	0.50	0.50
	3	0.50	0.45	0.45	0.45	0.45	0.45	0.45	0.45	0.45	0.45	0.50	0.50	0.50	0.50
	2	0.75	0.60	0.55	0.50	0.50	0.50	0.50	0.50	0.50	0.50	6.50	0.50	0.50	0.50
	1	1.20	0.95	0.85	0.80	0.75	0.70	0.70	0.65	0.65	0.65	0.55	0.55	0.55	0.55
8	8	−0.35	−0.15	0.10	0.15	0.25	0.25	0.30	0.30	0.35	0.35	0.40	0.45	0.45	0.45
	7	−0.10	0.15	0.25	0.30	0.35	0.35	0.40	0.40	0.40	0.40	0.45	0.50	0.50	0.50
	6	0.05	0.25	0.30	0.35	0.40	0.40	0.40	0.45	0.45	0.45	0.45	0.50	0.50	0.50
	5	0.20	0.30	0.35	0.40	0.40	0.45	0.45	0.45	0.45	0.45	0.50	0.50	0.50	0.50
	4	0.35	0.40	0.40	0.45	0.45	0.45	0.45	0.45	0.45	0.45	0.50	0.50	0.50	0.50
	3	0.50	0.45	0.45	0.45	0.45	0.45	0.45	0.45	0.50	0.50	0.50	0.50	0.50	0.50
	2	0.75	0.60	0.55	0.55	0.50	0.50	0.50	0.50	0.50	0.50	0.50	0.50	0.50	0.50
	1	1.20	1.00	0.85	0.80	0.75	0.70	0.70	0.65	0.65	0.65	0.55	0.55	0.55	0.55
9	9	−0.40	−0.05	0.10	0.20	0.25	0.25	0.30	0.30	0.35	0.35	0.45	0.45	0.45	0.45
	8	−0.15	0.15	0.25	0.30	0.35	0.35	0.35	0.40	0.40	0.40	0.45	0.45	0.50	0.50
	7	0.05	0.25	0.30	0.35	0.40	0.40	0.40	0.45	0.45	0.45	0.45	0.50	0.50	0.50
	6	0.15	0.30	0.35	0.40	0.40	0.45	0.45	0.45	0.45	0.45	0.50	0.50	0.50	0.50
	5	0.25	0.35	0.40	0.40	0.45	0.45	0.45	0.45	0.45	0.45	0.50	0.50	0.50	0.50
	4	0.40	0.40	0.40	0.45	0.45	0.45	0.45	0.45	0.45	0.45	0.50	0.50	0.50	0.50
	3	0.55	0.45	0.45	0.45	0.45	0.45	0.45	0.45	0.50	0.50	0.50	0.50	0.50	0.50
	2	0.80	0.65	0.55	0.55	0.50	0.50	0.50	0.50	0.50	0.50	0.50	0.50	0.50	0.50
	1	1.20	1.00	0.85	0.80	0.75	0.70	0.70	0.65	0.65	0.65	0.55	0.55	0.55	0.55
10	10	−0.40	−0.05	0.10	0.20	0.25	0.30	0.30	0.30	0.35	0.35	0.40	0.45	0.45	0.45
	9	−0.15	0.15	0.25	0.30	0.35	0.35	0.40	0.40	0.40	0.40	0.45	0.45	0.50	0.50
	8	0.00	0.25	0.30	0.35	0.40	0.40	0.40	0.45	0.45	0.45	0.45	0.50	0.50	0.50
	7	0.10	0.30	0.35	0.40	0.40	0.45	0.45	0.45	0.45	0.45	0.50	0.50	0.50	0.50
	6	0.20	0.35	0.40	0.40	0.45	0.45	0.45	0.45	0.45	0.45	0.50	0.50	0.50	0.50
	5	0.30	0.40	0.40	0.45	0.45	0.45	0.45	0.45	0.45	0.45	0.50	0.50	0.50	0.50
	4	0.40	0.40	0.45	0.45	0.45	0.45	0.45	0.45	0.45	0.50	0.50	0.50	0.50	0.50
	3	0.55	0.50	0.45	0.45	0.45	0.50	0.50	0.50	0.50	0.50	0.50	0.50	0.50	0.50
	2	0.80	0.65	0.55	0.55	0.55	0.50	0.50	0.50	0.50	0.50	0.50	0.50	0.50	0.50
	1	1.30	1.00	0.85	0.80	0.75	0.70	0.70	0.65	0.65	0.65	0.60	0.55	0.55	0.55

m	n \ $\overline{K}$	0.1	0.2	0.3	0.4	0.5	0.6	0.7	0.8	0.9	1.0	2.0	3.0	4.0	5.0
11	11	−0.40	0.05	0.10	0.20	0.25	0.30	0.30	0.30	0.35	0.35	0.40	0.45	0.45	0.45
	10	−0.15	0.15	0.25	0.30	0.35	0.35	0.40	0.40	0.40	0.40	0.45	0.45	0.50	0.50
	9	0.00	0.25	0.30	0.35	0.40	0.40	0.40	0.45	0.45	0.45	0.45	0.50	0.50	0.50
	8	0.10	0.30	0.35	0.40	0.40	0.45	0.45	0.45	0.45	0.45	0.50	0.50	0.50	0.50
	7	0.20	0.35	0.40	0.45	0.45	0.45	0.45	0.45	0.45	0.45	0.50	0.50	0.50	0.50
	6	0.25	0.35	0.40	0.45	0.45	0.45	0.45	0.45	0.45	0.45	0.50	0.50	0.50	0.50
	5	0.35	0.40	0.40	0.45	0.45	0.45	0.45	0.45	0.45	0.50	0.50	0.50	0.50	0.50
	4	0.40	0.45	0.45	0.45	0.45	0.45	0.45	0.50	0.50	0.50	0.50	0.50	0.50	0.50
	3	0.55	0.50	0.50	0.50	0.50	0.50	0.50	0.50	0.50	0.50	0.50	0.50	0.50	0.50
	2	0.80	0.65	0.60	0.55	0.55	0.50	0.50	0.50	0.50	0.50	0.50	0.50	0.50	0.50
	1	1.30	1.00	0.85	0.80	0.75	0.70	0.70	0.65	0.65	0.65	0.60	0.55	0.55	0.55
12 以 上	自上1	−0.40	−0.05	0.10	0.20	0.25	0.30	0.30	0.30	0.35	0.35	0.40	0.45	0.45	0.45
	2	−0.15	0.15	0.25	0.30	0.35	0.35	0.40	0.40	0.40	0.40	0.45	0.45	0.50	0.50
	3	0.00	0.25	0.30	0.35	0.40	0.40	0.40	0.45	0.45	0.45	0.50	0.50	0.50	0.50
	4	0.10	0.30	0.35	0.40	0.40	0.45	0.45	0.45	0.45	0.45	0.50	0.50	0.50	0.50
	5	0.20	0.35	0.40	0.40	0.45	0.45	0.45	0.45	0.45	0.50	0.50	0.50	0.50	0.50
	6	0.25	0.35	0.40	0.45	0.45	0.45	0.45	0.45	0.45	0.50	0.50	0.50	0.50	0.50
	7	0.30	0.40	0.40	0.45	0.45	0.45	0.45	0.45	0.50	0.50	0.50	0.50	0.50	0.50
	8	0.35	0.40	0.45	0.45	0.45	0.45	0.45	0.50	0.50	0.50	0.50	0.50	0.50	0.50
	中间	0.40	0.40	0.45	0.45	0.45	0.45	0.50	0.50	0.50	0.50	0.50	0.50	0.50	0.50
	4	0.45	0.45	0.45	0.45	0.50	0.50	0.50	0.50	0.50	0.50	0.50	0.50	0.50	0.50
	3	0.60	0.50	0.50	0.50	0.50	0.50	0.50	0.50	0.50	0.50	0.50	0.50	0.50	0.50
	2	0.80	0.65	0.60	0.55	0.55	0.50	0.50	0.50	0.50	0.50	0.50	0.50	0.50	0.50
	自下1	1.30	1.00	0.85	0.80	0.75	0.70	0.70	0.65	0.65	0.65	0.55	0.55	0.55	0.55

表 4.1.3　框架承受倒三角形分布水平力作用时标准反弯点的高度比 y_0 值

m	n \ $\overline{K}$	0.1	0.2	0.3	0.4	0.5	0.6	0.7	0.8	0.9	1.0	2.0	3.0	4.0	5.0
1	1	0.80	0.75	0.70	0.65	0.65	0.60	0.60	0.60	0.60	0.55	0.55	0.55	0.55	0.55
2	2	0.50	0.45	0.40	0.40	0.40	0.40	0.40	0.40	0.40	0.45	0.45	0.45	0.45	0.50
	1	1.00	0.85	0.75	0.70	0.70	0.65	0.65	0.65	0.60	0.60	0.55	0.55	0.55	0.55
3	3	0.25	0.25	0.25	0.30	0.30	0.35	0.35	0.35	0.40	0.40	0.45	0.45	0.45	0.50
	2	0.60	0.50	0.50	0.50	0.50	0.45	0.45	0.45	0.45	0.45	0.50	0.50	0.50	0.50
	1	1.15	0.90	0.80	0.75	0.75	0.70	0.70	0.65	0.65	0.65	0.60	0.55	0.55	0.55
4	4	0.10	0.15	0.20	0.25	0.30	0.30	0.35	0.35	0.35	0.40	0.45	0.45	0.45	0.45
	3	0.35	0.35	0.35	0.40	0.40	0.40	0.40	0.45	0.45	0.45	0.45	0.50	0.50	0.50
	2	0.70	0.60	0.55	0.50	0.50	0.50	0.50	0.50	0.50	0.50	0.50	0.50	0.50	0.50
	1	1.20	0.95	0.85	0.80	0.75	0.70	0.70	0.70	0.65	0.65	0.55	0.55	0.55	0.55
5	5	−0.05	0.10	0.20	0.25	0.30	0.30	0.35	0.35	0.35	0.35	0.40	0.45	0.45	0.45
	4	0.20	0.25	0.35	0.35	0.40	0.40	0.40	0.40	0.40	0.45	0.45	0.50	0.50	0.50
	3	0.45	0.40	0.45	0.45	0.45	0.45	0.45	0.45	0.45	0.45	0.50	0.50	0.50	0.50
	2	0.75	0.60	0.55	0.55	0.50	0.50	0.50	0.50	0.50	0.50	0.50	0.50	0.50	0.50
	1	1.30	1.00	0.85	0.80	0.75	0.70	0.70	0.65	0.65	0.65	0.55	0.55	0.55	

m	n \ $\overline{K}$	0.1	0.2	0.3	0.4	0.5	0.6	0.7	0.8	0.9	1.0	2.0	3.0	4.0	5.0
6	6	−0.15	0.05	0.15	0.20	0.25	0.30	0.30	0.35	0.35	0.35	0.40	0.45	0.45	0.45
	5	0.10	0.25	0.30	0.35	0.35	0.40	0.40	0.40	0.45	0.45	0.45	0.50	0.50	0.50
	4	0.30	0.35	0.40	0.40	0.45	0.45	0.45	0.45	0.45	0.45	0.50	0.50	0.50	0.50
	3	0.50	0.45	0.45	0.45	0.45	0.45	0.45	0.45	0.45	0.50	0.50	0.50	0.50	0.50
	2	0.80	0.65	0.55	0.55	0.55	0.55	0.50	0.50	0.50	0.50	0.50	0.50	0.50	0.50
	1	1.30	1.00	0.85	0.80	0.75	0.70	0.70	0.65	0.65	0.65	0.60	0.55	0.55	0.55
7	7	−0.20	0.05	0.15	0.20	0.25	0.30	0.30	0.35	0.35	0.35	0.45	0.45	0.45	0.45
	6	0.05	0.20	0.30	0.35	0.35	0.40	0.40	0.40	0.40	0.45	0.45	0.50	0.50	0.50
	5	0.20	0.30	0.35	0.40	0.40	0.45	0.45	0.45	0.45	0.45	0.50	0.50	0.50	0.50
	4	0.35	0.40	0.40	0.45	0.45	0.45	0.45	0.45	0.45	0.45	0.50	0.50	0.50	0.50
	3	0.55	0.50	0.50	0.50	0.50	0.50	0.50	0.50	0.50	0.50	0.50	0.50	0.50	0.50
	2	0.80	0.65	0.60	0.55	0.55	0.55	0.50	0.50	0.50	0.50	0.50	0.50	0.50	0.50
	1	1.30	1.00	0.90	0.80	0.75	0.70	0.70	0.70	0.65	0.65	0.60	0.55	0.55	0.55
8	8	−0.20	0.05	0.15	0.20	0.25	0.30	0.30	0.35	0.35	0.35	0.45	0.45	0.45	0.45
	7	0.00	0.20	0.30	0.30	0.35	0.40	0.40	0.40	0.40	0.45	0.45	0.50	0.50	0.50
	6	0.15	0.30	0.35	0.40	0.40	0.45	0.45	0.45	0.45	0.45	0.50	0.50	0.50	0.50
	5	0.30	0.45	0.40	0.45	0.45	0.45	0.45	0.45	0.45	0.45	0.50	0.50	0.50	0.50
	4	0.40	0.45	0.45	0.45	0.45	0.45	0.45	0.50	0.50	0.50	0.50	0.50	0.50	0.50
	3	0.60	0.50	0.50	0.50	0.50	0.50	0.50	0.50	0.50	0.50	0.50	0.50	0.50	0.50
	2	0.85	0.65	0.60	0.55	0.55	0.55	0.50	0.50	0.50	0.50	0.50	0.50	0.50	0.50
	1	1.30	1.00	0.90	0.80	0.75	0.70	0.70	0.70	0.65	0.65	0.60	0.55	0.55	0.55
9	9	−0.25	0.00	0.15	0.20	6.25	0.30	0.30	0.35	0.35	0.40	0.45	0.45	0.45	0.45
	8	−0.00	0.20	0.30	0.35	0.35	0.40	0.40	0.40	0.40	0.45	0.45	0.50	0.50	0.50
	7	0.15	0.30	0.35	0.40	0.40	0.45	0.45	0.45	0.45	0.45	0.50	0.50	0.50	0.50
	6	0.25	0.35	0.40	0.40	0.45	0.45	0.45	0.45	0.45	0.50	0.50	0.50	0.50	0.50
	5	0.35	0.40	0.45	0.45	0.45	0.45	0.45	0.45	0.50	0.50	0.50	0.50	0.50	0.50
	4	0.45	0.45	0.45	0.45	0.45	0.50	0.50	0.50	0.50	0.50	0.50	0.50	0.50	0.50
	3	0.60	0.50	0.50	0.50	0.50	0.50	0.50	0.50	0.50	0.50	0.50	0.50	0.50	0.50
	2	0.85	0.65	0.60	0.55	0.55	0.55	0.55	0.50	0.50	0.50	0.50	0.50	0.50	0.50
	1	1.35	1.00	0.90	0.80	0.75	0.75	0.70	0.70	0.65	0.65	0.60	0.55	0.55	0.55
10	10	−0.25	0.00	0.15	0.20	0.25	0.30	0.30	0.35	0.35	0.40	0.45	0.45	0.45	0.45
	9	−0.05	0.20	0.30	0.35	0.35	0.40	0.40	0.40	0.40	0.45	0.45	0.50	0.50	0.50
	8	0.10	0.30	0.35	0.40	0.40	0.40	0.45	0.45	0.45	0.45	0.50	0.50	0.50	0.50
	7	0.20	0.35	0.40	0.40	0.45	0.45	0.45	0.45	0.45	0.50	0.50	0.50	0.50	0.50
	6	0.30	0.40	0.40	0.45	0.45	0.45	0.45	0.45	0.45	0.50	0.50	0.50	0.50	0.50
	5	0.40	0.45	0.45	0.45	0.45	0.45	0.45	0.50	0.50	0.50	0.50	0.50	0.50	0.50
	4	0.50	0.45	0.45	0.45	0.50	0.50	0.50	0.50	0.50	0.50	0.50	0.50	0.50	0.50
	3	0.60	0.55	0.50	0.50	0.50	0.50	0.50	0.50	0.50	0.50	0.50	0.50	0.50	0.50
	2	0.85	0.65	0.60	0.55	0.55	0.55	0.55	0.50	0.50	0.50	0.50	0.50	0.50	0.50
	1	1.35	1.00	0.90	0.80	0.75	0.75	0.70	0.70	0.65	0.65	0.60	0.55	0.55	0.55

m	$\overline{K}$ / n	0.1	0.2	0.3	0.4	0.5	0.6	0.7	0.8	0.9	1.0	2.0	3.0	4.0	5.0
11	11	−0.25	0.00	0.15	0.20	0.25	0.30	0.30	0.30	0.35	0.35	0.45	0.45	0.45	0.45
	10	−0.05	0.20	0.25	0.30	0.35	0.40	0.40	0.40	0.40	0.45	0.45	0.50	0.50	0.50
	9	0.10	0.30	0.35	0.40	0.40	0.40	0.45	0.45	0.45	0.45	0.50	0.50	0.50	0.50
	8	0.20	0.35	0.40	0.40	0.45	0.45	0.45	0.45	0.45	0.45	0.50	0.50	0.50	0.50
	7	0.25	0.40	0.40	0.45	0.45	0.45	0.45	0.45	0.45	0.50	0.50	0.50	0.50	0.50
	6	0.35	0.40	0.45	0.45	0.45	0.45	0.45	0.50	0.50	0.50	0.50	0.50	0.50	0.50
	5	0.40	0.45	0.45	0.45	0.45	0.50	0.50	0.50	0.50	0.50	0.50	0.50	0.50	0.50
	4	0.50	0.50	0.50	0.50	0.50	0.50	0.50	0.50	0.50	0.50	0.50	0.50	0.50	0.50
	3	0.65	0.55	0.50	0.50	0.50	0.50	0.50	0.50	0.50	0.50	0.50	0.50	0.50	0.50
	2	0.85	0.65	0.60	0.55	0.55	0.55	0.55	0.50	0.50	0.50	0.50	0.50	0.50	0.50
	1	1.35	1.05	0.90	0.80	0.75	0.75	0.70	0.70	0.65	0.65	0.60	0.55	0.55	0.55
12 以 上	自上 1	−0.30	0.00	0.15	0.20	0.25	0.30	0.30	0.30	0.35	0.35	0.40	0.45	0.45	0.45
	2	−0.10	0.20	0.25	0.30	0.35	0.40	0.40	0.40	0.40	0.40	0.45	0.45	0.45	0.50
	3	0.05	0.25	0.35	0.40	0.40	0.45	0.45	0.45	0.45	0.45	0.45	0.50	0.50	0.50
	4	0.15	0.30	0.40	0.40	0.45	0.45	0.45	0.45	0.45	0.45	0.50	0.50	0.50	0.50
	5	0.25	0.35	0.50	0.45	0.45	0.45	0.45	0.45	0.45	0.50	0.50	0.50	0.50	0.50
	6	0.30	0.40	0.50	0.45	0.45	0.45	0.45	0.50	0.50	0.50	0.50	0.50	0.50	0.50
	7	0.35	0.40	0.55	0.45	0.45	0.45	0.50	0.50	0.50	0.50	0.50	0.50	0.50	0.50
	8	0.35	0.45	0.55	0.45	0.50	0.50	0.50	0.50	0.50	0.50	0.50	0.50	0.50	0.50
	中间	0.45	0.45	0.55	0.45	0.50	0.50	0.50	0.50	0.50	0.50	0.50	0.50	0.50	0.50
	4	0.55	0.50	0.50	0.50	0.50	0.50	0.50	0.50	0.50	0.50	0.50	0.50	0.50	0.50
	3	0.65	0.55	0.50	0.50	0.50	0.50	0.50	0.50	0.50	0.50	0.50	0.50	0.50	0.50
	2	0.70	0.70	0.60	0.55	0.55	0.55	0.55	0.50	0.50	0.50	0.50	0.50	0.50	0.50
	自下 1	1.35	1.05	0.90	0.80	0.75	0.70	0.70	0.70	0.65	0.65	0.60	0.55	0.55	0.55

表 4.1.4　　　　　　　　上下层横梁线刚度比对 y_0 的修正值 y_1

$\overline{K}$ / α_1	0.1	0.2	0.3	0.4	0.5	0.6	0.7	0.8	0.9	1.0	2.0	3.0	4.0	5.0
0.4	0.55	0.40	0.30	0.25	0.20	0.20	0.20	0.15	0.15	0.15	0.05	0.05	0.05	0.05
0.5	0.45	0.30	0.20	0.20	0.15	0.15	0.15	0.10	0.10	0.10	0.05	0.05	0.05	0.05
0.6	0.30	0.20	0.15	0.15	0.10	0.10	0.10	0.10	0.05	0.05	0.05	0.05	0	0
0.7	0.20	0.15	0.10	0.10	0.10	0.10	0.05	0.05	0.05	0.05	0	0	0	0
0.8	0.15	0.10	0.05	0.05	0.05	0.05	0.05	0.05	0	0	0	0	0	0
0.9	0.05	0.05	0.05	0.05	0	0	0	0	0	0	0	0	0	0

注　当 $i_1+i_2<i_3+i_4$ 时，$\alpha_1=(i_1+i_2)/(i_3+i_4)$，$y_1$ 为正值；当 $i_1+i_2>i_3+i_4$ 时，$\alpha_1=(i_3+i_4)/(i_1+i_2)$，$y_1$ 为负值；底层柱不做此项修正。$\overline{K}=(i_1+i_2+i_3+i_4)/(2i)$，其中 i_1、i_2 为柱上端梁的线刚度，i_3、i_4 为柱下端梁的线刚度。

表 4.1.5　　　　　　　　上下层高度变化对 y_0 的修正值 y_2 和 y_3

α_2	$\overline{K}$ / α_3	0.1	0.2	0.3	0.4	0.5	0.6	0.7	0.8	0.9	1.0	2.0	3.0	4.0	5.0
2.0		0.25	0.15	0.15	0.10	0.10	0.10	0.10	0.10	0.05	0.05	0.05	0.05	0.0	0.0
1.8		0.20	0.15	0.10	0.10	0.10	0.05	0.05	0.05	0.05	0.05	0.05	0.0	0.0	0.0
1.6	0.4	0.15	0.10	0.10	0.10	0.05	0.05	0.05	0.05	0.05	0.05	0.0	0.0	0.0	0.0

α_2 ＼ $\overline{K}$ ／ α_3	0.1	0.2	0.3	0.4	0.5	0.6	0.7	0.8	0.9	1.0	2.0	3.0	4.0	5.0
1.4 ＼ 0.6	0.10	0.05	0.05	0.05	0.05	0.05	0.05	0.05	0.05	0.0	0.0	0.0	0.0	
1.2 ＼ 0.8	0.05	0.05	0.05	0.0	0.0	0.0	0.0	0.0	0.0	0.0	0.0	0.0	0.0	
1.0 ＼ 1.0	0.0	0.0	0.0	0.0	0.0	0.0	0.0	0.0	0.0	0.0	0.0	0.0	0.0	
0.8 ＼ 1.2	-0.05	-0.05	-0.05	0.0	0.0	0.0	0.0	0.0	0.0	0.0	0.0	0.0	0.0	
0.6 ＼ 1.4	-0.10	-0.05	-0.05	-0.05	-0.05	-0.05	-0.05	-0.05	-0.05	0.0	0.0	0.0	0.0	
0.4 ＼ 1.6	-0.15	-0.10	-0.05	-0.05	-0.05	-0.05	-0.05	-0.05	-0.05	0.0	0.0	0.0	0.0	
＼ 1.8	-0.20	-0.15	-0.10	-0.10	-0.10	-0.05	-0.05	-0.05	-0.05	-0.05	0.0	0.0	0.0	
＼ 2.0	-0.25	-0.15	-0.15	-0.10	-0.10	-0.10	-0.10	-0.10	-0.05	-0.05	-0.05	-0.05	0.0	

注　y_2 为上层层高变化的修正值，按照 $\alpha_2 = h_u/h$ 计算，上层较高时为正值，最上层不考虑 y_2；y_3 为下层层高变化的修正值，按照 $\alpha_3 = h_l/h$ 计算，最下层不考虑 y_3。

4.1.2.2　风荷载作用下的框架内力计算

风荷载作用下，在求标准反弯点高度比 y_0 时，应采用均布荷载表格（见表 4.1.2）。在求修正系数 y_1、y_2、y_3 时，应注意正负号：当反弯点向上移动时取正号、向下移动时取负号。判断移动方向的原则是：反弯点向刚度小的方向移动（如向楼层线刚度小的方向移动，向层高较大的方向移动等）。

4.1.2.3　地震作用下的框架内力分析

与风荷载计算不同的是：在求标准反弯点高度比 y_0 时，应采用倒三角形荷载表格（见表 4.1.3）。

4.2　考虑重力二阶效应的框架内力调整

结构的二阶效应指的是结构上的重力或构件中的轴压力在变形后的结构或构件中引起的附加内力和附加变形。建筑结构的二阶效应包括重力二阶效应和受压构件的挠曲效应两部分。重力二阶效应属于结构整体层面的问题，一般在结构整体分析中考虑，规范规定可以采用有限元法和增大系数法这两种计算方法计算。受压构件的挠曲效应计算属于构件层面的问题，一般在构件设计时考虑。《混凝土结构设计规范》介绍的增大系数法如下。

5.3.4　当结构的二阶效应可能使作用效应显著增大时，在结构分析中应考虑二阶效应的不利影响。

混凝土结构的重力二阶效应可采用本规范附录 B 的简化方法。

B.0.1　在框架结构中，当采用增大系数法近似计算结构因侧移产生的二阶效应（$P-\Delta$ 效应）时，应对未考虑 $P-\Delta$ 效应的一阶弹性分析所得的柱端弯矩和梁端弯矩以及层间位移分别按公式（B.0.1-1）和公式（B.0.1-2）乘以增大系数 η_s：

$$M = M_{ns} + \eta_s M_s \qquad\qquad \text{(B.0.1-1)}$$

$$\Delta = \eta_s \Delta_1 \qquad\qquad \text{(B.0.1-2)}$$

式中　M_s——引起结构侧移的荷载或作用所产生的一阶弹性分析构件端弯矩设计值；

　　　M_{ns}——不引起结构侧移荷载产生的一阶弹性分析构件端弯矩设计值；

　　　Δ_1——一阶弹性分析的层间位移；

　　　η_s——P—Δ效应增大系数，按第 B.0.2 条或第 B.0.3 条确定，其中，梁端 η_s 取为相应节点处上、下柱端 η_s 的平均值。

B.0.2　在框架结构中，所计算楼层各柱的 η_s 可按下列公式计算：

$$\eta_s = \frac{1}{1 - \dfrac{\sum N_j}{DH_0}} \qquad\qquad (B.0.2)$$

式中　D——所计算楼层的侧向刚度。在计算结构构件弯矩增大系数与计算结构位移增大系数时，应分别按本规范第 B.0.5 条的规定取用结构构件刚度；

　　　N_j——所计算楼层第 j 列柱轴力设计值；

　　　H_0——所计算楼层的层高。

B.0.5　当采用本规范第 B.0.2 条、第 B.0.3 条计算各类结构中的弯矩增大系数 η_s 时，宜对构件的弹性抗弯刚度 E_cI 乘以折减系数：对梁，取 0.4；对柱，取 0.6；当计算各结构中位移的增大系数 η_s 时，不对刚度进行折减。

　　结构中的二阶效应指作用在结构上的重力或构件中的轴压力在变形后的结构或构件中引起的附加内力和附加变形。建筑结构的二阶效应包括重力二阶效应（P—Δ 效应）和受压构件的挠曲效应（P—δ 效应）两部分。

　　根据结构中二阶效应的基本规律，P—Δ 效应只会增大由引起结构侧移的荷载或作用所产生的构件内力，而不增大由不引起结构侧移的荷载（例如较为对称结构上作用的对称竖向荷载）所产生的构件内力。

　　因 P—Δ 效应既增大竖向构件中引起结构侧移的弯矩，同时也增大水平构件中引起结构侧移的弯矩，因此公式（B.0.1-1）同样适用于梁端控制截面的弯矩计算。

　　对框架结构的 η_s 采用层增大系数法计算，各楼层计算出的 η_s 分别适用于该楼层的所有柱段。当用 η_s 增大柱端及梁端弯矩时，其楼层侧向刚度 D 应按构件折减刚度计算。

　　细长钢筋混凝土偏心压杆考虑二阶效应影响的受力状态大致对应于受拉钢筋屈服后不久的非弹性受力状态。因此，在考虑二阶效应的结构分析中，结构内各类构件的受力状态也应与此相呼应。钢筋混凝土结构在这类受力状态下由于受拉区开裂以及其他非弹性性能的发展，从而导致构件截面弯曲刚度降低。

　　《建筑抗震设计规范》对应计入重力工阶效应的范围做了规定：

3.6.3　当结构在地震作用下的重力附加弯矩大于初始弯矩的 10% 时，应计入重力二阶效应的影响。

　　注：重力附加弯矩指任一楼层以上全部重力荷载与该楼层地震平均层间位移的乘积；初始弯矩指该楼层地震剪力与楼层层高的乘积。

框架结构在重力附加弯矩 M_a 与初始弯矩 M_0 之比符合下式条件下，应考虑几何非线性，即重力二阶效应的影响。

$$\theta_i = \frac{M_a}{M_0} = \frac{\sum G_i \Delta u_i}{V_i h_i} > 0.1 \tag{4.2.1}$$

式中　θ_i——稳定系数；

$\sum G_i$——i 层以上全部重力荷载计算值；

Δu_i——第 i 层楼层质心处的弹性或弹塑性层间位移；

V_i——第 i 层地震剪力计算值；

h_i——第 i 层层间高度。

式（4.2.1）规定是考虑重力二阶效应影响的下限，其上限则受弹性层间位移角限值控制。对混凝土结构，弹性位移角限值较小，上述稳定系数一般均在 0.1 以下，可不考虑弹性阶段重力二阶效应影响。

当在弹性分析时，作为简化方法，二阶效应的内力增大系数可取 $1/(1-\theta)$。

混凝土柱考虑多遇地震作用产生的重力二阶效应的内力时，不应与承载力计算时考虑的重力二阶效应重复。

《高层建筑混凝土结构技术规程》对计入重力二阶效应的范围及重力二阶效应的计算方法作了规定：

5.4.1　在水平力作用下，当高层建筑结构满足下列规定时，可不考虑重力二阶效应的不利影响。

　　2　框架结构：

$$D_i \geqslant 20 \sum_{j=i}^{n} G_i / h_i \quad (i = 1, 2, \cdots, n) \tag{5.4.1-2}$$

式中　G_i——第 i 楼层重力荷载设计值；

h_i——第 i 楼层层高；

D_i——第 i 楼层的弹性等效侧向刚度，可取该层剪力与层间位移的比值；

n——结构计算总层数。

5.4.2　高层建筑结构如果不满足本规程第 5.4.1 条的规定时，应考虑重力二阶效应对水平力作用下结构内力和位移的不利影响。

5.4.3　高层建筑结构重力二阶效应，可采用弹性方法进行计算，也可采用对未考虑重力二阶效应的计算结果乘以增大系数的方法近似考虑。结构位移增大系数 F_1、F_{1i} 以及结构构件弯矩和剪力增大系数 F_2、F_{2i} 可分别按下列规定近似计算，位移计算结果仍应满足本规程第 4.6.3 条的规定。

　　1　对框架结构，可按下列公式计算：

$$F_{1i} = \frac{1}{1 - \sum_{j=i}^{n} G_j / (D_i h_i)} \quad (i = 1, 2, \cdots, n) \tag{5.4.3-1}$$

$$F_{2i} = \cfrac{1}{1 - 2\sum\limits_{j=i}^{n} G_j/(D_i h_i)} \quad (i = 1, 2, \cdots, n) \tag{5.4.3-2}$$

在水平力作用下框架结构的变形形态为剪切型。重力荷载在水平作用位移效应上引起的二阶效应（以下简称重力 $P—\Delta$ 效应）有时比较严重。对混凝土结构，随着结构刚度的降低，重力二阶效应的不利影响呈非线性增长。因此，对结构的弹性刚度和重力荷载作用的关系应加以限制。本条公式使结构按弹性分析的二阶效应对结构内力、位移的增量控制在 5% 左右；考虑实际刚度折减 50% 时，结构内力增量控制在 10% 以内。如果结构满足本条要求，重力二阶效应的影响相对较小，可忽略不计。

一般可根据楼层重力和楼层在水平力作用下产生的层间位移，计算出等效的荷载向量，利用结构力学方法求解重力二阶效应。重力二阶效应可采用简化的弹性方法近似考虑。考虑重力 $P—\Delta$ 效应的结构位移可采用未考虑重力二阶效应的位移乘以位移增大系数，但位移限制条件不变。按弹性方法计算的位移宜满足规定的位移限值，因此结构位移增大系数计算时，不考虑结构刚度的折减。考虑重力 $P—\Delta$ 效应的结构构件（梁、柱）内力可采用未考虑重力二阶效应的内力乘以内力增大系数，内力增大系数计算时，考虑结构刚度的折减，为简化计算，折减系数近似取 0.5。

4.3 水平荷载下侧移及薄弱层验算

4.3.1 侧移验算

钢筋混凝土框架结构的侧移验算步骤如下。

1. 计算层间剪力

$$V_i = \sum_{k=i}^{n} F_k \tag{4.3.1}$$

式中 V_i——第 i 层框架柱承受的层间水平剪力；

F_k——作用于结构上的总水平力标准值。

2. 计算层间弹性变形

$$\Delta u_{ei} = V_i/D_i \tag{4.3.2}$$

式中 D_i——第 i 层框架的侧移刚度。

3. 验算 $\Delta u_e \leqslant [\theta_e]H$ 是否满足

4.3.2 薄弱层验算

震害表明，若建筑结构中存在有薄弱层或薄弱部位，在强烈地震作用下，结构薄弱部位将会产生弹塑性变形，结构构件产生严重破坏甚至造成结构的倒塌。若结构在强烈地震作用下破坏将会带来一系列严重后果，产生次生灾害，对救灾、恢复重建及生产、生活造成很大影响。《建筑抗震设计规范》中对于钢筋混凝土结构薄弱层验算规定：

5.5.2 结构在罕遇地震作用下薄弱层的弹塑性变形验算，应符合下列要求：

1 下列结构应进行弹塑性变形验算：

2）7～9度时楼层屈服强度系数小于0.5的钢筋混凝土框架结构；

4）甲类建筑和9度时乙类建筑中的钢筋混凝土结构；

5）采用隔震和消能减震设计的结构。

2 下列结构宜进行弹塑性变形验算：

1）需采用时程分析的房屋且属于竖向不规则类型的高层建筑结构；

2）7度Ⅲ、Ⅳ类场地和8度时乙类建筑中的钢筋混凝土结构；

结构薄弱层验算的部位宜取以下几个位置：

5.5.3 结构薄弱层（部位）层间弹塑性位移的简化计算，宜符合下列要求：

1 结构薄弱层（部位）的位置可按下列情况确定：

1）楼层屈服强度系数沿高度分布均匀的结构，可取底层；

2）楼层屈服强度系数沿高度分布不均匀的结构，可取该系数最小的楼层（部位）及相对较小的楼层，一般不超过2～3处。

2 层间弹塑性位移可按下列公式计算：

$$\Delta u_p = \eta_p \Delta u_e \qquad (5.5.3-1)$$

或

$$\Delta \mu = \mu \Delta u_y = \frac{\eta_p}{\xi_y} \Delta u_y \qquad (5.5.3-2)$$

式中 Δu_p——层间弹塑性位移，mm；

Δu_y——层间屈服位移，mm；

μ——楼层延性系数；

Δu_e——罕遇地震作用下按弹性分析的层间位移。计算时，水平地震影响系数最大值应按本规程表3.3.7-1采用；

η_p——弹塑性位移增大系数，当薄弱层（部位）的屈服强度系数不小于相邻层（部位）该系数平均值的0.8时，可按表5.5.3采用；当不大于该平均值的0.5时，可按表内相应数值的1.5倍采用；其他情况可采用内插法取值；

ξ_y——楼层屈服强度系数。

表5.5.3 结构弹塑性位移增大系数

ξ_y	0.5	0.4	0.3
η_p	1.8	2.0	2.2

钢筋混凝土框架结构薄弱层验算具体步骤如下：

（1）根据梁柱配筋和柱的轴压力，计算梁柱各控制截面的屈服弯矩。

（2）根据梁柱端截面的屈服弯矩，判断节点处梁柱的破坏状态，计算柱和层间的屈服剪力。

（3）根据大震作用下按弹性分析的层间弹性地震剪力 $V_e(i)$ 和层间屈服剪力 $V_y(i)$，计算层间屈服强度系数 $\xi_y(i)$。

（4）判断结构的薄弱楼层，计算结构薄弱楼层最大弹性层间位移 Δu_p 和层间角位移 θ_p。

（5）判断 $[\theta_p] \geq \theta_p$ 是否满足。

（6）若不满足，则采取构造措施，提高 $[\theta_p]$ 值，使 $[\theta_p] \geq \theta_p$，或改变薄弱层构件配筋。

除简化计算外，钢筋混凝土框架结构薄弱层验算也可采用弹塑性动力分析方法进行。

5.5.2 采用弹塑性动力分析方法进行薄弱层验算时，宜符合以下要求：

1 应按建筑场地类别和设计地震分组选用不少于两组实际地震波和一组人工模拟的地震波的加速度时程曲线；

2 地震波持续时间不宜少于 12s，数值化时距可取为 0.01s 或 0.02s；

3 输入地震波的最大加速度，可按表 5.5.2 采用。

表 5.5.2　　　　　　　弹塑性动力时程分析时输入地震加速度的最大值 A_{max}

抗震设防烈度	7　度	8　度	9　度
$A_{max}(cm/s^2)$	220（310）	400（510）	620

注　7、8 度时括号内数值分别对应于设计基本加速度为 0.15g 和 0.30g 的地区。

第5章 荷载效应组合

5.1 弯矩调幅

在竖向荷载作用下框架梁端负弯矩往往较大，若按此弯矩配筋则配筋量会很大，将造成施工困难，施工质量难以保证，为了减少钢筋混凝土框架梁支座处的配筋数量，同时也为了引导塑性铰在梁端形成，实现"强柱弱梁"，通常考虑竖向荷载作用下的塑性内力重分布而对梁端负弯矩进行适当调幅，以减小支座处框架梁的配筋。框架梁端负弯矩通过弯矩调幅减小后，梁跨中弯矩应按平衡条件相应增大。由于钢筋混凝土的塑性变形能力有限，故规范对弯矩调幅的幅度进行了限制。

截面设计时，为保证框架梁跨中截面底部钢筋不至于过少，其正弯矩设计值不应小于竖向荷载作用下按简支梁计算的跨中弯矩之半。

对于竖向荷载作用下的弯矩调幅，《混凝土结构设计规范》规定：

5.4.1 混凝土连续梁和连续单向板，可采用塑性内力重分布方法进行分析。

重力荷载作用下的的框架结构中的现浇梁以及双向板等，经弹性分析求得内力后，可对支座或节点弯矩进行适度调幅，并确定相应的跨中弯矩。

5.4.3 钢筋混凝土梁支座或节点边缘截面的负弯矩调幅幅度不宜大于 25%；弯矩调整后的梁端截面相对受压区高度不应超过 0.35，且不宜小于 0.10。钢筋混凝土板的负弯矩调幅幅度不宜大于 20%。

《高层建筑混凝土结构技术规程》规定：

5.2.3 在竖向荷载作用下，可考虑框架梁端塑性变形内力重分布对梁端负弯矩乘以调幅系数进行调幅，并应符合下列规定：

1 装配整体式框架梁端负弯矩调幅系数可取为 0.7~0.8，现浇框架梁端负弯矩调幅系数可取为 0.8~0.9；

2 框架梁端负弯矩调幅后，梁跨中弯矩应按平衡条件相应增大；

3 应先对竖向荷载作用下框架梁的弯矩进行调幅，再与水平作用产生的框架梁弯矩进行组合；

4 截面设计时，框架梁跨中截面正弯矩设计值不应小于竖向荷载作用下按简支梁计算的跨中弯矩设计值的 50%。

5.2 荷载效应组合

结构在使用期间承受着多种荷载及多种组合情况，但这些荷载在使用期限内同时出现、同时达到其在设计基准期内的最大值的概率较小。设计时既要将可能出现的、对结构不利的情况都考虑到，也要考虑到使控制截面内力最大的活荷载布置，因为对控制截面来说，并非全部可变荷载同时作用时其内力最大，因此应进行荷载效应的最不利组合。应注意：不同构件的最不利内力或位移不一定来自同一荷载效应组合。同一构件的不同截面或不同设计要求，也可能对应不同的最不利荷载效应组合，应分别验算。

荷载效应组合分为内力组合和位移组合。内力组合求解组合构件控制截面处的内力；位移组合是求解水平荷载作用下结构的层间位移。在内力组合时，根据荷载性质不同，荷载效应要乘以各自的分项系数和组合系数。位移计算时各分项系数均取 1.0。

荷载效应组合按是否考虑地震效应而分为无地震作用组合和有地震作用组合两类。

5.2.1 无地震作用时的效应组合

无地震作用时的荷载效应组合分为由可变荷载控制的组合和由永久荷载控制的组合。《建筑结构荷载规范》规定：

3.2.3 荷载基本组合的效应设计值 S_d，应从下列荷载组合值中取用最不利的效应设计值确定

1. 由可变荷载控制的效应设计值，应按下式进行计算

$$S_d = \sum_{j=1}^{m} \gamma_{Gj} S_{Gjk} + \gamma_{Q1} \gamma_{L1} S_{Q1k} + \sum_{i=2}^{n} \gamma_{Qi} \gamma_{Li} \psi_{ci} S_{Qik} \qquad (3.2.3-1)$$

式中　γ_{Gj}——第 j 个永久荷载的分项系数，应按本规范第 3.2.4 条采用；

　　　γ_{Qi}——第 i 个可变荷载的分项系数，其中 γ_{Q1} 为主导可变荷载 Q_i 的分项系数，应按本规范第 3.2.4 条采用；

　　　γ_{Li}——第 i 个可变荷载考虑设计使用年限的调整系数，其中 γ_{L1} 为主导可变荷载 Q_1 考虑设计使用年限的调整系数；

　　　S_{Gjk}——按第 j 个永久荷载标准值 G_{jk} 计算的荷载效应值；

　　　S_{Qik}——按第 i 个可变荷载标准值 Q_{jk} 计算的荷载效应值，其中 S_{Q1k} 为诸可变荷载效应中起控制作用者；

　　　ψ_{ci}——第 i 个可变荷载 Q_i 的组合值系数；

　　　m——参与组合的永久荷载数；

　　　n——参与组合的可变荷载数。

2. 由永久荷载控制的效应设计值，应按下式进行计算：

$$S_d = \sum_{j=1}^{m} \gamma_{Gj} S_{Gjk} + \sum_{i=2}^{n} \gamma_{Qi} \gamma_{Li} \psi_{ci} S_{Qik} \qquad (3.2.3-2)$$

注：1. 基本组合中的效应设计值仅适用于荷载与荷载效应为线性的情况；

2. 当对 S_{Q1k} 无法明显判断时，应轮次以各可变荷载效应作为 S_{Q1k}，并选取其中最不利的荷载组合的效应设计值。

3.2.4 基本组合的荷载分项系数，应按下列规定采用：

1. 永久荷载的分项系数应符合下列规定：

1）当永久荷载效应对结构不利时，对由可变荷载效应控制的组合应取 1.2，对由永久荷载效应控制的组合应取 1.35；

2）当永久荷载效应对结构有利时，不应大于 1.0。

2. 可变荷载的分项系数应符合下列规定：

1）对标准值大于 $4kN/m^2$ 的工业房屋楼面结构的活荷载，应取 1.3；

2）其他情况，应取 1.4。

3. 对结构的倾覆、滑移或漂浮验算，荷载的分项系数应满足有关的建筑结构设计规范的规定。

《高层建筑混凝土结构技术规程》规定无地震作用组合应用于非抗震设计及 6 度抗震设防、但不要求作地震作用计算的结构。规定了无地震作用组合时应考虑的荷载效应组合及分项系数、组合系数。在《高层建筑混凝土结构技术规程》中不分由可变荷载控制和由永久荷载控制。具体规定如下：

5.6.1 持久设计状况和短暂设计状况下，当荷载与荷载效应按线性关系考虑时，荷载基本组合的效应设计值应按下式确定：

$$S_d = \gamma_G S_{Gk} + \gamma_L \psi_Q \gamma_Q S_{Qk} + \psi_w \gamma_w S_{wk} \qquad (5.6.1)$$

式中 S_d——荷载组合的效应设计值；

γ_G——永久荷载分项系数；

γ_Q——楼面活荷载分项系数；

γ_w——风荷载的分项系数；

γ_L——考虑结构设计使用年限的荷载调整系数，设计使用年限为 50 年时取 1.0，设计使用年限为 100 年时取 1.1；

S_{Gk}——永久荷载效应标准值；

S_{Qk}——楼面活荷载效应标准值；

S_{wk}——风荷载效应标准值；

ψ_Q、ψ_w——楼面活荷载组合值系数和风荷载组合值系数，当永久荷载效应起控制作用时应分别取 0.7 和 0.0；当可变荷载效应起控制作用时应分别取 1.0 和 0.6 或 0.7 和 1.0。

注：对书库、档案库、储藏室、通风机房和电梯机房，本条楼面活荷载组合值系数取 0.7 的场合应取为 0.90。

5.6.2 持久设计状况和短暂设计状况下，荷载基本组合的分项系数应按下列规定采用：

1 永久荷载的分项系数 γ_G：当其效应对结构承载力不利时，对由可变荷载效应控制的组合应取 1.2，对由永久荷载效应控制的组合应取 1.35；当其效应对结构承载力有利时，应取 1.0。

2 楼面活荷载的分项系数 γ_Q：一般情况下应取 1.4。

3 风荷载的分项系数 γ_w，应取 1.4。

5.2.2 有地震作用的荷载效应组合

所有要求进行地震作用计算的结构要进行考虑地震作用的荷载效应组合。《建筑抗震设计规范》和《高层建筑混凝土结构技术规程》规定：

5.6.3 地震设计状况下，当作用与作用效应按线性关系考虑时，荷载和地震作用基本组合的效应设计值应按下式确定：

$$S_d = \gamma_G S_{GE} + \gamma_{Eh} S_{Ehk} + \gamma_{Ev} S_{Evk} + \psi_w \gamma_w S_{wk} \tag{5.6.3}$$

式中　S_d——荷载和地震作用组合的效应设计值；

　　　S_{GE}——重力荷载代表值的效应；

　　　S_{Ehk}——水平地震作用标准值的效应，尚应乘以相应的增大系数、调整系数；

　　　S_{Evk}——竖向地震作用标准值的效应，尚应乘以相应的增大系数、调整系数；

　　　γ_G——重力荷载分项系数；

　　　γ_w——风荷载分项系数；

　　　γ_{Eh}——水平地震作用分项系数；

　　　γ_{Ev}——竖向地震作用分项系数；

　　　ψ_w——风荷载的组合值系数，应取 0.2。

5.6.4 地震设计状况下，荷载和地震作用基本组合的分项系数应按表 5.6.4 采用。当重力荷载效应对结构的承载力有利时，表 5.6.4 中 γ_G 不应大于 1.0。

表 5.6.4　　　　地震设计状况时荷载和作用的分项系数

参与组合的荷载和作用	γ_G	γ_{Eh}	γ_{Ev}	γ_w	说　明
重力荷载及水平地震作用	1.2	1.3	—	—	抗震设计的高层建筑结构均应考虑
重力荷载及竖向地震作用	1.2	—	1.3	—	9 度抗震设计时考虑；水平长悬臂和大跨度结构 7 度（0.15g）、8 度、9 度抗震设计时考虑
重力荷载、水平地震及竖向地震作用	1.2	1.3	0.5	—	9 度抗震设计时考虑；水平长悬臂和大跨度结构 7 度（0.15g）、8 度、9 度抗震设计时考虑

参与组合的荷载和作用	γ_G	γ_{Eh}	γ_{Ev}	γ_w	说　明
重力荷载、水平地震作用、竖向地震作用及风荷载	1.2	0.5	1.3	1.4	水平长悬臂和大跨度结构 7 度（0.15g），8 度、9 度抗震设计时考虑

注　1. g 为重力加速度。

　　2. "—"表示组合中不考虑该项荷载或作用效应。

5.2.3　效应的调整

效应调整有 3 个层次：全局调整、局部调整和构件调整。在效应组合前的调整大多属于局部调整、在效应组合后的调整大多属于构件的调整。

《高层建筑混凝土结构技术规程》第 5.6.3 条的公式符号说明指出：

S_{Ehk} 为水平地震作用标准值的效应，尚应乘以相应的增大系数、调整系数；

S_{Evk} 为竖向地震作用标准值的效应，尚应乘以相应的增大系数、调整系数；

可见地震设计状况作用基本组合的效应，地震作用效应标准值应首先乘以相应的调整系数、增大系数，然后再进行效应组合。需要调整的地震作用效应标准值有薄弱层剪力增大、楼层最小地震剪力系数调整等。

5.2.4　重力荷载代表值产生的框架内力

重力荷载代表值产生的框架内力计算时有两种方法：一种是利用已有的可变荷载标准值和永久荷载标准值作用下的框架内力计算结果，取永久荷载标准值产生的内力与 0.5 倍可变荷载标准值（不考虑最不利布置）产生的内力进行叠加。这种方法因为计入了规范规定不应计入的屋面可变荷，因此其计算结果具有一定的近似性，但计算方便且偏于保守。另一种是将计算 S_{Ehk} 时的重力荷载代表值直接转化为永久荷载作用形式，利用已有的荷载标准值产生的内力结果通过比例换算得出。

5.3　控制截面及最不利内力

梁一般有 3 个控制截面：左端支座截面、跨中截面和右端支座截面；柱一般只有两个控制截面：柱顶截面和柱底截面。

为了便于比较和挑选最不利内力，在内力组合获得荷载效应组合值 S 的同时，应乘以结构重要性系数 γ_0 和抗震承载力调整系数 γ_{RE}。若非 9 度抗震设计、非水平长悬臂及大跨度，且为多层钢筋混凝土框架结构，手算时内力组合通常应考虑两种情况：①恒载和活荷载效应的组合；②竖向荷载和地震作用效应的组合。

5.3.1 梁的内力不利组合

（1）梁端负弯矩，取下列两式绝对值较大者。

$$-\gamma_{RE}M = -\gamma_{RE}(1.2M_{GE} + 1.3M_{EhK}) \tag{5.3.1}$$

$$-\gamma_0 M = -\gamma_0(1.2M_G + 1.4M_Q) \tag{5.3.2}$$

（2）梁端正弯矩按式（5.3.3）确定。

$$\gamma_{RE}M = \gamma_{RE}(-1.0M_{GE} + 1.3M_{EhK}) \tag{5.3.3}$$

（3）梁端剪力，取下列两式较大值。

$$\gamma_{RE}V = \gamma_{RE}(1.3V_E + 1.2V_{GE}) \tag{5.3.4}$$

$$\gamma_0 V = \gamma_0(1.2V_G + 1.4V_Q) \tag{5.3.5}$$

（4）梁跨中正弯矩，取下列两式较大值。

$$\gamma_{RE}M = \gamma_{RE}(1.2M_{GE} + 1.3M_{EhK}) \tag{5.3.6}$$

$$\gamma_0 M = \gamma_0(1.2M_G + 1.4M_Q) \tag{5.3.7}$$

注意：梁跨中重力荷载代表值与地震作用组合后的弯矩最大值不一定在跨中，其位置和大小可由解析法求得。应用解析法求解框架梁上最大正弯矩 $M_{b,\max}$ 的具体公式为（图5.3.1）：

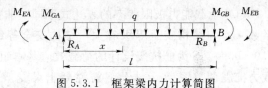

图5.3.1 框架梁内力计算简图

$$R_A = \frac{ql}{2} - \frac{1}{l}(M_{GB} - M_{GA} + M_{EA} + M_{EB}) \tag{5.3.8}$$

$$x = \frac{R_A}{q} \tag{5.3.9}$$

$$M_{b,\max} = \frac{R_A^2}{2q} - M_{GA} + M_{EA} \tag{5.3.10}$$

5.3.2 框架柱的内力组合

单向偏心受压框架柱抗震设计时有3种情况，即在地震作用下大偏心受压、小偏心受压和无地震作用的偏心受压。

地震作用下大偏心受压

$$\gamma_{RE}M_{\max} = \gamma_{RE}(1.2M_{GE} + 1.3M_{EhK}) \tag{5.3.11}$$

$$\gamma_{RE}N_{\min} = \gamma_{RE}(1.0N_{GE} + 1.3N_{EhK}) \tag{5.3.12}$$

地震作用下小偏心受压

$$\gamma_{RE}M_{\max} = \gamma_{RE}(1.2M_{GE} + 1.3M_{EhK}) \tag{5.3.13}$$

$$\gamma_{RE}N_{\max} = \gamma_{RE}(1.2N_{GE} + 1.3N_{EhK}) \tag{5.3.14}$$

无地震作用的偏心受压

$$\gamma_0 M = \gamma_0(1.2M_G + 1.4M_Q) \tag{5.3.15}$$

$$\gamma_0 N = \gamma_0(1.2N_G + 1.4N_Q) \tag{5.3.16}$$

用轴压比 $\xi = \dfrac{N}{f_c bh_0}$ 判断大小偏心，并分别以大偏心受压和小偏心受压进行配筋计算，取配筋量大者进行实际配筋。

第6章 钢筋混凝土框架构件设计

框架结构构件设计包括框架梁设计、框架柱设计和框架节点设计。框架梁、框架柱的配筋计算有正截面受弯配筋计算和斜截面受剪配筋计算两方面内容，框架节点配筋计算仅有斜截面受剪配筋计算。

为了较合理地控制强震作用下钢筋混凝土结构破坏机制和构件破坏形态、提高变形能力，《建筑抗震设计规范》针对不同抗震等级和构件，通过调整内力的方式实现"强柱弱梁"、"强节点强连接"和"强剪弱弯"的概念设计要求。

在框架结构构件的配筋设计中要特别注意抗震设计与非抗震设计的不同。

（1）承载能力极限状态的表达式不同。非抗震设计时，为 $\gamma_0 S \leqslant R$，γ_0 为结构重要性系数（γ_0 与结构安全等级有关，结构安全等级为重要、一般、次要时，γ_0 分别取 1.1、1.0、0.9）。S 为非抗震设计的荷载效应基本组合值；抗震设计时，为 $\gamma_{RE} S \leqslant R$，$\gamma_{RE}$ 为承载力抗震调整系数（对于钢筋混凝土梁受弯时及轴压比小于 0.15 的柱受偏压时，取 0.75；对轴压比不小于 0.15 的柱受偏压时，取 0.80；对各类构件受剪及偏拉、抗震墙受偏压时，取 0.85），S 为地震作用效应和其他荷载效应的基本组合值。

（2）抗力 R（即承载能力）的表达式在进行正截面承载力计算时，R 的表达式没有差别，在抗剪计算时有差别，在抗震设计中体现了"强剪弱弯"的思想。

（3）在抗震设计中，应满足"强柱弱梁"的设计原则，要求节点上、下柱端的抗弯承载能力大于梁端抗弯承载能力；应满足"强剪弱弯"的设计原则，要求框架梁、框架柱的抗剪承载能力大于抗弯承载能力。

（4）抗震设计与非抗震设计的配筋构造要求有区别，主要是纵向受力钢筋在节点的锚固及梁端、柱端、节点内的箍筋加密要求及箍筋的其他构造要求。

6.1 框架梁设计

框架梁的配筋设计包括：梁正截面配筋计算和梁斜截面配筋计算。

6.1.1 框架梁正截面配筋计算

求出梁的控制截面组合弯矩后，即可按一般钢筋混凝土构件的计算方法进行配筋计算。首先在非抗震设计的荷载效应组合和抗震设计的荷载效应组合中挑选出各控制截面的内力组合值。跨中截面一般由正弯矩控制，可按 T 形截面求梁底的跨中纵向受力钢筋；并将这些钢筋全部伸入支座，按受拉钢筋的锚固要求锚固于支座内。支座截面由负弯矩控制，可按双筋矩形截面进行计算，受压钢筋可利用伸入支座的跨中纵向受力钢筋；支座截面也有可能出现正弯矩的组合，此时支座截面正弯矩可与跨中截面的正弯矩相比较，若该弯矩较小时，因支座截面处的配筋已满足要求而不必再进行计算；若支座截面正弯矩大于跨中截面的正弯矩时，应按 T 形截面对支座截面进行计算。

由于梁端能通过采取相对简单的抗震构造措施而具有相对高的延性，故常通过"强柱弱梁"措施引导框架中的塑性铰在梁端形成。设计框架梁时，控制梁端截面混凝土受压区高度（主要是控制负弯矩下截面的混凝土受压区高度）的目的是控制梁端塑性铰区具有较大的塑性转动能力，以保证框架梁端截面具有足够的曲率延性。《混凝土结构设计规范》规定：

11.3.1 梁正截面受弯承载力计算中，计入纵向受压钢筋的梁端混凝土受压区高度应符合下列要求：

一级抗震等级	$x \leqslant 0.25 h_0$	(11.3.1-1)
二、三级抗震等级	$x \leqslant 0.35 h_0$	(11.3.1-2)

式中　x——混凝土受压区高度；

　　　h_0——截面有效高度。

1. 框架梁的弯矩设计值

框架梁的弯矩设计值取控制截面的内力组合值。

2. 框架梁正截面配筋计算

（1）矩形截面双筋梁正截面配筋计算。矩形截面双筋梁正截面配筋计算具体步骤如下。

1）为充分发挥混凝土的抗压能力，跨中取 $\xi = \xi_b$。

2）由规范公式得受压钢筋

非抗震设计时

$$A_s' = \frac{\gamma_0 M - \alpha_1 f_c b \xi_b h_0^2 (1 - 0.5 \xi_b)}{f_y'(h_0 - a_s')} \tag{6.1.1}$$

抗震设计时

$$A_s' = \frac{\gamma_{RE} M - \alpha_1 f_c b \xi_b h_0^2 (1 - 0.5 \xi_b)}{f_y'(h_0 - a_s')} \tag{6.1.2}$$

3）判断受压钢筋的情况，并计算受拉钢筋。

a. 若 $A_s' \leqslant 0$，则表明不需要配置受压钢筋，按单筋梁计算。

非抗震设计时

$$x = h_0 - \sqrt{h_0^2 - \frac{2 \gamma_0 M}{\alpha_1 f_c b}}, \quad A_s = \frac{\alpha_1 f_c b x}{f_y} \tag{6.1.3}$$

抗震设计时

$$x = h_0 - \sqrt{h_0^2 - \frac{2 \gamma_{RE} M}{\alpha_1 f_c b}}, \quad A_s = \frac{\alpha_1 f_c b x}{f_y} \tag{6.1.4}$$

b. 若 $A_s' > 0$，则可得受拉钢筋

$$A_s = \frac{\alpha_1 f_c b \xi_b h_0 + f_y' A_s'}{f_y} \tag{6.1.5}$$

4）复核最小配筋率。

（2）T 形截面梁正截面配筋计算。现浇楼盖和装配整体式楼盖的楼板作为梁的有效翼缘参与受力，与梁一起形成 T 形截面，提高了楼面梁的刚度及受压区混凝土面积，正截面配筋计算时应考虑楼板的作用。

> 5.2.4 对现浇楼盖和装配整体式楼盖，宜考虑楼板作为翼缘对梁刚度和承载力的影响。梁受压区有效翼缘计算宽度 b_f' 可按表 5.2.4 所列情况中的最小值取用；也可采用梁刚度增大系数法近似考虑，刚度增大系数应根据梁有效翼缘尺寸与梁截面尺寸的相对比例确定。

表 5.2.4　　　　　　　　受弯构件受压区有效翼缘计算宽度 b_f'

情　况		T 形、I 形截面		倒 L 形截面
		肋形梁（板）	独立梁	肋形梁（板）
1	按计算跨度 l_0 考虑	$l_0/3$	$l_0/3$	$l_0/6$
2	按梁（肋）净距 s_n 考虑	$b+s_n$	—	$b+s_n/2$
3	按翼缘高度 h_f' 考虑	$b+12h_f'$	b	$b+5h_f'$

注　1. 表中 b 为梁的腹板厚度。
　　　2. 肋形梁在梁跨内设有间距小于纵肋间距的横肋时，可不考虑表中情况 3 的规定。
　　　3. 加腋的 T 形、I 形和倒 L 形截面，当受压区加腋的高度 h_h 不小于 h_f' 且加腋的长度 b_h 不大于 $3h_h$ 时，其翼缘计算宽度可按表中情况 3 的规定分别增加 $2b_h$（T 形、I 形截面）和 b_h（倒 L 形截面）。
　　　4. 独立梁受压区的翼缘板在荷载作用下经验算沿纵肋方向可能产生裂缝时，其计算宽度应取腹板宽度 b。

确定了 T 形截面梁的受压区有效翼缘计算宽度后，就可以进行 T 形截面梁的配筋计算，其具体步骤如下。

1）判别类型。

a. 非抗震设计时，若 $\gamma_0 M \leqslant \alpha_1 f_c b_f' h_f' (h_0 - 0.5h_f') + f_y' A_s' (h_0 - a_s')$，则属于第一类 T 形截面，按 $b_f' \times h$ 的双筋矩形截面计算；

抗震设计时，若 $\gamma_{RE} M \leqslant \alpha_1 f_c b_f' h_f' (h_0 - 0.5h_f') + f_y' A_s' (h_0 - a_s')$，则属于第一类 T 形截面，按 $b_f' \times h$ 的双筋矩形截面计算。

b. 非抗震设计时，若 $\gamma_0 M > \alpha_1 f_c b_f' h_f' (h_0 - 0.5h_f') + f_y' A_s' (h_0 - a_s')$，则属于第二类 T 形截面，按 T 形截面计算；

抗震设计时，若 $\gamma_{RE} M > \alpha_1 f_c b_f' h_f' (h_0 - 0.5h_f') + f_y' A_s' (h_0 - a_s')$，则属于第二类 T 形截面，按 T 形截面计算。

2）若为第二类 T 形截面，求受压区高度。

非抗震设计时

$$M_1 = \gamma_0 M - \alpha_1 f_c (b_f' - b) h_f' (h_0 - 0.5h_f') - f_y' A_s' (h_0 - a_s') \tag{6.1.6}$$

$$x = h_0 - \sqrt{h_0^2 - \frac{2M_1}{\alpha_1 f_c b}} \tag{6.1.7}$$

抗震设计时

$$M_1 = \gamma_{RE} M - \alpha_1 f_c (b_f' - b) h_f' (h_0 - 0.5h_f') - f_y' A_s' (h_0 - a_s') \tag{6.1.8}$$

$$x = h_0 - \sqrt{h_0^2 - \frac{2M_1}{\alpha_1 f_c b}} \tag{6.1.9}$$

3）判断受压区高度的情况，并计算受拉钢筋。

a. 若 $2a_s' \leqslant x \leqslant \xi_b h_0$，则受拉钢筋为

$$A_s = \frac{\alpha_1 f_c b x + \alpha_1 f_c (b_f' - b) h_f' + f_y' A_s'}{f_y} \tag{6.1.10}$$

b. 若 $x > \xi_b h_0$，则需调整截面尺寸、材料强度。

c. 若 $x \leqslant 2a_s'$，则受拉钢筋为

非抗震设计时

$$A_s = \frac{\gamma_0 M}{f_y (h - a_s - a_s')} \tag{6.1.11}$$

抗震设计时

$$A_s = \frac{\gamma_{RE} M}{f_y (h - a_s - a_s')} \tag{6.1.12}$$

4）复核最小配筋率。

6.1.2 框架梁斜截面配筋计算

1. 确定框架梁端剪力设计值

非抗震设计时框架梁端的剪力直接采用荷载效应组合值，抗震设计时框架梁端的剪力应取按"强剪弱弯"的原则调整后的梁端剪力设计值。

框架梁的剪力设计值 V_b 可根据梁端弯矩和梁上的重力荷载按静力平衡条件确定。为使框架梁"强剪弱弯"，在确定剪力设计值时《混凝土结构设计规范》和《建筑抗震设计规范》均对根据静力平衡计算的剪力乘以放大系数；同时对 9 度设防烈度和一级抗震等级的框架结构还考虑了工程设计中梁端纵向受拉钢筋超配的情况，要求梁左、右端弯矩按照实配钢筋截面面积和强度标准值进行计算。规范规定一、二、三级的框架梁的梁端截面组合剪力设计值应调整放大。

抗震设计时，框架梁端部截面组合的剪力设计值，一、二、三级应按下列公式计算；四级时可直接取考虑地震作用组合的剪力计算值。

（1）一级框架结构及 9 度时的框架

$$V = 1.1(M_{bua}^l + M_{bua}^r)/l_n + V_{Gb} \tag{6.1.13}$$

式中　M_{bua}^l、M_{bua}^r——梁左、右端逆时针或顺时针方向实配的正截面抗震受弯承载力所对应的弯矩值，可根据实配钢筋面积（计入受压钢筋，包括有效翼缘宽度范围内的楼板钢筋）和材料强度标准值并考虑承载力抗震调整系数计算；

　　　　l_n——梁的净跨；

　　　　V_{Gb}——梁在重力荷载代表值（9 度时还应包括竖向地震作用标准值）作用下，按简支梁分析的梁端截面剪力设计值。

（2）其他情况

$$V = \eta_{vb}(M_b^l + M_b^r)/l_n + V_{Gb} \tag{6.1.14}$$

式中　M_b^l、M_b^r——梁左、右端逆时针或顺时针方向截面组合的弯矩设计值。当抗震等级

为一级且梁两端弯矩均为负弯矩时，绝对值较小一端的弯矩应取零；

η_{vb}——梁剪力增大系数，一、二、三级分别取 1.3、1.2 和 1.1。

2. 框架梁斜截面配筋计算具体步骤

(1) 验算截面尺寸。对梁的剪压比的限制，也就是对梁的最小截面的限制。矩形、T形和I形截面框架梁的受剪截面应符合下列要求。

1) 持久、短暂设计状况

$$V \leqslant 0.25\beta_c f_c bh_0 \tag{6.1.15}$$

2) 地震设计状况。

跨高比大于 2.5 的梁及剪跨比大于 2 的柱

$$V \leqslant \frac{1}{\gamma_{RE}}(0.2\beta_c f_c bh_0) \tag{6.1.16}$$

跨高比不大于 2.5 的梁及剪跨比不大于 2 的柱

$$V \leqslant \frac{1}{\gamma_{RE}}(0.15\beta_c f_c bh_0) \tag{6.1.17}$$

框架柱的剪跨比可按下式计算

$$\lambda = M^c / (V^c h_0) \tag{6.1.18}$$

式中　V——梁、柱计算截面的剪力设计值；

β_c——混凝土强度影响系数；当混凝土强度等级不大于 C50 时取 1.0；当混凝土强度等级为 C80 时取 0.8；当混凝土强度等级在 C50 和 C80 之间时可按线性内插取用；

b——矩形截面的宽度，T形截面、I形截面的腹板宽度；

h_0——梁、柱截面计算方向有效高度；

λ——框架柱的剪跨比；反弯点位于柱高中部的框架柱，可取柱净高与计算方向 2 倍柱截面有效高度之比值；

M^c——柱端截面未经调整的组合弯矩计算值，可取柱上、下端的较大值；

V^c——柱端截面与组合弯矩计算值对应的组合剪力计算值。

若不满足此要求，则应增大截面尺寸或提高混凝土强度等级；若满足此要求，则进行第二步。

(2) 可不进行斜截面的受剪承载力计算。矩形、T形和I形截面的一般受弯构件，当符合下式要求时，可不进行斜截面的受剪承载力计算，其箍筋的构造要求应符合本规范第 9.2.9 条的有关规定。

$$V \leqslant \alpha_{cv} f_t bh_0 \tag{6.1.19}$$

式中　α_{cv}——截面混凝土受剪承载力系数。

(3) 斜截面的配筋计算。非抗震设计时，若仅配置箍筋，则矩形、T形和I形截面受弯构件的斜截面受剪承载力应符合

$$V = \alpha_{cv} f_t bh_0 + f_{yv}\frac{A_{sv}}{s}h_0 \tag{6.1.20}$$

考虑地震组合时矩形、T形和I形截面的框架梁，其斜截面受剪承载力应符合

$$V \leqslant \frac{1}{\gamma_{RE}}\left(0.6\alpha_{cv} f_t bh_0 + f_{yv}\frac{A_{sv}}{s}h_0\right) \tag{6.1.21}$$

式中 V——构件斜截面上混凝土和箍筋的受剪承载力设计值；

α_{cv}——斜截面混凝土受剪承载力系数，对于一般受弯构件取 0.7；对集中荷载作用下（包括作用有多种荷载，其中集中荷载对支座截面或节点边缘所产生的剪力值占总剪力的 75% 以上的情况）的独立梁，取 α_{cv} 为 $\dfrac{1.75}{\lambda+1}$，λ 为计算截面的剪跨比，可取 λ 等于 a/h_0，当 λ 小于 1.5 时，取 1.5，当 λ 大于 3 时，取 3，a 取集中荷载作用点至支座截面或节点边缘的距离。

（4）复核最小配箍率。

6.1.3 框架梁构造要求

《混凝土结构设计规范》对框架梁的要求如下：

11.3.6 框架梁的钢筋配置应符合下列规定：

1. 纵向受拉钢筋的配筋率不应小于表 11.3.6-1 规定的数值；

表 11.3.6-1 框架梁纵向受拉钢筋的最小配筋百分率（%）

抗震等级	梁中位置	
	支座	跨中
一级	0.40 和 $80f_t/f_y$ 中的较大值	0.30 和 $65f_t/f_y$ 中的较大值
二级	0.30 和 $65f_t/f_y$ 中的较大值	0.25 和 $55f_t/f_y$ 中的较大值
三、四级	0.25 和 $55f_t/f_y$ 中的较大值	0.2 和 $45f_t/f_y$ 中的较大值

2. 框架梁梁端截面的底部和顶部纵向受力钢筋截面面积的比值，除按计算确定外，一级抗震等级不应小于 0.5；二、三级抗震等级不应小于 0.3；

3. 梁端箍筋的加密区长度、箍筋最大间距和箍筋最小直径，应按表 11.3.6-2 采用；当梁端纵向受拉钢筋配筋率大于 2% 时，表中箍筋最小直径应增大 2mm。

表 11.3.6-2 框架梁梁端箍筋加密区的构造要求

抗震等级	加密区长度（mm）	箍筋最大间距（mm）	最小直径（mm）
一级	$2h$ 和 500 中的较大值	纵向钢筋直径的 6 倍，梁高的 1/4 和 100 中的最小值	10
二级		纵向钢筋直径的 8 倍，梁高的 1/4 和 100 中的最小值	8
三级	$1.5h$ 和 500 中的较大值	纵向钢筋直径的 8 倍，梁高的 1/4 和 150 中的最小值	8
四级		纵向钢筋直径的 8 倍，梁高的 1/4 和 150 中的最小值	6

注 箍筋直径大于 12mm、数量不少于 4 肢且肢距小于 150mm 时，一、二级的最大间距应允许适当放宽，但不得大于 150mm。

11.3.7 梁端纵向受拉钢筋的配筋率不宜大于 2.5%。沿梁全长顶面和底面至少应各配置两根通长的纵向钢筋，对一、二级抗震等级，钢筋直径不应小于 14mm，且分别不应少于梁两端顶面和底面纵向受力钢筋中较大截面面积的 1/4；对三、四级抗震等级，钢筋直径不应小于 12mm。

11.3.8 梁箍筋加密区长度内的箍筋肢距：一级抗震等级，不宜大于200mm和20倍箍筋直径的较大值；二、三级抗震等级，不宜大于250mm和20倍箍筋直径的较大值；各抗震等级下，均不宜大于300mm。

11.3.9 梁端设置的第一个箍筋距框架节点边缘不应大于50mm。非加密区的箍筋间距不宜大于加密区箍筋间距的2倍。沿梁全长箍筋的配筋率 ρ_{sv} 应符合下列规定：

一级抗震等级

$$\rho_{sv} \geq 0.30 \frac{f_t}{f_{yv}} \qquad (11.3.9-1)$$

二级抗震等级

$$\rho_{sv} \geq 0.28 \frac{f_t}{f_{yv}} \qquad (11.3.9-2)$$

三、四级抗震等级

$$\rho_{sv} \geq 0.26 \frac{f_t}{f_{yv}} \qquad (11.3.9-3)$$

《建筑抗震设计规范》对框架梁的要求有：

6.3.3 梁的钢筋配置，应符合下列各项要求：

1 梁端计入受压钢筋的混凝土受压区高度和有效高度之比，一级不应大于0.25，二、三级不应大于0.35。

2 梁端截面的底面和顶面纵向钢筋配筋量的比值，除按计算确定外，一级不应小于0.5，二、三级不应小于0.3。

3 梁端箍筋加密区的长度、箍筋最大间距和最小直径应按表6.3.3采用，当梁端纵向受拉钢筋配筋率大于2%时，表中箍筋最小直径数值应增大2mm。

表6.3.3　　　　梁端箍筋加密区的长度、箍筋的最大间距和最小直径

抗震等级	加密区长度（采用较大值）（mm）	箍筋最大间距（采用最小值）（mm）	箍筋最小直径（mm）
一	$2h_b$，500	$h_b/4$，$6d$，100	10
二	$1.5h_b$，500	$h_b/4$，$8d$，100	8
三	$1.5h_b$，500	$h_b/4$，$8d$，150	8
四	$1.5h_b$，500	$h_b/4$，$8d$，150	6

注　1. d 为纵向钢筋直径，h_b 为梁截面高度。
　　2. 箍筋直径大于12mm、数量不少于4肢且肢距不大于150mm时，一、二级的最大间距允许适当放宽，但不得大于150mm。

6.3.4 梁的钢筋配置，尚应符合下列规定：

1 梁端纵向受拉钢筋的配筋率不宜大于2.5%。沿梁全长顶面、底面的配筋，一、二级不应少于2φ14，且分别不应少于梁顶面、底面两端纵向配筋中较大截面面积的1/4；三、四级不应少于2φ12。

74

2 一、二、三级框架梁内贯通中柱的每根纵向钢筋直径，对框架结构不应大于矩形截面柱在该方向截面尺寸的 1/20，或纵向钢筋所在位置圆形截面柱弦长的 1/20；对其他结构类型的框架不宜大于矩形截面柱在该方向截面尺寸的 1/20，或纵向钢筋所在位置圆形截面柱弦长的 1/20。

3 梁端加密区的箍筋肢距，一级不宜大于 200mm 和 20 倍箍筋直径的较大值，二、三级不宜大于 250mm 和 20 倍箍筋直径的较大值，四级不宜大于 300mm。

6.2 框架柱设计

框架柱的设计包括：柱正截面配筋计算和柱斜截面配筋计算。

6.2.1 框架柱正截面配筋计算

1. 柱端弯矩设计值和轴向力设计值

非抗震设计时的框架柱端弯矩设计值和轴向力设计值直接取荷载组合值。抗震设计时框架节点上、下柱端的轴向压力设计值取地震作用组合下各自的轴力设计值。抗震设计时的柱端弯矩设计值尚需满足"强柱弱梁"的设计原则。

为推迟或避免框架结构在地震作用与竖向荷载共同作用下形成柱铰机构，框架柱柱端弯矩设计值的确定应符合"强柱弱梁"的要求，即应增大柱端弯矩设计值。《混凝土结构设计规范》和《高层建筑混凝土结构技术规程》规定抗震设计时，除顶层、柱轴压比小于 0.15 者外，框架的梁、柱节点处考虑地震作用组合的柱端弯矩设计值应符合下列要求：

（1）一级框架结构及 9 度时的框架。

$$\sum M_c = 1.2 \sum M_{bua} \qquad (6.2.1)$$

（2）其他情况。

$$\sum M_c = \eta_c \sum M_b \qquad (6.2.2)$$

上二式中　$\sum M_c$——节点上、下柱端截面顺时针或逆时针方向组合弯矩设计值之和，上、下柱端的弯矩设计值，可按弹性分析的弯矩比例进行分配；

$\sum M_b$——节点左、右梁端截面逆时针或顺时针方向组合弯矩设计值之和，当抗震等级为一级且节点左、右梁端均为负弯矩时，绝对值较小的弯矩应取零；

$\sum M_{bua}$——节点左、右梁端逆时针或顺时针方向实配的正截面抗震受弯承载力所对应的弯矩值之和，可根据实际配筋面积（计入受压钢筋和梁有效翼缘宽度范围内的楼板钢筋）和材料强度标准值并考虑承载力抗震调整系数计算；

η_c——柱端弯矩增大系数，对框架结构，二、三级分别取 1.5 和 1.3。

当反弯点不在柱的层高范围内时，柱端截面组合的弯矩设计值可直接乘以上述柱端弯矩增大系数。

75

四级框架柱的柱端弯矩设计值取考虑地震作用组合的弯矩值。

框架结构的底层柱下端，在强震下不能避免出现塑性铰。为了提高抗震安全度，将框架结构底层柱下端弯矩设计值乘以增大系数，以加强底层柱下端的实际受弯承载力，推迟塑性铰的出现。因此《高层建筑混凝土结构技术规程》第 6.2.2 条规定：

抗震设计时，一、二、三级框架结构的底层柱底截面的弯矩设计值，应分别采用考虑地震作用组合的弯矩值与增大系数 1.7、1.5、1.3 的乘积。底层框架柱纵向钢筋应按上、下端的不利情况配置。

考虑到角柱承受双向地震作用，扭转效应对内力影响较大，且受力复杂，在设计中应予以适当加强，因此《高层建筑混凝土结构技术规程》第 6.2.4 条对其弯矩设计值、剪力设计值增大 10%。

抗震设计时，框架角柱应按双向偏心受力构件进行正截面承载力设计。一、二、三、四级框架角柱的弯矩、剪力设计值应乘以不小于 1.1 的增大系数。

2. 轴压比验算

轴压比是影响柱的破坏形态和变形能力的重要因素。轴压比不同，柱将呈现两种破坏形态，即受拉钢筋首先屈服的大偏心受压破坏和混凝土受压区压碎而受拉钢筋未屈服的小偏心受压破坏。框架柱的抗震设计一般应在大偏心受压破坏范围，以保证柱有一定延性。抗震设计时为了保证框架柱的延性，《混凝土结构设计规范》第 11.4.16 条及《建筑抗震设计规范》第 6.3.7 条规定：

一、二、三、四级抗震等级的各类结构的框架柱、框支柱，其轴压比不宜大于表 11.4.16 规定的限值。对 Ⅳ 类场地上较高的高层建筑，柱轴压比限值应适当减小。

表 11.4.16   **柱 轴 压 比 限 值**

结 构 体 系	抗 震 等 级			
	一级	二级	三级	四级
框架结构	0.65	0.75	0.85	0.90

注 1. 轴压比指柱地震作用组合的轴向压力设计值与柱的全截面面积和混凝土轴心抗压强度设计值乘积之比值。

    2. 当混凝土强度等级为 C65、C70 时，轴压比限值宜按表中数值减小 0.05；混凝土强度等级为 C75、C80 时，轴压比限值宜按表中数值减小 0.10。

    3. 表内限值适用于剪跨比大于 2、混凝土强度等级不高于 C60 的柱；剪跨比不大于 2 的柱轴压比限值应降低 0.05；剪跨比小于 1.5 的柱，轴压比限值应专门研究并采取特殊构造措施。

    4. 沿柱全高采用井字复合箍，且箍筋间距不大于 100mm、肢距不大于 200mm、直径不小于 12mm，或沿柱全高采用复合螺旋箍，且螺距不大于 100mm、肢距不大于 200mm、直径不小于 12mm，或沿柱全高采用连续复合矩形螺旋箍，且螺旋净距不大于 80mm、肢距不大于 200mm、直径不小于 10mm 时，轴压比限值均可按表中数值增加 0.10。

    5. 当柱截面中部设置由附加纵向钢筋形成的芯柱，且附加纵向钢筋的总截面面积不少于柱截面面积的 0.8% 时，轴压比限值可按表中数值增加 0.05；此项措施与注 4 的措施同时采用时，轴压比限值可按表中数值增加 0.15，但箍筋的配箍特征值 λ_v 仍应按轴压比增加 0.10 的要求确定。

    6. 调整后的柱轴压比限值不应大于 1.05。

《高层建筑混凝土结构技术规程》也对不同结构体系中的框架柱提出了不同的轴压比限值要求:

3. 柱正截面配筋计算

框架柱在反复荷载作用下的正截面受压承载力并没有降低,因此,考虑地震作用组合的框架柱,其正截面受压承载力可按单调加载公式计算,但在计算公式中应除以承载力抗震调整系数,框架柱的承载力抗震调整系数为 0.8。由于地震及风荷载方向的不确定性,通常框架柱采用对称配筋。具体计算步骤如下。

(1) 确定初始偏心距。

$$e_i = e_0 + e_a \qquad e_0 = \frac{M}{N} \qquad e_a = \max\left\{20, \frac{h}{30}\right\} \text{(mm)} \tag{6.2.3}$$

(2) 确定轴向力到纵向普通受拉钢筋合力点的距离。

$$e = e_i + \frac{h}{2} - a_s \tag{6.2.4}$$

(3) 判断偏心受压类型。

1) 由于对称配筋时 $A_s f_y = A_s' f_y'$,故可得

$$N_b = \alpha_1 f_c b \xi_b h_0 \tag{6.2.5}$$

2) 非抗震设计时,当 $\gamma_0 N \leqslant N_b$ 时为大偏心受压,即

$$x = \frac{\gamma_0 N}{\alpha_1 f_c b} \leqslant \xi_b h_0 \tag{6.2.6}$$

3) 抗震设计时,当 $\gamma_{RE} N \leqslant N_b$ 时为大偏心受压,即

$$x = \frac{\gamma_{RE} N}{\alpha_1 f_c b} \leqslant \xi_b h_0 \tag{6.2.7}$$

4）非抗震设计时，当 $\gamma_0 N > N_b$ 时为小偏心受压，即

$$\xi = \frac{\gamma_0 N - \xi_b \alpha_1 f_c b h_0}{\dfrac{\gamma_0 Ne - 0.43 \alpha_1 f_c b h_0^2}{(\beta_1 - \xi_b)(h_0 - a'_s)} + \alpha_1 f_c b h_0} + \xi_b \tag{6.2.8}$$

5）抗震设计时，当 $\gamma_{RE} N > N_b$ 时为小偏心受压，即

$$\xi = \frac{\gamma_{RE} N - \xi_b \alpha_1 f_c b h_0}{\dfrac{\gamma_{RE} Ne - 0.43 \alpha_1 f_c b h_0^2}{(\beta_1 - \xi_b)(h_0 - a'_s)} + \alpha_1 f_c b h_0} + \xi_b \tag{6.2.9}$$

（4）确定纵向钢筋。

1）当 $2a'_s \leqslant x < \xi_b h_0$ 时

非抗震设计

$$A_s = A'_s = \frac{\gamma_0 Ne - \alpha_1 f_c b x (h_0 - 0.5x)}{f'_y (h_0 - a'_s)} \tag{6.2.10}$$

抗震设计

$$A_s = A'_s = \frac{\gamma_{RE} Ne - \alpha_1 f_c b x (h_0 - 0.5x)}{f'_y (h_0 - a'_s)} \tag{6.2.11}$$

2）当 $x < 2a'_s$ 时

非抗震设计

$$A_s = A'_s = \frac{\gamma_0 N (e_i - 0.5h + a'_s)}{f_y (h - a_s - a'_s)} \tag{6.2.12}$$

抗震设计

$$A_s = A'_s = \frac{\gamma_{RE} N (e_i - 0.5h + a'_s)}{f_y (h - a_s - a'_s)} \tag{6.2.13}$$

3）当 $x > \xi_b h_0$ 时

非抗震设计

$$A_s = A'_s = \frac{\gamma_0 Ne - \xi (1 - 0.5\xi) \alpha_1 f_c b h_0^2}{f'_y (h_0 - a'_s)} \tag{6.2.14}$$

抗震设计

$$A_s = A'_s = \frac{\gamma_{RE} Ne - \xi (1 - 0.5\xi) \alpha_1 f_c b h_0^2}{f'_y (h_0 - a'_s)} \tag{6.2.15}$$

（5）验算配筋率。

$$\rho_{\min} < \rho < \rho_{\max}; \quad \rho_{侧} > \rho_{侧,\min}$$

6.2.2 框架柱斜截面配筋计算

1. 框架柱的剪力设计值

非抗震设计时框架柱端的剪力直接采用荷载效应组合值，抗震设计时为了防止框架柱发生脆性的剪切破坏，框架柱端的剪力应取按"强剪弱弯"的原则调整后的柱端剪力设计值。

框架柱考虑抗震等级的剪力设计值应根据上、下柱端的弯矩，按静力平衡条件并考虑柱端剪力增大系数确定，抗震设计的框架柱端部截面的剪力设计值，一、二、三、四级时应按下列公式计算。

（1）一级框架结构和 9 度时的框架。

$$V_c = 1.2(M_{cua}^t + M_{cua}^b)/H_n \qquad (6.2.16)$$

（2）其他情况。

$$V_c = \eta_{vc}(M_c^t + M_c^b)/H_n \qquad (6.2.17)$$

上二式中　M_c^t、M_c^b——柱上、下端顺时针或逆时针方向截面组合的弯矩设计值，应符合本规程第 6.2.1 条、6.2.2 条的规定；

M_{cua}^t、M_{cua}^b——柱上、下端顺时针或逆时针方向实配的正截面抗震受弯承载力所对应的弯矩值，可根据实配钢筋面积、材料强度标准值和重力荷载代表值产生的轴向压力设计值并考虑承载力抗震调整系数计算；

H_n——柱的净高；

η_{vc}——柱端剪力增大系数，对框架结构，二、三级分别取 1.3、1.2。

抗震设计时，框架角柱应按双向偏心受力构件进行正截面承载力设计。一、二、三、四级框架角柱经上述调整后的弯矩、剪力设计值应乘以不小于 1.1 的增大系数。

2. 柱斜截面配筋计算

（1）验算截面尺寸。矩形截面框架柱，其受剪截面应符合下列条件。

1）非抗震设计时

当 $h_w/b \leqslant 4$ 时

$$V \leqslant \frac{1}{\gamma_0}(0.25\beta_c f_c b h_0) \qquad (6.2.18)$$

当 $h_w/b \geqslant 6$ 时

$$V \leqslant \frac{1}{\gamma_0}(0.2\beta_c f_c b h_0) \qquad (6.2.19)$$

当 $4 < h_w/b < 6$ 时，按线性内插确定。

以上式中　V——构件斜截面上的最大剪力设计值；

β_c——混凝土强度影响系数：当混凝土强度等级不超过 C50 时，β_c 取 1.0；当混凝土强度等级为 C80 时，β_c 取 0.8；其间按线性内插法确定；

b——矩形截面的宽度，T 形截面或 I 形截面的腹板宽度；

h_0——截面的有效高度；

h_w——截面的腹板高度：矩形截面取有效高度；T 形截面取有效高度减去翼缘高度；I 形截面取腹板净高。

2）抗震设计时

剪跨比 λ 大于 2 的框架柱

$$V \leqslant \frac{1}{\gamma_{RE}}(0.2\beta_c f_c b h_0) \qquad (6.2.20)$$

剪跨比 λ 不大于 2 的框架柱

$$V \leqslant \frac{1}{\gamma_{RE}}(0.15\beta_c f_c bh_0) \tag{6.2.21}$$

以上式中 λ——框架柱的计算剪跨比，取 M/Vh_0；此处，M 宜取柱上、下端考虑地震组合的弯矩设计值的较大值，V 取与 M 对应的剪力设计值，h_0 为柱截面有效高度；当框架结构中的框架柱的反弯点在柱层高范围内时，可取 λ 等于 $H_n/(2h_0)$，此处，H_n 为柱净高。

（2）框架柱斜截面配筋计算。

1）当矩形截面偏心受压时，其斜截面受剪承载力应按下列公式计算。

持久、短暂设计状况

$$V \leqslant \frac{1}{\gamma_0}\left(\frac{1.75}{\lambda+1}f_t bh_0 + f_{yv}\frac{A_{sv}}{s}h_0 + 0.07N\right) \tag{6.2.22}$$

地震设计状况

$$V_c \leqslant \frac{1}{\gamma_{RE}}\left(\frac{1.05}{\lambda+1}f_t bh_0 + f_{yv}\frac{A_{sv}}{s}h_0 + 0.056N\right) \tag{6.2.23}$$

上二式中 λ——框架柱的剪跨比，$\lambda = \frac{H_n}{2h_0}$；当 $\lambda < 1$ 时，取 $\lambda = 1$，当 $\lambda > 3$ 时，取 $\lambda = 3$；

N——考虑风荷载或地震作用组合的框架柱轴向压力设计值，当 N 大于 $0.3f_c A_c$ 时，取 $0.3f_c A_c$。

2）当矩形截面框架柱出现拉力时，其斜截面受剪承载力应按下列公式计算。

持久、短暂设计状况

$$V \leqslant \frac{1}{\gamma_0}\left(\frac{1.75}{\lambda+1}f_t bh_0 + f_{yv}\frac{A_{sv}}{s}h_0 - 0.2N\right) \tag{6.2.24}$$

地震设计状况

$$V \leqslant \frac{1}{\gamma_{RE}}\left(\frac{1.05}{\lambda+1}f_t bh_0 + f_{yv}\frac{A_{sv}}{s}h_0 - 0.2N\right) \tag{6.2.25}$$

式中 N——与剪力设计值 V 对应的轴向拉力设计值，取绝对值；

λ——框架柱的剪跨比。

当式（6.2.24）右端括号内的计算值或式（6.2.25）右端括号内的计算值小于 $f_{yv}\frac{A_{sv}}{s}h_0$ 时，应取等于 $f_{yv}\frac{A_{sv}}{s}h_0$，且 $f_{yv}\frac{A_{sv}}{s}h_0$ 值不应小于 $0.36f_t bh_0$。

6.2.3 框架柱构造要求

《混凝土结构设计规范》要求：

11.4.12 框架柱和框支柱的钢筋配置，应符合下列要求：

1. 框架柱和框支柱中全部纵向受力钢筋的配筋百分率不应小于表 11.4.12-1 规定的数值，同时，每一侧的配筋百分率不应小于 0.2；对Ⅳ类场地上较高的高层建筑，最小配筋百分率应增加 0.1；

表 11.4.12 - 1

表 11.4.12 - 1　　　　　　　柱全部纵向受力钢筋最小配筋百分率（%）

柱 类 型	抗 震 等 级			
	一级	二级	三级	四级
框架中柱、边柱	0.9	0.7	0.6	0.5
框架角柱、框支柱	1.1	0.9	0.8	0.7

注　1. 采用335MPa级、400MPa级纵向受力钢筋时，应分别按表中数值增加0.1和0.05采用。
　　2. 当混凝土强度等级为C60及以上时，应按表中数值加0.1采用。
　　3. 对框架结构，应按表中数值增加0.1采用。

　　2. 框架柱和框支柱上、下两端箍筋应加密，加密区的箍筋最大间距和箍筋最小直径应符合表11.4.12 - 2的规定；

表 11.4.12 - 2　　　　　　柱端箍筋加密区的构造要求

抗震等级	箍筋最大间距（mm）	箍筋最小直径（mm）
一级	纵向钢筋直径的6倍和100中的较小值	10
二级	纵向钢筋直径的8倍和100中的较小值	8
三级	纵向钢筋直径的8倍和150（柱根100）中的较小值	8
四级	纵向钢筋直径的8倍和150（柱根100）中的较小值	6（柱根8）

注　柱根系指底层柱下端的箍筋加密区范围。

　　3. 框支柱和剪跨比不大于2的框架柱应在柱全高范围内加密箍筋，且箍筋间距应符合本条第2款一级抗震等级的要求；

　　4. 一级抗震等级框架柱的箍筋直径大于12mm且箍筋肢距小于150mm及二级抗震等级框架柱的直径不小于10mm且箍筋肢距不大于200mm时，除底层柱下端外，箍筋间距应允许采用150mm；四级抗震等级框架柱剪跨比不大于2时，箍筋直径不应小于8mm。

11.4.13　框架边柱、角柱在地震组合下小偏心受拉时，柱内纵向受力钢筋总截面面积应比计算值增加25%。框架柱、框支柱中全部纵向受力钢筋配筋率不应大于5%。柱的纵向钢筋宜对称配置。截面尺寸大于400mm的柱，纵向钢筋的间距不宜大于200mm。当按一级抗震等级设计，且柱的剪跨比不大于2时，柱每侧纵向钢筋的配筋率不宜大于1.2%。

11.4.14　框架柱的箍筋加密区长度，应取柱截面长边尺寸（或圆形截面直径）、柱净高的1/6和500mm中的最大值；一、二级抗震等级的角柱应沿柱全高加密箍筋。底层柱根箍筋加密区长度应取不小于该层柱净高的1/3；当有刚性地面时，除柱端箍筋加密区外尚应在刚性地面上、下各500mm的高度范围内加密箍筋。

11.4.15　柱箍筋加密区内的箍筋肢距：一级抗震等级不宜大于200mm；二、三级抗震等级不宜大于250mm和20倍箍筋直径中的较大值；四级抗震等级不宜大于300mm。每隔一根纵向钢筋宜在两个方向有箍筋或拉筋约束；当采用拉筋且箍筋与纵向钢筋有绑扎时，拉筋宜紧靠纵向钢筋并勾住箍筋。

11.4.16 一、二、三、四级抗震等级的各类结构的框架柱、框支柱，其轴压比不宜大于表11.4.16规定的限值。对Ⅳ类场地上较高的高层建筑，柱轴压比限值应适当减小。

表11.4.16 　　　　　　　　　　　　**柱 轴 压 比 限 值**

结 构 体 系	抗 震 等 级			
	一级	二级	三级	四级
框架结构	0.65	0.75	0.85	0.90
框架—剪力墙结构、筒体结构	0.75	0.80	0.90	0.95
部分框支剪力墙结构	0.60	0.70		

注 1. 轴压比指柱组合的轴向压力设计值与柱的全截面面积和混凝土轴心抗压强度设计值乘积之比值。

2. 当混凝土强度等级为C65～70时，轴压比限值宜按表中数值减小0.05；混凝土强度等级为C75～C80时，轴压比限值宜按表中数值减小0.10。

3. 表内限值适用于剪跨比大于2，混凝土强度等级不高于C60的柱；剪跨比不大于2的柱轴压比限值应降低0.05；剪跨比小于1.5的柱，轴压比限值应专门研究并采取特殊构造措施。

4. 沿柱全高采用井字复合箍，且箍筋间距不大于100mm、肢距不大于200mm、直径不小于12mm，或沿柱全高采用复合螺旋箍，螺距不大于100mm、肢距不大于200mm、直径不小于12mm，或沿柱全高采用连续复合矩形螺旋箍，螺旋净距不大于80mm、肢距不大于200mm、直径不小于10mm时，轴压比限值均可按表中数值增加0.10。

5. 当柱截面中部设置由附加纵向钢筋形成的芯柱，附加纵向钢筋的总截面面积不少于柱截面面积的0.8%时，轴压比限值可按表中数值增加0.05。此项措施与注4的措施同时采用时，轴压比限值可按表中数值增加0.15，但箍筋的配箍特征值仍可按轴压比增加0.10的要求确定。

6. 调整后的柱轴压比限值不应大于1.05。

11.4.18 在箍筋加密区外，箍筋的体积配筋率不宜小于加密区配筋率的一半；对一、二级抗震等级，箍筋间距不应大于10d；对三、四级抗震等级，箍筋间距不应大于15d，此处，d为纵向钢筋直径。

　　《建筑抗震设计规范》对框架柱的要求有：

6.3.7 柱的钢筋配置，应符合下列各项要求：

　　1 柱纵向受力钢筋的最小总配筋率应按表6.3.7-1采用，同时每侧配筋率不应小于0.2%；对建造于Ⅳ类场地且较高的高层建筑，最小总配筋率应增加0.1%。

表6.3.7-1 　　　　　**柱截面纵向钢筋的最小总配筋率（百分率）**

类 别	抗 震 等 级			
	一	二	三	四
中柱和边柱	0.9 (1.0)	0.7 (0.8)	0.6 (0.7)	0.5 (0.6)
角柱、框支柱	1.1	0.9	0.8	0.7

注 1. 表中括号内数值用于框架结构的柱。

2. 钢筋强度标准值小于400MPa时，表中数值应增加0.1，钢筋强度标准值为400MPa时，表中数值应增加0.05。

3. 混凝土强度等级高于C60时，上述数值应相应增加0.1。

2 柱箍筋在规定的范围内应加密，加密区的箍筋间距和直径，应符合下列要求：

1）一般情况下，箍筋的最大间距和最小直径，应按表6.3.7-2采用。

表6.3.7-2 柱箍筋加密区的箍筋最大间距和最小直径

抗震等级	箍筋最大间距（采用较小值，mm）	箍筋最小直径（mm）
一	6d，100	10
二	8d，100	8
三	8d，150（柱根100）	8
四	8d，150（柱根100）	6（柱根8）

注 1. d为柱纵筋最小直径。
　　2. 柱根指底层柱下端箍筋加密区。

2）一级框架柱的箍筋直径大于12mm且箍筋肢距不大于150mm及二级框架柱的箍筋直径不小于10mm且箍筋肢距不大于200mm时，除底层柱下端外，最大间距应允许采用150mm；三级框架柱的截面尺寸不大于400mm时，箍筋最小直径应允许采用6mm；四级框架柱剪跨比不大于2时，箍筋直径不应小于8mm。

3）框支柱和剪跨比不大于2的框架柱，箍筋间距不应大于100mm。

6.3.8 柱的纵向钢筋配置，尚应符合下列规定：

1 柱的纵向钢筋宜对称配置。

2 截面边长大于400mm的柱，纵向钢筋间距不宜大于200mm。

3 柱总配筋率不应大于5%；剪跨比不大于2的一级框架的柱，每侧纵向钢筋配筋率不宜大于1.2%。

4 边柱、角柱及抗震墙端柱在小偏心受拉时，柱内纵筋总截面面积应比计算值增加25%。

5 柱纵向钢筋的绑扎接头应避开柱端的箍筋加密区。

6.3.9 柱的箍筋配置，尚应符合下列要求：

1 柱的箍筋加密范围，应按下列规定采用：

1）柱端，取截面高度（圆柱直径）、柱净高的1/6和500mm三者的最大值；

2）底层柱的下端不小于柱净高的1/3；

3）刚性地面上下各500mm；

4）剪跨比不大于2的柱、因设置填充墙等形成的柱净高与柱截面高度之比不大于4的柱、框支柱、一级和二级框架的角柱，取全高。

2 柱箍筋加密区的箍筋肢距，一级不宜大于200mm，二、三级不宜大于250mm，四级不宜大于300mm。至少每隔一根纵向钢筋宜在两个方向有箍筋或拉筋约束；采用拉筋复合箍时，拉筋宜紧靠纵向钢筋并钩住箍筋。

3 柱箍筋加密区的体积配箍率，应按下列规定采用：

1）柱箍筋加密区的体积配箍率应符合下式要求：

$$\rho_v \geq \lambda_v f_c / f_{yv} \qquad (6.3.9)$$

式中 ρ_v——柱箍筋加密区的体积配箍率，一级不应小于 0.8%，二级不应小于 0.6%，三、四级不应小于 0.4%；计算复合螺旋箍的体积配箍率时，其非螺旋箍的箍筋体积应乘以折减系数 0.80；

f_c——混凝土轴心抗压强度设计值，强度等级低于 C35 时，应按 C35 计算；

f_{yv}——箍筋或拉筋抗拉强度设计值；

λ_v——最小配箍特征值，宜按表 6.3.9 采用。

表 6.3.9　　　　　　　　柱箍筋加密区的箍筋最小配箍特征值

抗震等级	箍筋形式	柱轴压比								
		≤0.3	0.4	0.5	0.6	0.7	0.8	0.9	1.0	1.05
一	普通箍、复合箍	0.10	0.11	0.13	0.15	0.17	0.20	0.23	—	—
	螺旋箍、复合或连续复合矩形螺旋箍	0.08	0.09	0.11	0.13	0.15	0.18	0.21	—	—
二	普通箍、复合箍	0.08	0.09	0.11	0.13	0.15	0.17	0.19	0.22	0.24
	螺旋箍、复合或连续复合矩形螺旋箍	0.06	0.07	0.09	0.11	0.13	0.15	0.17	0.20	0.22
三、四	普通箍、复合箍	0.06	0.07	0.09	0.11	0.13	0.15	0.17	0.20	0.22
	螺旋箍、复合或连续复合矩形螺旋箍	0.05	0.06	0.07	0.09	0.11	0.13	0.15	0.18	0.20

注　普通箍指单个矩形箍和单个圆形箍，复合箍指由矩形、多边形、圆形箍或拉筋组成的箍筋；复合螺旋箍指由螺旋箍与矩形、多边形、圆形箍或拉筋组成的箍筋；连续复合矩形螺旋箍指用一根通长钢筋加工而成的箍筋。

2）框支柱宜采用复合螺旋箍或井字复合箍，其最小配箍特征值应比表 6.3.9 内数值增加 0.02，且体积配箍率不应小于 1.5%。

3）剪跨比不大于 2 的柱宜采用复合螺旋箍或井字复合箍，其体积配箍率不应小于 1.2%，9 度一级时不应小于 1.5%。

4　柱箍筋非加密区的箍筋配置，应符合下列要求：

1）柱箍筋非加密区的体积配箍率不宜小于加密区的 50%。

2）箍筋间距，一、二级框架柱不应大于 10 倍纵向钢筋直径，三、四级框架柱不应大于 15 倍纵向钢筋直径。

6.3　框架节点设计

框架结构的节点是重要的受力构件，只有保证梁柱节点的刚性连接，框架结构才能称之为框架结构。只有保证框架结构节点受力与计算假定相符、不破坏，前面的内力计算才可能是正确的。但在荷载作用下框架梁柱节点的受力复杂，在这种复杂内力作用下极易造成脆性破坏。因此规范规定对一级、二级、三级抗震等级的框架节点要进行受剪承载力的验算。

6.3.1 框架节点核芯区抗震受剪承载力验算

节点核心区的设计原则是抗震时框架节点核心区不先于梁、柱破坏。

框架节点核心区的抗震验算应符合《混凝土结构设计规范》第 11.6.1 条的要求：

> 一、二、三级抗震等级的框架应进行节点核心区抗震受剪承载力验算；四级抗震等级的框架节点可不进行计算，但应符合抗震构造措施的要求。

1. 框架梁柱节点核心区的剪力设计值

一、二、三级抗震等级的框架梁柱节点核心区的剪力设计值 V_j，应按下列规定计算。

（1）顶层中间节点和端节点。

1）一级抗震等级的框架结构和 9 度设防烈度的一级抗震等级框架。

$$V_j = \frac{1.15 \sum M_{bua}}{h_{b0} - a_s'} \tag{6.3.1}$$

2）其他情况。

$$V_j = \frac{\eta_{jb} \sum M_b}{h_{b0} - a_s'} \tag{6.3.2}$$

（2）其他层中间节点和端节点。

1）一级抗震等级的框架结构和 9 度设防烈度的一级抗震等级框架。

$$V_j = \frac{1.15 \sum M_{bua}}{h_{b0} - a_s'} \left(1 - \frac{h_{b0} - a_s'}{H_c - h_b}\right) \tag{6.3.3}$$

2）其他情况。

$$V_j = \frac{\eta_{jb} \sum M_b}{h_{b0} - a_s'} \left(1 - \frac{h_{b0} - a_s'}{H_c - h_b}\right) \tag{6.3.4}$$

以上式中 $\sum M_{bua}$——节点左、右两侧的梁端反时针或顺时针方向实配的正截面抗震受弯承载力所对应的弯矩值之和，可根据实配钢筋面积（计入纵向受压钢筋）和材料强度标准值确定；

$\sum M_b$——节点左、右两侧的梁端反时针或顺时针方向组合弯矩设计值之和，一级抗震等级框架节点左右梁端均为负弯矩时，绝对值较小的弯矩应取零；

η_{jb}——节点剪力增大系数，对于框架结构，一级取 1.50，二级取 1.35，三级取 1.20；对于其他结构中的框架，一级取 1.35，二级取 1.20，三级取 1.10；

h_{b0}、h_b——分别为梁的截面有效高度、截面高度，当节点两侧梁高不相同时，取其平均值；

H_c——节点上柱和下柱反弯点之间的距离；

a_s'——梁纵向受压钢筋合力点至截面近边的距离。

2. 框架梁柱节点核心区截面受剪承载力的验算

（1）截面尺寸验算。框架节点的受剪承载力由混凝土斜压杆和水平箍筋两部分受剪承载力组成，其中水平箍筋是通过其对节点区混凝土斜压杆的约束效应来增强节点受剪承载力的。但并非增加水平箍筋可以无限制地增加节点的抗剪承载力，当节点作用剪力超过一定值后再增大箍筋已无法进一步有效提高节点的受剪承载力，这一定值即为节点截面限制条件，也称为节点剪压比限制条件。《混凝土结构设计规范》第11.6.3条提出框架梁柱节点核心区的受剪水平截面应符合下列条件。

$$V_j \leqslant \frac{1}{\gamma_{RE}}(0.3\eta_j\beta_c f_c b_j h_j) \qquad (6.3.5)$$

式中　h_j——框架节点核心区的截面高度，可取验算方向的柱截面高度 h；

　　　b_j——框架节点核心区的截面有效验算宽度，当 b_b 不小于 $b_c/2$ 时，可取 b_c；当 b_b 小于 $b_c/2$ 时，可取（$b_b+0.5h_c$）和 b_c 中的较小值；当梁与柱的中线不重合且偏心距 e_0 不大于 $b_c/4$ 时，可取（$b_b+0.5h_c$），（$0.5b_b+0.5b_c+0.25h_c-e_0$）和 b_c 三者中的最小值。此处，b_b 为验算方向梁截面宽度，b_c 为该侧柱截面宽度；

　　　η_j——正交梁对节点的约束影响系数：当楼板为现浇、梁柱中线重合、四侧各梁截面宽度不小于该侧柱截面核芯区截面有效验算宽度的 1/2，且正交方向梁高度不小于较高框架梁高度的 3/4 时，可取 η_j 为 1.50，但对 9 度设防烈度宜取 η_j 为 1.25；当不满足上述条件时，应取 η_j 为 1.00。

不满足此项要求时应采用增加混凝土的强度等级、梁端加肋等方法进行处理。

（2）节点核心区截面抗震受剪配筋计算，应按《混凝土结构设计规范》11.6.4 条进行。

1）9 度设防烈度的一级抗震等级框架。

$$V_j \leqslant \frac{1}{\gamma_{RE}}\left(0.9\eta_j f_t b_j h_j + f_{yv}A_{svj}\frac{h_{b0}-a_s'}{s}\right) \qquad (6.3.6)$$

2）其他情况。

$$V_j \leqslant \frac{1}{\gamma_{RE}}\left(1.1\eta_j f_t b_j h_j + 0.05\eta_j N\frac{b_j}{b_c} + f_{yv}A_{svj}\frac{h_{b0}-a_s'}{s}\right) \qquad (6.3.7)$$

式中　N——对应于考虑地震组合剪力设计值的节点上柱底部的轴向力设计值；当 N 为压力时，取轴向压力设计值的较小值，且当 N 大于 $0.5f_c b_c h_c$ 时，取 $0.5f_c b_c h_c$；当 N 为拉力时，取为 0；

　　　A_{svj}——核心区有效验算宽度范围内同一截面验算方向箍筋各肢的全部截面面积；

　　　h_{b0}——框架梁截面有效高度，节点两侧梁截面高度不等时取平均值。

6.3.2　顶层端节点配筋验算

顶层端节点在梁的上部和柱外侧钢筋的作用下，节点区混凝土斜向受压。当梁上部和柱外侧钢筋配筋率过高时，将引起顶层端节点核心区混凝土的斜压破坏，其节点承载力并不会随着梁上部和柱外侧配筋的增加而不断提高，故规范对相应的配筋率作出限制。

由于当梁上部钢筋和柱外侧纵向钢筋在顶层端节点角部的弯弧处半径过小时，弯弧内的混凝土可能发生局部受压破坏，故应限制钢筋的弯弧半径最小值。并且还应配置构造钢筋约束框架角节点钢筋弯弧以外保护层很厚的素混凝土区域，防止此处混凝土裂缝、坠落。

顶层端节点处梁上部纵向钢筋的截面面积 A_s 应符合下列规定

$$A_s \leqslant \frac{0.35\beta_c f_c b_b h_0}{f_y} \tag{6.3.8}$$

式中　b_b——梁腹板宽度；

　　　h_0——梁截面有效高度。

梁上部纵向钢筋与柱外侧纵向钢筋在节点角部的弯弧内半径，当钢筋直径不大于 25mm 时，不宜小于 $6d$；大于 25mm 时，不宜小于 $8d$。钢筋弯弧外的混凝土中应配置防裂、防剥落的构造钢筋。

6.3.3　框架节点构造要求

《混凝土结构设计规范》要求：

11.6.7　框架梁和框架柱的纵向受力钢筋在框架节点区的锚固和搭接应符合下列要求：

1　框架中间层中间节点处，框架梁的上部纵向钢筋应贯穿中间节点。贯穿中柱的每根梁纵向钢筋直径，对于 9 度设防烈度的各类框架和一级抗震等级的框架结构，当柱为矩形截面时，不宜大于柱在该方向截面尺寸的 1/25，当柱为圆形截面时，不宜大于纵向钢筋所在位置柱截面弦长的 1/25；对一、二、三级抗震等级，当柱为矩形截面时，不宜大于柱在该方向截面尺寸的 1/20，对圆柱截面，不宜大于纵向钢筋所在位置柱截面弦长的 1/20。

2　对于框架中间层中间节点、中间层端节点、顶层中间节点以及顶层端节点，梁、柱纵向钢筋在节点部位的锚固和搭接，应符合图 11.6.7 的相关构造规定。图中 l_{lE} 按本规范第 11.1.7 条规定取用，l_{abE} 按下式取用：

$$l_{abE} = \zeta_{aE} l_{ab} \tag{11.6.7}$$

式中　ζ_{aE}——纵向受拉钢筋锚固长度修正系数，按第 11.1.7 条规定取用。

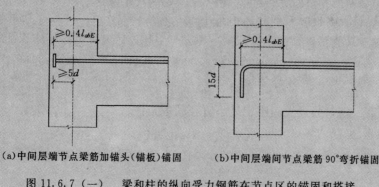

（a）中间层端节点梁筋加锚头（锚板）锚固　　（b）中间层端间节点梁筋 90°弯折锚固

图 11.6.7（一）　梁和柱的纵向受力钢筋在节点区的锚固和搭接

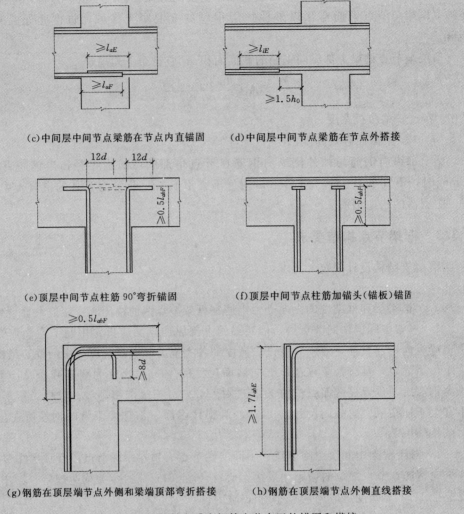

(c)中间层中间节点梁筋在节点内直锚固　　(d)中间层中间节点梁筋在节点外搭接

(e)顶层中间节点柱筋 90°弯折锚固　　(f)顶层中间节点柱筋加锚头（锚板）锚固

(g)钢筋在顶层端节点外侧和梁端顶部弯折搭接　　(h)钢筋在顶层端节点外侧直线搭接

图 11.6.7　梁和柱的纵向受力钢筋在节点区的锚固和搭接

11.6.8　框架节点区箍筋的最大间距、最小直径宜按本规范表 11.4.12-2 采用。对一、二、三级抗震等级的框架节点核心区，配箍特征值 λ_v 分别不宜小于 0.12，0.10 和 0.08，且其箍筋体积配筋率分别不宜小于 0.6%，0.5% 和 0.4%。当框架柱的剪跨比不大于 2 时，其节点核心区体积配箍率不宜小于核心区上、下柱端体积配箍率中的较大值。

即框架节点区箍筋的最大间距、最小直径同框架柱。

第7章 楼梯及基础设计

7.1 楼梯设计

现浇钢筋混凝土楼梯按照受力特点和结构形式不同，可分为板式楼梯和梁式楼梯两种。目前工程结构中常采用板式楼梯，在此只介绍板式楼梯结构设计。

板式楼梯的设计包括梯段板、平台梁和平台板的配筋计算与构造。

7.1.1 梯段板设计

梯段板由踏步和斜板组成。斜板厚度一般为 $(1/25 \sim 1/30)l_0$，l_0 为斜板水平方向的跨度。

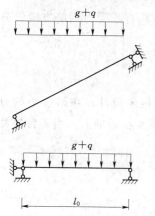

图 7.1.1 斜板的计算简图

1. 计算简图

板式楼梯的梯段板两端一般支承于平台梁上，计算时可近似认为梯段板两端简支于平台梁上，一般取 1m 宽斜向板带作为计算单元，其计算简图如图 7.1.1 所示。

斜向简支梁的跨中弯矩可按水平梁计算：跨长取斜梁的水平投影长度，荷载按水平方向计算，即 $M_{max} = \frac{1}{8}(g+q)l_0^2$，考虑梯段斜板与平台梁的整体连接，可近似取

$$M_{max} = \frac{1}{10}(g+q)l_0^2$$

式中 g、q——作用于梯段斜板上沿水平方向的均布竖向恒荷载和活荷载设计值；

l_0——梯段斜板沿水平方向的计算跨度。

2. 荷载取值

楼梯的活荷载是按水平投影面每平方米上的荷载来计量的。按《建筑结构荷载规范》取用。

5.1.1 民用建筑楼面均布活荷载的标准值及其组合值系数、频遇值系数和准永久值系数的取值，不应小于表 5.1.1 的规定。

表 5.1.1   民用建筑楼面均布活荷载标准值及其组合值、频遇值和准永久值系数

项次	类 别		标准值（kN/m²）	组合值系数	频遇值系数	准永久值系数
12	楼梯	（1）多层住宅	2.0	0.7	0.5	0.4
		（2）其他	3.5	0.7	0.5	0.3

梯段斜板所受的恒载主要包括楼梯栏杆、踏步面层、锯齿形斜板以及板底粉刷等自重，当铺设面砖时，还应考虑面砖等的自重。

楼梯栏杆自重，按每米水平投影长度计算。

在水平投影每平方米内踏步面层、锯齿形斜板的自重，可以用 1 个踏步范围内的材料自重来计算，然后折算为每平方米的自重。

平台板恒载的计算方法与一般钢筋混凝土平板相同。

3. 配筋及构造要求

斜板受力钢筋由跨中截面弯矩确定，配筋方式一般采用分离式，也可采用弯起式。斜板两端 $\frac{1}{4}l_n$ 的范围内应设置负弯矩筋，确保斜板与平台梁、板的整体性，其截面面积可取跨中截面钢筋的 $1/2$，并保证其伸入梁内有足够的锚固长度。在垂直于受力钢筋方向设分布钢筋，每个踏步内不少于 $1\phi6$。

7.1.2　平台板设计

平台板通常是四边支承板。一般近似地按小跨方向的简支板来设计。在跨度小的方向，平台板内端与平台梁整接，外端或者与平台梁整接，或者简支在砖墙上。当平台板简支在砖墙上时，平台板的跨中弯矩取

$$M=\frac{1}{8}pl_2^2$$

式中　l_2——平台板的计算跨度，$l_2=l_{2n}+\frac{t_2}{2}$；

　　　l_{2n}——平台板的净跨度；

　　　t_2——板厚。

当平台板外端与平台梁整体固接时，考虑平台梁的部分嵌固作用，可取跨中弯矩为

$$M=\frac{1}{10}pl_{2n}^2$$

式中　p——活荷载与恒荷载组合后的设计值。

为了承受支座附近可能出现的负弯矩，在平台板端部附近的上部应配置承受负弯矩的钢筋，其数量可与跨中钢筋相同。

平台板的跨度一般比斜板的水平跨度要小，当相差悬殊时，就可能在平台板跨中出现较大的负弯矩，因此，这时应验算跨中正截面承受负弯矩的能力，必要时，在跨中上部应配置受力钢筋。

在垂直于受力钢筋的方向，即平台板跨度大的方向，平台板搁置在砖墙上或与梁整体固接。不论哪种情况，都要考虑支座处的部分嵌固作用，因此在板面也必须配置构造钢筋

以承担负弯矩，板面构造钢筋通常采用Φ6@200。

7.1.3　平台梁设计

平台梁两端与在楼梯间两侧立于框架梁上的短柱整体固接。

平台梁一般按简支梁设计，承受平台板和斜板传来的均布线荷载。

平台梁的计算方法与构造要求同受弯构件。

7.1.4　规范要求

《建筑抗震设计规范》规定：

> 6.1.15　楼梯间应符合下列要求：
>
> 1　宜采用现浇钢筋混凝土楼梯。
>
> 2　对于框架结构，楼梯间的布置不应导致结构平面特别不规则；楼梯构件与主体结构整浇时，应计入楼梯构件对地震作用及其效应的影响，应进行楼梯构件的抗震承载力验算；宜采取构造措施，减少楼梯构件对主体结构刚度的影响。
>
> 3　楼梯间两侧填充墙与柱之间应加强拉结。

《高层建筑混凝土结构技术规程》规定：

> 6.1.4　抗震设计时，框架结构的楼梯间应符合下列规定：
>
> 1　楼梯间的布置应尽量减小其造成的结构平面不规则。
>
> 2　宜采用现浇钢筋混凝土楼梯，楼梯结构应有足够的抗倒塌能力。
>
> 3　宜采取措施减小楼梯对主体结构的影响。
>
> 4　当钢筋混凝土楼梯与主体结构整体连接时，应考虑楼梯对地震作用及其效应的影响，并应对楼梯构件进行抗震承载力验算。

7.2　独立基础设计

钢筋混凝土独立基础的设计包括确定基础埋深、基础底面尺寸，对基础进行结构内力分析、强度计算，确定基础高度、进行配筋计算并满足构造设计要求。

7.2.1　独立基础的设计内容与步骤

（1）初步确定基础的结构型式、材料与平面布置。

（2）确定基础的埋置深度。

（3）计算地基承载力特征值，并经深度和宽度修正，确定修正后的地基承载力特征值。

（4）根据作用在基础顶面的荷载和经修正后的地基承载力特征值，计算基础的底面积。

　　(5) 计算基础高度并确定剖面形状。

　　(6) 若地基持力层下部存在软弱土层时，则需验算软弱下卧层的承载力。

　　(7) 地基基础设计等级为甲、乙级和部分丙级建筑物应计算地基的变形，如有必要尚要验算建筑物或构筑物的稳定性。

　　(8) 配筋计算。

　　(9) 基础细部结构和构造设计。

　　(10) 绘制基础施工图。

　　如果步骤（1）～步骤(7)中有不满足要求的情况时，可对基础设计进行调整，如加大基础埋置深度或加大基础宽度等措施，直到全部满足要求为止。

7.2.2　地基基础设计基本规定

　　1. 地基基础设计等级

　　《建筑地基基础设计规范》根据地基复杂程度、建筑物规模和功能特征以及由于地基问题可能造成建筑物破坏或影响正常使用的程度将地基基础设计分为 3 个设计等级：

3.0.1　地基基础设计应根据地基复杂程度、建筑物规模和功能特征以及由于地基问题可能造成建筑物破坏或影响正常使用的程度，将地基基础设计分为 3 个设计等级，设计时应根据具体情况，按表 3.0.1 选用。

表 3.0.1　　　　　地 基 基 础 设 计 等 级

设计等级	建筑和地基类型
甲级	重要的工业与民用建筑物 30 层以上的高层建筑体型复杂，层数相差超过 10 层的高低层连成一体建筑物 大面积的多层地下建筑物（如地下车库、商场、运动场等） 对地基变形有特殊要求的建筑物 复杂地质条件下的坡上建筑物（包括高边坡） 对原有工程影响较大的新建建筑物 场地和地基条件复杂的一般建筑物 位于复杂地质条件及软土地区的二层及二层以上地下室的基坑工程
乙级	除甲级、丙级以外的工业与民用建筑物
丙级	场地和地基条件简单、荷载分布均匀的七层及七层以下民用建筑及一般工业建筑物；次要的轻型建筑物

　　2. 地基计算的规定

　　《建筑地基基础设计规范》规定：

3.0.2 根据建筑物地基基础设计等级及长期荷载作用下地基变形对上部结构的影响程度，地基基础设计应符合下列规定：

（1）所有建筑物的地基计算均应满足承载力计算的有关规定。

（2）设计等级为甲级、乙级的建筑物，均应按地基变形设计。

（3）表3.0.2所列范围内设计等级为丙级的建筑物可不作变形验算，如有下列情况之一时，仍应作变形验算：

1）地基承载力特征值小于130kPa，且体型复杂的建筑；

2）在地基基础上及其附近有地面堆载或相邻基础荷载差异较大，可能引起地基产生过大的不均匀沉降时；

3）软弱地基上的建筑物存在偏心荷载时；

4）相邻建筑距离过近，可能发生倾斜时；

5）地基内有厚度较大或厚薄不均的填土，其自重固结未完成时。

（4）对经常受水平荷载作用的高层建筑、高耸结构和挡土墙等，以及建造在斜坡上或边坡附近的建筑物和构筑物，尚应验算其稳定性。

（5）基坑工程应进行稳定性验算。

（6）当地下水埋藏较浅，建筑地下室或地下构筑物存在上浮问题时，尚应进行抗浮验算。

表 3.0.2　　　　　可不作地基变形计算的设计等级为丙级建筑物范围

地基主要受力层的情况	地基承载力特征值 f_{ak}	$80 \leqslant f_{ak}$ < 100	$100 \leqslant f_{ak}$ < 130	$130 \leqslant f_{ak}$ < 160	$160 \leqslant f_{ak}$ < 200	$200 \leqslant f_{ak}$ < 230
建筑类型	各土层坡度（%）	$\leqslant 5$	$\leqslant 10$	$\leqslant 10$	$\leqslant 10$	$\leqslant 10$
	框架结构（层数）	$\leqslant 5$	$\leqslant 5$	$\leqslant 6$	$\leqslant 6$	$\leqslant 7$

注　1. 地基主要受力层系指条形基础底面下深度为 $3b$（b 为基础底面宽度），独立基础下为 $1.5b$，且厚度均不小于 5m 的范围（二层以下一般的民用建筑除外）。

　　2. 表中框架结构指民用建筑。对于工业建筑可按厂房高度、荷载情况折合成与其相当的民用建筑层数。

3. 荷载效应最不利组合与相应的抗力限值

对于荷载效应最不利组合与相应的抗力限值，《地基基础规范》规定：

3.0.5 地基基础设计时，所采用的作用效应与相应的抗力限值应按下列规定采用：

1 按地基承载力确定基础底面积及埋置深度时，传至基础底面上的荷载效应按正常使用极限状态下荷载效应的标准组合。抗力采用地基承载力特征值。

2 计算地基变形时，传至基础底面上的荷载效应应按正常使用极限状态下荷载效应的准永久组合，不应计入风荷载和地震作用。限值为地基变形允许值。

3 计算地基稳定时，荷载效应应按承载能力极限状态下荷载效应的基本组合，但其分项系数均为1.0。

4 在确定基础或桩基承台高度、配筋和验算材料强度时，上部结构传来的作用效应应按承载力极限状态下荷载效应的基本组合和相应的基底反力。当需要验算基础裂缝宽度时，应按正常使用极限状态下作用的标准组合基础设计安全等级、结构设计使用年限、结构重要性系数应按有关规范的规定采用，但结构重要性系数 γ_0 不应小于1.0。

7.2.3 地基承载力特征值的确定

确定地基承载力特征值的方法主要有以下几种。

（1）按载荷试验确定。

（2）根据地基土的抗剪强度指标，按理论公式确定。

（3）应用地区建筑经验，采取工程地质类比法确定。

《建筑地基基础设计规范》规定：

5.2.4 当基础宽度大于 3m 或埋置深度大于 0.5m 时，从载荷试验或其他原位测试、经验值等方法确定的地基承载力特征值，尚应按下式修正：

$$f_a = f_{ak} + \eta_b \gamma (b-3) + \eta_d \gamma_m (d-0.5) \qquad (5.2.4)$$

式中 f_a——修正后的地基承载力特征值，kPa；

f_{ak}——地基承载力特征值，kPa；

η_b、η_d——基础宽度和埋深的地基承载力修正系数，按基底下土的类别查表 5.2.4；

γ——基础底面以下土的重度，地下水位以下取有效重度，kN/m^3；

γ_m——基础底面以上土的加权平均重度，地下水位以下取有效重度，kN/m^3；

b——基础底面宽度，m；当宽度小于 3m 按 3m 取值，大于 6m 按 6m 取值；

d——基础埋置深度，m；宜自室外地面标高算起。在填方整平地区，可自填土地面标高算起，但填土在上部结构施工后完成时，应从天然地面标高算起。当采用独立基础或条形基础时，应从室内地面标高算起。

表 5.2.4 承载力修正系数

土 的 类 别		η_b	η_d
淤泥和淤泥质土		0	1.0
人工填土 e 或 I_L 大于等于 0.85 的黏性土		0	1.0
红黏土	含水比 $\alpha_W > 0.8$	0	1.2
	含水比 $\alpha_W \leqslant 0.8$	0.15	1.4
大面积压实填土	压实系数大于 0.95、黏粒含量 $\rho_c \geqslant 10\%$ 的粉土	0	1.5
	最大干密度大于 2.1t/m³ 的级配砂石	0	2.0
粉土	黏粒含量 $\rho_c \geqslant 10\%$ 的粉土	0.3	1.5
	黏粒含量 $\rho_c < 10\%$ 的粉土	0.5	2.0
e 或 I_L 均小于 0.85 的黏性土		0.3	1.6
粉砂、细砂（不包括很湿与饱和时的稍密状态）		2.0	3.0
中砂、粗砂、砾砂和碎石土		3.0	4.4

注 1. 强风化和全风化的岩石，可参照所风化成的相应土类取值，其他状态下的岩石不修正。
  2. 地基承载力特征值按建筑地基规范附录深层平板载荷试验确定时 η_d 取 0。

7.2.4 基础底面尺寸的确定

初步选定基础类型和确定埋置深度后，根据持力层的承载力特征值计算基础底面尺寸。确定基础底面尺寸时，首先应满足地基承载力要求，包括持力层土的承载力计算和软弱下卧层的验算；其次，对部分需考虑地基变形影响的建（构）筑物，验算建（构）筑物的变形特征值，必要时需对基础底面尺寸进行调整。

1. 按地基持力层承载力计算基底尺寸

在确定基础底面尺寸时，首先算出作用在基础上的总荷载。按地基承载力确定基础底面积时，传至基础底面上的荷载效应采用正常使用极限状态下荷载效应的标准组合，相应的抗力应采用地基承载力特征值。

基础受力情况分为轴心受压基础和偏心受压基础，其上作用荷载分为轴心荷载和偏心荷载。所有建筑物的地基计算均应满足承载力要求，即按持力层的承载力特征值计算所需的基础底面尺寸应符合下式要求：

5.2.1 基础底面的压力，应符合下列规定：

1 当轴心荷载作用时 $p_k \leqslant f_a$ (5.2.1-1)

2 当偏心荷载作用时，除符合上式要求外，尚应符合下式

$$p_{k\max} \leqslant 1.2 f_a \quad (5.2.1-2)$$

式中 p_k——相应于荷载效应标准组合时，基础底面处的平均压力值，kPa；

$p_{k\max}$——相应于荷载效应标准组合时，基础底面边缘的最大压力值，kPa；

f_a——修正后的地基承载力特征值，kPa。

（1）轴心荷载作用。

$$p_k = \frac{F_k + G_k}{A} = \frac{F_k + \gamma_G A d}{A} = \frac{F_k}{A} + \gamma_G d \leqslant f_a \quad (7.2.1)$$

$$A \geqslant \frac{F_k}{f_a - \gamma_G d} \quad (7.2.2)$$

上二式中 f_a——修正后的地基承载力特征值，kPa；

p_k——相应于荷载效应标准组合时，基础底面处的平均压力值，kPa；

γ_G——基础及回填土的平均重度，一般取 20kN/m³，地下水位以下取 10kN/m³；

d——基础平均埋深，m；

A——基底面积，m²；

F_k——相应于荷载效应标准组合时，上部结构传至基础顶面处的竖向力值，kN；

G_k——基础自重和基础上的土重，对一般实体基础，可近似取为 $G_k = \gamma_G A d$ (kN)，但在地下水位以下部分应扣去浮托力，即 $G_k = \gamma_G A d - \gamma_w A h_w$ （h_w 为地下水位至基础底面的距离）。

按式（7.2.2）计算出 A 后，先选定 b 或 l，再计算另一边长，使 $A = l \cdot b$，一般取 $l/b = 1.0 \sim 2.0$。

必须指出，式（7.2.2）中 A 与 f_a 都是未知数，计算时需进行反复试算才能确定。计算时，可先对地基承载力只进行深度修正，计算 f_a 值；然后按计算所得的 $A = l \cdot b$，

考虑是否需要进行宽度修正，使得 A、f_a 间相互协调一致。

（2）偏心荷载作用。

偏心荷载作用下的基底压力计算公式：

$$p_{k\min}^{k\max} = \frac{F_k + G_k}{A} \pm \frac{M_k}{W} = \frac{F_k + G_k}{l \cdot b}\left(1 \pm \frac{6e}{l}\right) \tag{7.2.3}$$

当偏心距 $e > l/6$ 时，基础边缘的最大压力按下式计算：

$$p_{k\max} = \frac{2(F_k + G_k)}{3ba} \tag{7.2.4}$$

上二式中　M_k——相应于荷载效应标准组合时，上部结构传至基础顶面处的力矩值，kN；

W——基础底面的抵抗矩，m³；

e——偏心距，$e = M_k/(F_k + G_k)$，m；

l——力矩作用方向的矩形基础底面边长，m；

b——垂直于力矩作用方向的矩形基础底面边长，m；

a——偏心荷载作用点至最大压力作用边缘的距离，m，$a = (l/2) - e$。

偏心荷载作用下，按下列步骤确定基础底面尺寸。

1）先不考虑偏心，按轴心荷载条件初步估算所需的基础底面积；

2）根据偏心距的大小，将基础底面积增大（10~40）%，并以适当比例选定基础长度和宽度，即取基础宽度 b 为

$$b = (1.1 \sim 1.4)\sqrt{\frac{F_k}{n(f_a - \gamma_G d)}} \tag{7.2.5}$$

式中　n——基础的长宽比，$n = l/b$，对矩形截面，一般取 $n = 1.2 \sim 2.0$。

3）由调整后的基础底面尺寸计算基底最大压力 $p_{k\max}$ 和最小压力 $p_{k\min}$，并使其满足 $p_k \leq f_a$ 和 $p_{k\max} \leq 1.2f_a$ 的要求。如不满足要求，或压力过小，地基承载力未能充分发挥，应调整基础尺寸，直至最后确定合适的基础底面尺寸。

通常，基底的最小压力不宜出现负值，在中、高压缩性地基上的基础，或有吊车的厂房柱基础，要求偏心距 $e \leq l/6$；对于低压缩性地基上的基础，当考虑短暂作用的偏心荷载时，可适当放宽至 $e \leq l/4$。

2. 软弱下卧层承载力验算

《建筑地基基础设计规范》第 5.2.7 条第 1 款规定：

当地基受力层范围内存在有软弱下卧层时，应按下式验算软弱下卧层承载力：

$$p_z + p_{cz} \leq f_{az} \tag{5.2.7-1}$$

式中　p_z——相应于荷载效应标准组合时，软弱下卧层顶面处的附加应力值，kPa；

p_{cz}——软弱下卧层顶面处土的自重压力标准值，kPa；

f_{az}——软弱下卧层顶面处经深度修正后地基承载力特征值，kPa。

《建筑地基基础设计规范》第 5.2.7 条第 2 款规定：

对于矩形基础，式（5.2.7-1）中的 p_z 值可按下式简化计算

$$p_z = \frac{lb(p_k - \gamma_m d)}{(l + 2z\tan\theta)(b + 2z\tan\theta)} \qquad (5.2.7-3)$$

式中　b——矩形基础和条形基础底边的宽度，m；

　　　l——矩形基础底边的长度，m；

　　　γ_m——基础埋深范围内土的加权平均重度，地下水位以下取有效重度，kN/m³；

　　　d——基础平均埋深，m；

　　　z——基础底面至软弱下卧层顶面的距离，m；

　　　θ——地基压力扩散角，可按表3.4采用。

表 3.4　　　　　　　　　　地基压力扩散角 θ

E_{s1}/E_{s2}	z/b	
	0.25	0.50
3	6°	23°
5	10°	25°
10	20°	30°

注　1. E_{s1} 为上层土压缩模量，E_{s2} 为下层土压缩模量。

　　2. z/b＜0.25 时取 θ＝0°，必要时，宜由试验确定；z/b＞0.50 时 θ 值不变。

　　3. z/b 在 0.25 与 0.5 之间可插值使用。

软弱下卧层承载力验算结果满足《建筑地基基础设计规范》中的公式（5.2.7-1），表明该软弱土层埋藏较深，对建筑物安全使用并无影响；如果不满足公式（5.2.7-1），则表明该软弱土层承受不了上部作用的荷载，此时，须修改基础设计，变更基础的尺寸长度 l、宽度 b 与埋深 d，或对地基进行加固处理。

3. 地基变形验算和稳定性验算

基础底面尺寸确定后，根据设计需要必要时需进行地基的变形和稳定性验算。《建筑地基基础设计规范》对地基的变形和稳定性验算的要求有：

5.3.1　建筑物的地基变形设计值，不应大于地基变形允许值。

5.3.2　地基变形特征可分为沉降量、沉降差、倾斜、局部倾斜。

5.3.4　建筑物的地基变形允许值应按表 5.3.4 规定采用。对表中未包括的建筑物，其地基变形允许值应根据上部结构对地基变形的适应能力和使用上的要求确定。

表 5.3.4		建筑物的地基变形允许值	
变 形 特 征		地 基 土 类 别	
		中、低压缩性土	高压缩性土
框架结构		$0.002l$	$0.003l$
多层和高层建筑的整体倾斜	$H_g \leqslant 24$	0.004	
	$24 < H_g \leqslant 60$	0.003	
	$60 < H_g \leqslant 100$	0.0025	
	$H_g > 100$	0.002	
体型简单的高层建筑基础的平均沉降量（mm）		200	

注 1. 本表数值为建筑物地基实际最终变形允许值。

　　3. l 为相邻柱基的中心距离（mm）；H_g 为自室外地面起算的建筑物高度（m）。

　　4. 倾斜指基础倾斜方向梁端点的沉降差与其距离的比值。

5.4.1　地基稳定性可采用圆弧滑动面法进行验算。最危险的滑动面上诸力对滑动中心所产生的抗滑力矩与滑动力矩应符合下式要求：

$$M_R / M_s \geqslant 1.2 \tag{5.4.1}$$

式中　M_s——滑动力矩，kN·m；

　　　M_R——抗滑力矩，kN·m。

7.2.5　基础高度的验算

在进行柱下独立基础设计时，在由地基承载力确定基础的底面尺寸后，然后进行基础截面的设计验算。基础截面的设计验算内容主要包括基础截面的抗冲切验算和抗弯验算，由抗冲切验算确定基础的合适高度，由抗弯验算确定基础底板的双向配筋。

基础高度由混凝土受冲切承载力确定。在柱荷载作用下，如果基础高度（或阶梯高度）不足，则将沿柱周边（或阶梯高度变化处）产生冲切破坏，形成 45°斜裂面的角锥体（图 7.2.1）；因此，由冲切破坏锥体以外的地基净反力所产生的冲切力应小于冲切面处混凝土的抗冲切能力（图 7.2.2）。

图 7.2.1　基础冲切破坏

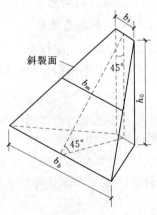

图 7.2.2　冲切斜裂面边长

以矩形基础为例来说明如何确定基础高度，矩形基础一般沿柱短边一侧先产生冲切破坏，所以只需根据短边一侧的冲切破坏条件确定基础高度，设计时先假设一个基础高度 h，然后再验算抗冲切能力，应验算柱与基础交接处及基础变阶处的受冲切承载力（图 7.2.3）。

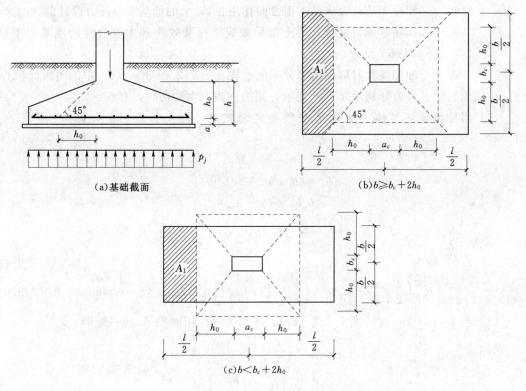

图 7.2.3　基础冲切计算

1. 轴心荷载作用下

$$F_l \leqslant 0.7\beta_{hp}f_t b_m h_0 \tag{7.2.6}$$

上式右边部分为混凝土抗冲切能力，左边部分为冲切力：

$$F_l = p_n A_l \tag{7.2.7}$$

上二式中　　β_{hp}——受冲切承载力截面高度影响系数，当 $h \leqslant 800\text{mm}$ 时，β_{hp} 取 1.0；当 $h \geqslant 1200\text{mm}$ 时，β_{hp} 取 0.9；其间按线性内插法取用；

　　　　　　f_t——混凝土轴心抗拉强度设计值，N/mm^2；

　　　　　　h_0——基础冲切破坏锥体的有效高度，m；

　　　　　　b_m——冲切破坏锥体最不利一侧计算长度 $b_m = (b_t + b_b)/2$，m（图 7.2.2）；

　　　　　　b_t——冲切破坏锥体最不利一侧斜截面的上边长（图 7.2.2），当计算柱与基础交接处的受冲切承载力时，取柱宽；当计算基础变阶处的受冲切承载力时，取上阶宽；

　　　　　　b_b——冲切破坏锥体最不利一侧斜截面在基础底面积范围内的下边长（图 7.2.2），当冲切破坏锥体的底面落在基础底面以内 [图 7.2.3（b）]，计算柱与基础交接处的受冲切承载力时，取柱宽加两倍基础有效高度；当计算基础变阶处的受冲切承载力时，取上阶宽加两倍该处的基础有效高度。当冲切破坏锥体的底面在 l 方向落在基础底面以外，即 $a+2h_0 \geqslant b$ 时 [图 7.2.3 (c)]，$b_b = b$；

F_l——相应于荷载效应基本组合时作用在 A_l 上的地基土净反力设计值；

p_n——扣除基础自重及其上土重后相应于荷载效应基本组合时的地基土单位面积净反力；

A_l——冲切验算时取用的部分基底面积 [图 7.2.3 (b)、(c) 中的阴影面积]。

柱截面长边、短边分别用 a_c、b_c 表示，则沿柱边产生冲切时，有 $b_t = b_c$。

(1) 当冲切破坏锥体的底边落在基础底面之内 [图 7.2.3 (b)]，即 $b \geqslant b_c + 2h_0$ 时，有

$$b_b = b_c + 2h_0$$

于是

$$b_m = (b_t + b_b)/2 = b_c + h_0$$

$$b_m h_0 = (b_c + h_0) h_0$$

$$A_l = \left(\frac{l}{2} - \frac{a_c}{2} - h_0 \right) b - \left(\frac{b}{2} - \frac{b_c}{2} - h_0 \right)^2$$

而式（7.2.6）成为

$$p_n \left[\left(\frac{l}{2} - \frac{a_c}{2} - h_0 \right) b - \left(\frac{b}{2} - \frac{b_c}{2} - h_0 \right)^2 \right] \leqslant 0.7 \beta_{hp} f_t (b_c + h_0) h_0 \qquad (7.2.8)$$

(2) 当 $b < b_c + 2h_0$ 时 [图 7.2.3 (c)]，冲切力的作用面积 A_l 为一矩形。

$$A_l = \left(\frac{l}{2} - \frac{a_c}{2} - h_0 \right) b$$

$$b_m h_0 = (b_c + h_0) h_0 - \left(\frac{b_c}{2} + h_0 - \frac{b}{2} \right)^2$$

于是式（7.2.6）成为

$$p_n \left(\frac{l}{2} - \frac{a_c}{2} - h_0 \right) b \leqslant 0.7 \beta_{hp} f_t \left[(b_c + h_0) h_0 - \left(\frac{b_c}{2} + h_0 - \frac{b}{2} \right)^2 \right] \qquad (7.2.9)$$

2. 偏心荷载作用下

与轴心荷载作用下基础底板厚度计算基本相同，只需将公式 $F_l = p_n A_l$ 中的 p_n 用基础边缘处最大地基土单位面积净反力 $p_{n,\max}$ 代替即可；

$$p_{n,\max} = \frac{F}{lb} \left(1 + \frac{6 e_{n,0}}{l} \right)$$

$$e_{n,0} = \frac{M}{F} \qquad (7.2.10)$$

式中 $e_{n,0}$——净偏心距。

对于阶梯形基础，例如分成二级的阶梯形，除了对柱边进行冲切验算外，还应对上一阶底边变阶处进行下阶的冲切验算。验算方法与上面柱边冲切验算相同，只是在使用公式时，对应调换相应的参数即可。

当基础底面全部落在 45°冲切破坏锥体底边以内时，则成为刚性基础，无需进行冲切

验算。

7.2.6 基础底板配筋计算

由于单独基础底板在地基净反力作用下，在两个方向均发生弯曲，所以两个方向都要配受力钢筋。钢筋面积按两个方向的最大弯矩分别计算。

配筋计算时，将基础板看成四块固定在柱边的梯形悬臂板，计算截面取柱边或变阶处，见图7.2.4。

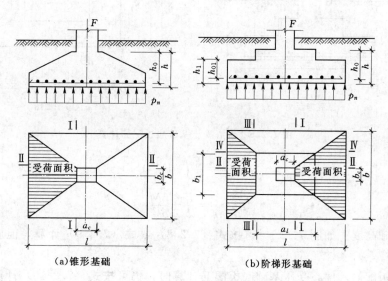

图 7.2.4　轴心受压柱基础底板配筋计算

1. 轴心荷载作用下

图 7.2.4 中各种情况的最大弯矩计算公式。

（1）柱边（Ⅰ—Ⅰ截面）。

$$M_{\text{I}} = \frac{p_n}{24}(l-a_c)^2(2b+b_c) \tag{7.2.11}$$

（2）柱边（Ⅱ—Ⅱ截面）。

$$M_{\text{II}} = \frac{p_n}{24}(b-b_c)^2(2l+a_c) \tag{7.2.12}$$

（3）阶梯高度变化处（Ⅲ—Ⅲ截面）。

$$M_{\text{III}} = \frac{p_n}{24}(l-a_1)^2(2b+b_1) \tag{7.2.13}$$

（4）阶梯高度变化处（Ⅳ—Ⅳ截面）。

$$M_{\text{IV}} = \frac{p_n}{24}(b-b_1)^2(2l+a_1) \tag{7.2.14}$$

根据以上所算截面弯矩及对应的基础有效高度 h_0，按《混凝土结构设计规范》正截面受弯构件承载力计算公式，可以求出每边所需钢筋面积，或按式（7.2.15）简化计算

$$A_s = \frac{M}{0.9f_y h_0} \tag{7.2.15}$$

2. 偏心荷载作用下

如果只在矩形基础长边方向产生偏心，则当荷载偏心距 $e \leqslant l/6$ 时，基底净反力设计值的最大和最小值为（图 7.2.5）

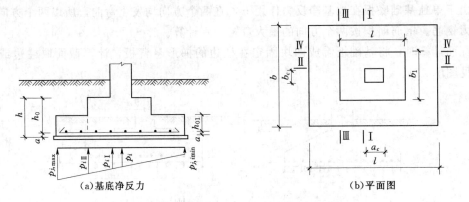

（a）基底净反力　　　　（b）平面图

图 7.2.5　偏心受压基础底板配筋计算

$$p_{j,\min}^{j,\max} = \frac{F}{lb}\left(1 \pm \frac{6e}{l}\right) \tag{7.2.16}$$

或

$$p_{j,\min}^{j,\max} = \frac{F}{lb} \pm \frac{6M}{bl^2} \tag{7.2.17}$$

（1）基础高度。如图 7.2.5，可按式（7.2.8）或式（7.2.9）计算，但应以 $p_{j,\max}$ 代替式中的 p_n。

（2）底板配筋。偏心受压基础底板配筋计算时，仍可按式（7.2.15）计算钢筋面积，但式中的弯矩 M 应按式（7.2.18）计算。

$$M = \frac{1}{48}\big[(p_{j,\max} + p_{j,\mathrm{I}})(2b + b_c) + (p_{j,\max} - p_{j,\mathrm{I}})b\big](l - a_c)^2 \tag{7.2.18}$$

$$p_{j,\mathrm{I}} = p_{j,\max} + \frac{l + a_c}{2l}(p_{j,\max} - p_{j,\min})$$

式中　$p_{j,\mathrm{I}}$——Ⅰ—Ⅰ截面处的净反力设计值。

符合构造要求的杯口基础，在与预制柱结合形成整体后，其性能与现浇柱基础相同，故其高度和底板配筋仍按柱边和高度变化处的截面进行计算。

7.2.7　基础配筋构造要求

钢筋混凝土独立基础的构造应满足以下要求。

（1）锥型基础的边缘高度不宜小于 200mm，顶部每边应沿柱边放出 50mm。

（2）阶梯形基础每阶高度一般为 300~500mm，当基础高度大于等于 600mm 小于 900mm 时，阶梯形基础分两级；当基础高度大于等于 900mm 时，则分 3 级。

（3）基底垫层：垫层厚度不宜小于 70mm，垫层混凝土强度等级应为 C10；常做 100mm 厚 C10 素混凝土垫层，每边各伸出基础 100mm。

（4）钢筋：底板受力钢筋直径不小于 10mm，间距不大于 200mm，也不宜小于 100mm；当基础的边长大于或等于 2.5m 时，底板受力钢筋长度可减短 10%，并宜均匀交错布置。

（5）底板钢筋的保护层：当有垫层时不小于 40mm，无垫层时不小于 70mm。

（6）混凝土：混凝土强度等级不应低于 C20。

（7）当柱下钢筋混凝土独立基础的边长大于或等于 2.5m 时，底板受力钢筋的长度可取边长或宽度的 0.9 倍并宜交错布置。

（8）钢筋混凝土柱和剪力墙的纵向受力钢筋在基础内的锚固长度 l_a 应根据钢筋在基础内的最小保护层厚度，按现行《建筑地基基础设计规范》（GB 50007—2011）有关规定确定。

有抗震设防要求时，纵向受力钢筋的最小锚固长度 l_{aE} 应按下式计算

一、二级抗震等级 $\qquad l_{aE}=1.15l_a$

三级抗震等级 $\qquad l_{aE}=1.05l_a$

四级抗震等级 $\qquad l_{aE}=l_a$

式中　l_a——纵向受拉钢筋的锚固长度。

（9）柱下钢筋混凝土基础的受力钢筋应双向配置，其构造的一般要求如图 7.2.6 所示。

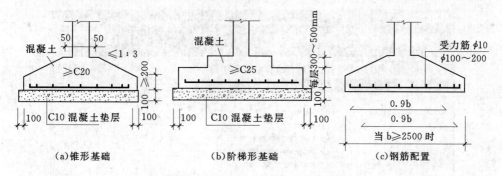

（a）锥形基础　　（b）阶梯形基础　　（c）钢筋配置

图 7.2.6　扩展基础构造的一般要求

（10）现浇柱的纵向钢筋可通过插筋锚入基础中，其插筋的数量、直径以及钢筋种类与柱内纵向受力钢筋相同。插入基础的钢筋，上下至少应有两道箍筋固定，锚固长度应满足第（8）条规定。插筋与柱的纵向受力钢筋的连接方法，应符合现行《混凝土结构设计规范》的规定。插筋的下端宜做成直钩放在基础底板钢筋网上。当符合下列条件之一时，可仅将四角

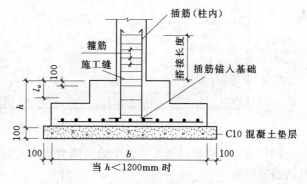

图 7.2.7　现浇钢筋混凝土柱与基础连接

的插筋伸至底板钢筋网上，其余插筋伸入基础的长度按锚固长度确定：①柱为轴心受压或小偏心受压，基础高度大于等于 1200mm；②柱为大偏心受压，基础高度大于等于 1400mm。基础中插筋至少需分别在基础顶面下 100mm 和插筋下端设置箍筋，且间距不大于 800mm，基础中箍筋直径与柱中同，见图 7.2.7。

第8章 设 计 软 件 应 用

8.1 设计软件应用及参数确定

8.1.1 PKPM设计框架结构的主要步骤

8.1.1.1 PMCAD启动

双击PKPM快捷方式进入PKPM主菜单，选择"结构"选项卡，并选中菜单左侧的"PMCAD"，此时右侧将显示PMCAD主菜单（图8.1.1）。

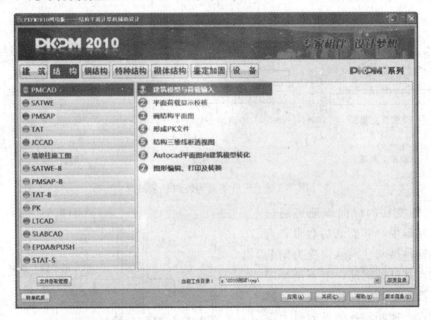

图8.1.1 PMCAD主菜单

PMCAD主菜单的第1项用于输入模型及荷载数据，第2、3、5项用于结构模型及荷载的图形校核。

进行工程设计时应建立该项工程专用的工作目录，目录的名称可任意设定，当前目录的设定可在PMCAD主菜单下方输入或按"改变目录"，在弹出的"改变工作目录"对话框（图8.1.2）中进行选择。进入目录后，应依次运行主菜单1、2、3、5项，以确保模型正确。

8.1.1.2 PMCAD的文件创建与打开

设置工作目录后单击"应用"启动PMCAD，在弹出的"请输入文件名"对话框中输入要建立的新文件或要打开的旧文件的名称，如输入"别墅"然后单击"确定"确认。在接着弹出的"旧文件/新文件（1/0）："选择对话框中输入"1"或"0"，若输入"1"，表示打开已存在的文件，输入"0"，则 PMCAD 开始创建新文件。

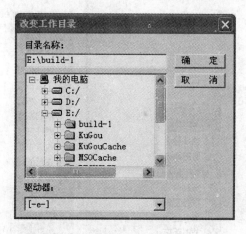

图 8.1.2　改变目录对话框（一）　　　　图 8.1.3　改变目录对话框（二）

8.1.1.3　建筑模型与荷载输入

1. 创建或打开文件

设置好工作目录后，选择图 8.1.1 所示 PMCAD 主菜单右侧的"1 建筑模型与荷载输入"，则屏幕弹出 PMCAD 交互式数据输入启动界面。在程序提示"请输入文件名"时输入"别墅"（图 8.1.2、图 8.1.3），并按"确定"确认则进入建筑模型与荷载输入界面，模型输入的主菜单（图 8.1.4）在屏幕的右侧。

图 8.1.4　模型输入的主菜单图　　　图 8.1.5　轴线输入的子菜单

2. 轴线输入

"轴线输入"子菜单如图 8.1.5 所示，输入如图 8.1.6 所示的轴网。

3. 网格生成

"网格生成"子菜单如图 8.1.7 所示,"网格生成"自动将绘制的定位轴线分割为网格,在轴线交点处形成节点。用户可以对形成的节点进行编辑、对轴线编号。

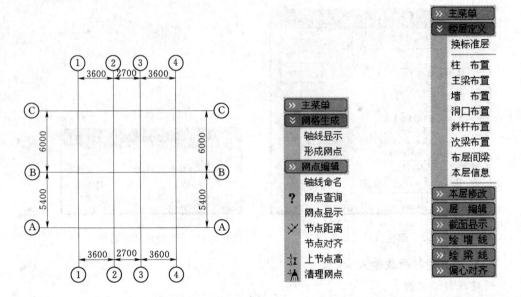

图 8.1.6 轴网图 　　图 8.1.7 网格生成子菜单 图 8.1.8 楼层定义子菜单

4. 楼层定义

"楼层定义"子菜单如图 8.1.8 所示。

(1) 柱布置。选择"楼层定义"下的"柱布置"菜单则弹出如图 8.1.9 所示"柱截面列表"对话框。"柱布置"可以进行柱的截面定义、修改、布置等操作。

图 8.1.9 柱截面列表对话框

图 8.1.10 标准柱参数对话框

1) 柱截面定义。按照估算的截面尺寸进行柱截面定义,柱截面定义时单击"新建"按钮,弹出"标准柱参数"对话框(图 8.1.10)。通过"截面类型"按钮调出"截面类型选择"对话框（图 8.1.11），用户根据需要选择截面类型并定义截面尺寸。

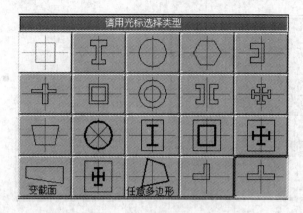

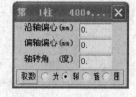

图 8.1.11　截面类型选择对话框　　　　图 8.1.12　柱布置对话框

　　2）柱布置。定义好柱截面尺寸后，在"柱截面列表"对话框（图 8.1.9）中选中一种柱，单击"布置"按钮，弹出柱偏心和布置方式对话框（图 8.1.12），输入偏心信息、选择布置方式，然后进行柱布置。

　　（2）主梁布置。选择"楼层定义"下的"主梁布置"菜单则弹出"梁截面列表"对话框（图 8.1.13）。以进行梁的截面定义、修改、布置等操作。

图 8.1.13　梁截面列表对话框　　　　图 8.1.14　标准梁参数对话框

　　1）梁截面定义。单击"新建"按钮，弹出"标准梁参数"对话框（图 8.1.14）。通过单击"截面类型"按钮，弹出"梁截面类型选择"对话框（图 8.1.15），用户根据需要选择梁的截面类型，并定义梁的截面尺寸及材料。

　　2）主梁布置。选中已经定义的一种梁后，单击"布置"按钮，弹出如图 8.1.16 所示对话框，在此对话框中用户可以输入梁的偏轴信息、梁顶标高和布置方式，然后用鼠标选择要布置梁的轴线。

　　（3）墙体布置。PMCAD 中只布置承重墙和抗侧力墙，框架填充墙不作为墙体进行布置，而是作为荷载输入。

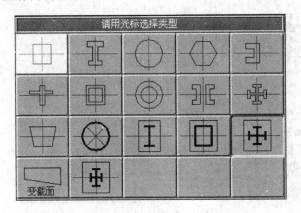

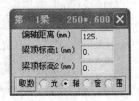

图 8.1.15　梁截面类型选择对话框　　　图 8.1.16　梁布置对话框

（4）次梁布置。PMCAD 中次梁一般可按照主梁进行布置。若按主梁布置则不用运行此项。

（5）层间梁布置。选择"楼层定义"下的"主梁布置"，在弹出的"梁截面列表"对话框（图 8.1.13）中选中已定义的梁，单击"布置"按钮，命令行提示输入层间梁的相对标高（低于楼面为正）。在输入层间梁荷载后，依次输入梁两端的两个点，完成层间梁布置。

（6）本标准层信息。完成本标准层梁柱的布置后，选择"本层信息"菜单，在弹出的"本标准层信息"对话框中定义梁、板、柱的混凝土强度等级和层高（图 8.1.17）。

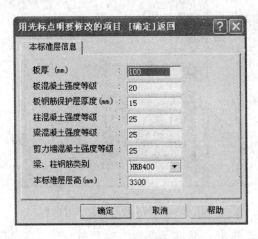

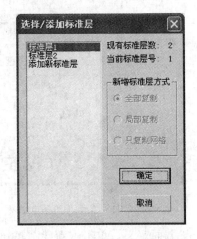

图 8.1.17　标准层信息对话框　　　　图 8.1.18　添加标准层对话框

（7）换标准层。一个标准层定义好后，选择"换标准层"菜单，弹出"选择/添加标准层"对话框（图 8.1.18）。单击"添加新标准层"按钮，并选择"新增标准层方式"生成另一个结构标准层。

如果"新增标准层方式"选择"全部复制"则新增的标准层与原有的标准层的梁柱布置及荷载等均相同；如果"新增标准层方式"选择"局部复制"则将选择的构件及全部网

格复制到新建的标准层上；如果"新增标准层方式"选择"只复制网格"则仅将全部网格复制到新建的标准层上。

结构标准层定义完毕后，选择"回前菜单"返回。

5. 荷载输入

（1）楼面荷载。单击"楼面恒活"菜单，弹出"荷载定义"对话框（图8.1.19），进行楼面恒载及活载的定义。勾选"是否计算活载"及"自动计算现浇楼板自重"则程序自动计算活荷载和现浇楼板自重。通过单击"添加"按钮可输入恒载和活载数值。

图 8.1.19　荷载定义对话框　　　图 8.1.20　荷载输入子菜单　图 8.1.21　梁间荷载子菜单

（2）梁间荷载。在主菜单中单击"荷载输入"菜单，进入"荷载输入"子菜单（图8.1.20），再通过单击进入"梁间荷载"子菜单（图8.1.21）。

1）梁荷定义。单击"梁荷定义"弹出"梁荷载定义"对话框（图8.1.22）。单击"添加"按钮，在弹出的"荷载修改"对话框（图8.1.23）中输入荷载标准值；单击"改

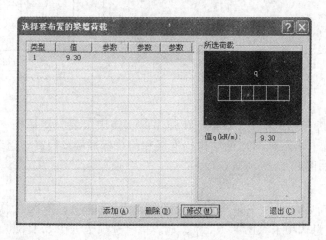

图 8.1.22　梁荷载定义对话框

变荷载类型"选项弹出"荷载类型选择"对话框（图 8.1.24），根据荷载选择相应的类型。

2）梁荷布置。单击"梁荷定义"，在弹出的"梁荷载布置"对话框（图 8.1.25）中依次选择一种荷载并单击"布置"按钮，用光标点取需要布置荷载的梁段完成梁上荷载布置，布置梁荷载后则屏幕上显示梁荷载的布置图（图 8.1.26）。

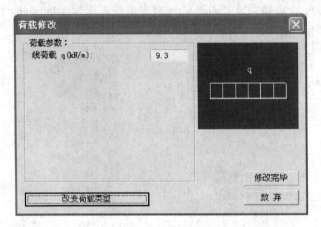

图 8.1.23　梁荷载修改对话框

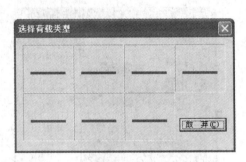

图 8.1.24　梁荷载类型选择对话框

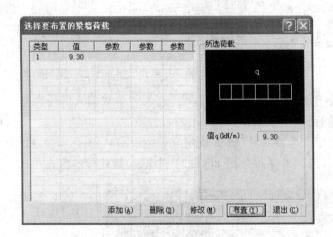

图 8.1.25　梁荷载布置对话框

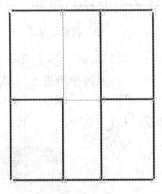

图 8.1.26　梁荷载布置图

6. 楼层组装

选择主菜单中"楼层组装"菜单，在弹出的"楼层组装"对话框（图 8.1.27）中根据建筑方案依次选择各层所对应的结构标准层和荷载标准层及层高，组装形成结构整体模型，其三维显示如图 8.1.28 所示。

7. 设计参数

结构组装完成后，选择主菜单中"设计参数"菜单项，依次在总信息选项卡（图 8.1.29）、材料信息选项卡（图 8.1.30）、地震信息选项卡（图 8.1.31）、风荷载信息选项卡（图 8.1.32）、绘图参数选项卡（图 8.1.33）中输入相应的设计参数。

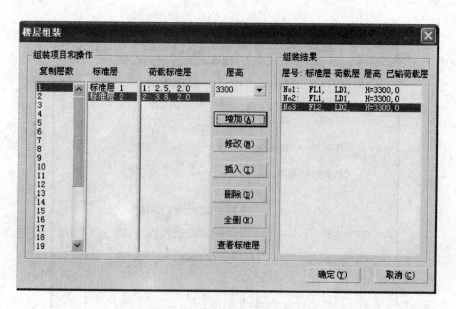

图 8.1.27　标准层组装对话框

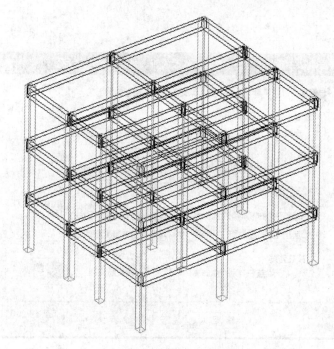

图 8.1.28　结构三维模型

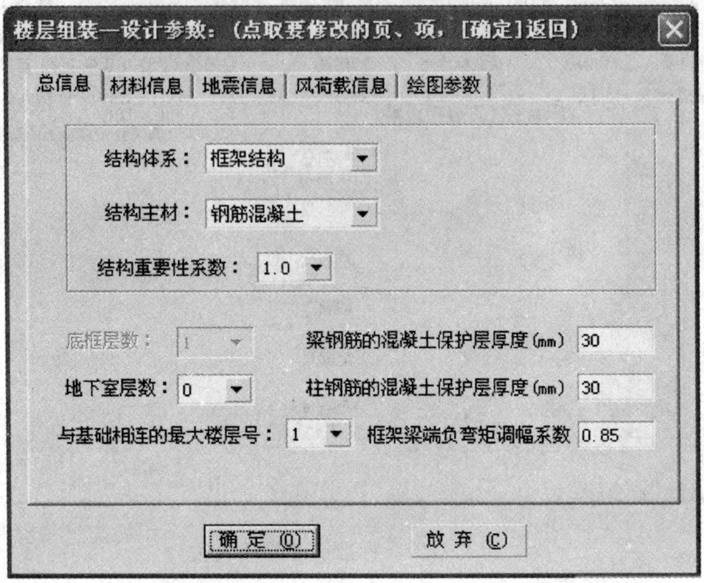

图 8.1.29　总信息选项卡

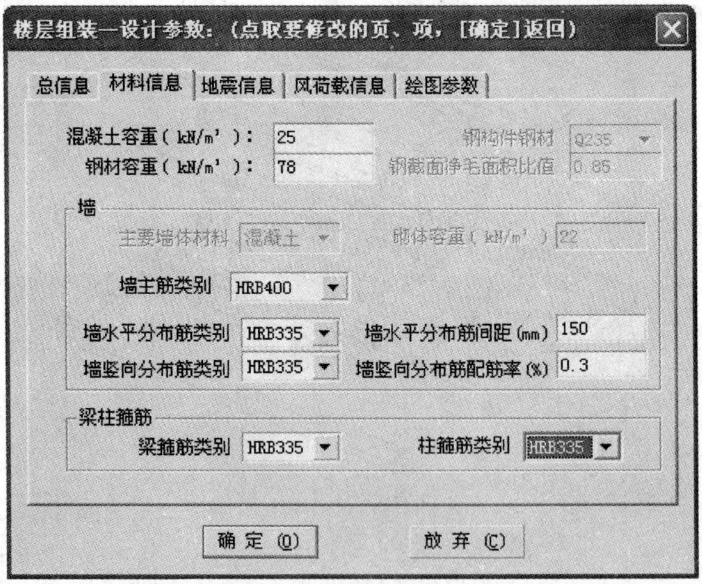

图 8.1.30　材料信息选项卡

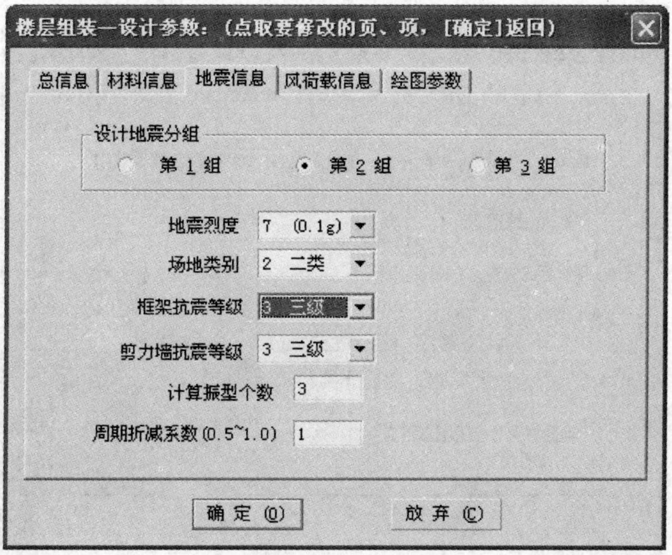

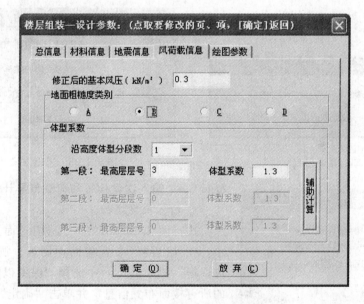

图 8.1.31　地震信息选项卡

图 8.1.32　风荷载信息选项卡

8. 退出

　　选择主菜单中的"退出"菜单，在弹出的如图 8.1.34 所示选择框中选择"存盘退出"，并在弹出的图 8.1.35 对话框中选中"退出并自动更新 PM 主菜单 2 的数据和主菜单 3 的数据"，程序则自动运行 PM 主菜单 2 和主菜单 3，并弹出图 8.1.36 所示荷载导算对话框，通过选择"生成各层荷载传到基础的数据"和"考虑活荷载折减"程序自动计算产生用于基础设计的荷载数据。

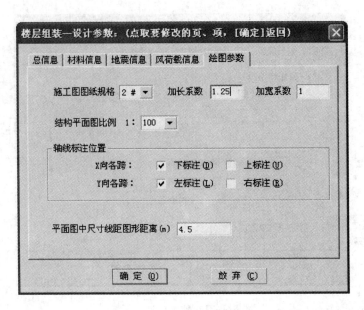

图 8.1.33 绘图参数选项卡

图 8.1.34 是否退出对话框

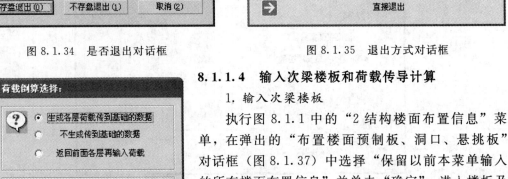

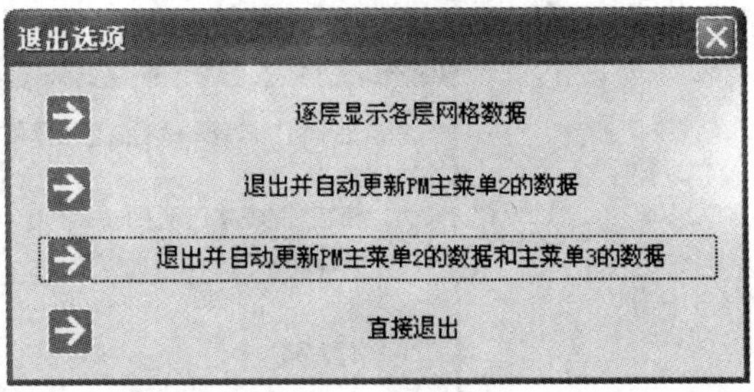

图 8.1.35 退出方式对话框

8.1.1.4 输入次梁楼板和荷载传导计算

1. 输入次梁楼板

执行图 8.1.1 中的"2 结构楼面布置信息"菜单,在弹出的"布置楼面预制板、洞口、悬挑板"对话框(图 8.1.37)中选择"保留以前本菜单输入的所有楼面布置信息"并单击"确定",进入楼板及次梁布置菜单(图 8.1.38),在弹出的"选择结构标准层"对话框(图 8.1.39)中依次选择各标准层,进行楼板开洞、预制楼板、悬挑楼板、强度等级等的输入。

图 8.1.36 荷载导算对话框

(1)楼板开洞。进入右侧菜单中的"楼板开洞",按房间输入楼梯处的楼板洞口,楼板开洞的操作有洞口布置、洞口复制、洞口删除、全房间洞等。洞口布置时应先定义洞口尺寸及位置,然后单击要开洞的房间即可,布置了楼梯处楼板洞口后屏幕将显示洞口布置图(图 8.1.40)。

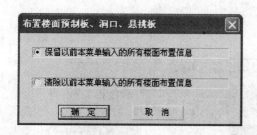

图 8.1.37　布置楼面预制板、洞口、悬挑板对话框　　　图 8.1.38　楼板及次梁布置菜单

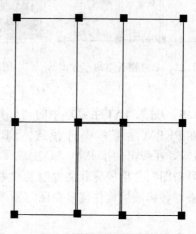

图 8.1.39　选择标准层对话框　　　　　　　　　图 8.1.40　洞口布置图

　　（2）悬挑楼板。进入右侧菜单中的"悬挑楼板"，可定义并布置结构外围梁或墙上的现浇悬臂板。如在入口处布置雨篷悬挑板。布置雨篷悬挑板可进入右侧菜单中的"悬挑楼板"，用鼠标单击需要布置悬挑板的梁段，并在弹出的对话框（图8.1.41）中依次输入悬挑板的外挑长度、板厚度及板上恒、活荷载，最后用光标选择挑出方向即可，完成后屏幕将显示布置了悬挑楼板结构布置图（图8.1.42）。

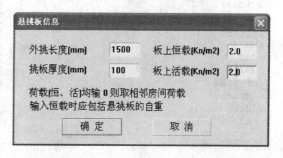

图 8.1.41　悬挑板信息对话框

　　次梁楼板等输入完成后选择"退出本层"，程序再次弹出选择标准层对话框，提示进入下一个结构标准层，直至完成全部标准层输入完成。

　　2. 荷载传导计算

　　执行图 8.1.1 中的"3 楼面荷载传导计算"菜单，在弹出的是否第一次输入对话框（图 8.1.43）中选择"保留原荷载"，并在"选择需要输入荷载的层号"对话框中输入荷载标准层号，进入该荷载标准层的荷载输入菜单（图8.1.44），在这里可以修改模型输入时定义的楼面荷载和次梁荷载。

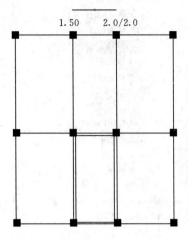

图 8.1.42　悬挑楼板结构布置图

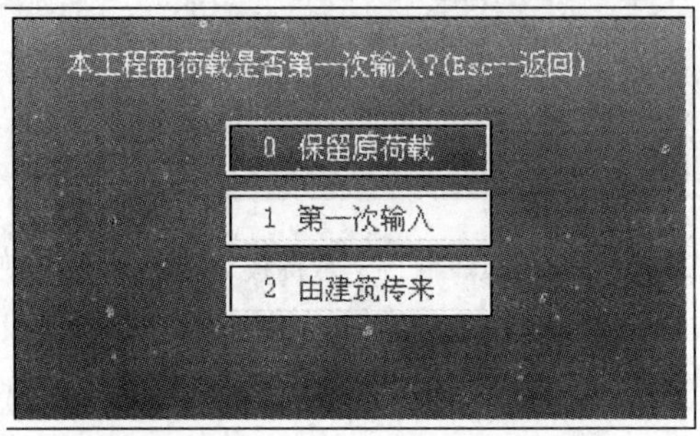

图 8.1.43　是否第一次输入对话框

图 8.1.44　荷载
输入菜单

8.1.1.5　进入 TAT 主菜单中的"1 接 PM 生成 TAT 数据"

在 PKPM 主菜单中选择进入 TAT－8 后选择"1 接 PM 生成 TAT 数据"（图8.1.45），在弹出的接 PMCAD 生成 TAT 数据对话框（图8.1.46）中选择"显示各层构件编号简图"、"生成荷载文件"及"考虑风荷载"后进入"显示各层构件编号简图"，在依次查看各标准层构件编号简图（图8.1.47）后退出。

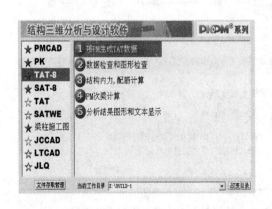

图 8.1.45　TAT－8 主菜单

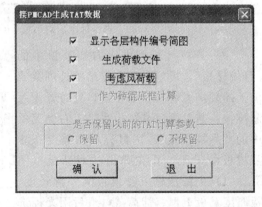

图 8.1.46　接 PMCAD 生成 TAT 数据

8.1.1.6　进入 TAT－8 主菜单中的"2 数据检查和图形检查"

选择 TAT－8 主菜单的第二项"数据检查和图形检查"，弹出 TAT 前处理对话框（图8.1.48）。

1. 数据检查

为保证模型建立的正确性，应对输入模型数据进行"数据检查"，在弹出的"TAT 数据检查计算选项"对话框（图8.1.49）中选择默认值并执行数据检查。若输入的模型没

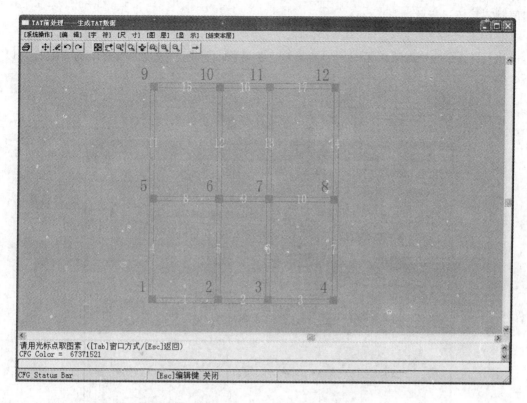

图 8.1.47　第一标准层构件编号简图

有问题，数据检查会顺利通过，如果出现问题，应查看提示信息，并根据提示信息回到 PMCAD 进行相应修改，修改后重新生成 TAT 数据，直到数据检查顺利通过。

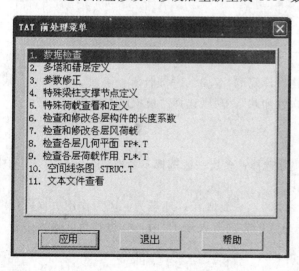

图 8.1.48　TAT 前处理菜单

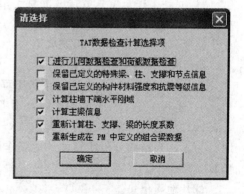

图 8.1.49　TAT 数据检查计算选项

2. 多塔和错层定义

完成"数据检查"后，若结构有多塔或错层则需运行"多塔和错层定义"，无多塔和错层时不需要运行此项。

3. 参数修正

执行 TAT 前处理菜单第三项"参数修正"可修改计算参数，需要修改的参数分为以下 6 类。

（1）总信息。

选择"总信息"选项卡（图 8.1.50），依次修改以下参数。

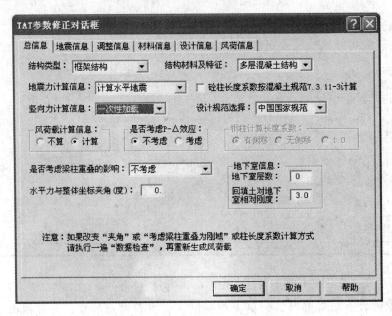

图 8.1.50 总信息

1）结构类型：框架结构。

2）结构材料及特征：多层混凝土结构。

3）地震力计算信息：计算水平地震。

4）混凝土柱长度系数按《混凝土结构设计规范》7.3.11-3 计算：否。

5）竖向力计算信息：多层选择"一次性加载"，高层选择"模拟施工加载 1"。

6）设计规范选择：《相关规范》。

7）风荷载计算信息：计算。

8）是否考虑 P-Δ 效应：按照工程实际选择，多层一般选择不考虑。

9）是否考虑梁柱重叠的影响：不考虑。

10）水平力与整体坐标夹角：$ARF = 0.00$，一般取 0°，地震力、风力作用方向，反时针为正。当结构分析所得的"地震作用最大的方向"大于 15°时，宜将其角度输入进行验算。

（2）地震信息。

选择"地震信息"选项卡（图 8.1.51），依次修改以下参数。

1）是否考虑扭转耦联：考虑。

2）设计地震分组：按工程实际情况选择。

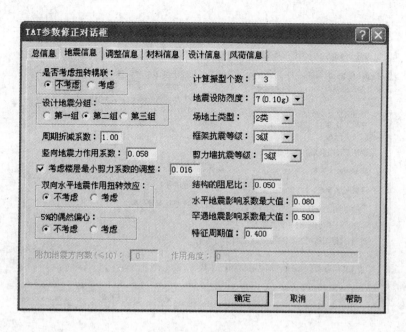

图 8.1.51　地震信息

3）周期折减系数：框架结构填充墙多时取 0.6～0.7，填充墙少时取 0.7～0.8。

4）双向水平地震作用扭转效应：考虑。

5）5％偶然偏心：考虑。

6）计算振型个数："耦联"取 3 的倍数且不大于 3 倍层数，"非耦联"不大于层数；且参与计算振型的有效质量系数应不小于 90％。

7）地震设防烈度：按工程实际情况选择。

8）场地类别：按工程实际情况选择。

9）框架抗震等级：按工程实际情况选择。

10）结构阻尼比：0.05。

11）特征周期：根据场地土类别和设计地震分组确定。

12）附加地震方向数：若结构不存在斜交抗侧力构件，或者斜交抗侧力构件交角小于 15°时填 0，否则应按实际角度输入。

（3）调整信息。选择"调整信息"选项卡（图 8.1.52），依次修改以下参数。

1）0.2（0.25）Q 调整：钢筋混凝土框架结构不调整，故起始层号和终止层号均取 0。

2）梁刚度放大系数：对于现浇楼板，中梁为 2.0，边梁为 1.5；对于预制楼板，中梁和边梁为 1.0；对于装配整体式楼板，中梁为 1.5，边梁为 1.2。

3）梁端负弯矩调整系数：现浇框架梁取 0.8～0.9；装配整体式框架梁取 0.7～0.8。

4）梁弯矩放大系数：取值范围为 1.0～1.3，用以考虑活荷载不利布置。

5）连梁刚度折减系数：钢筋混凝土框架结构中此系数不起作用。

6）梁扭转折减系数：通常取 0.4，以考虑楼板对梁扭转的约束作用。

7）顶塔楼内力放大：起算层号按突出屋面部分最低层层号填写，无顶塔楼填 0。

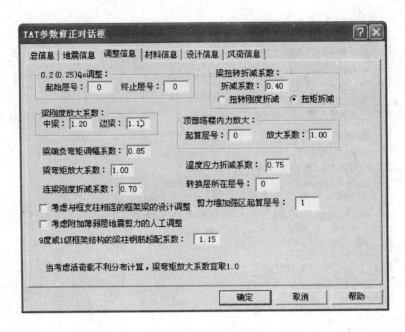

图 8.1.52　调整信息

8）放大系数：计算振型数为 9～15 及以上时，宜取 1.0；计算振型数为 3 时，取 1.5。顶塔楼宜每层作为一个质点参与计算。

其余参数选择默认值。

（4）材料信息。选择"材料信息"选项卡（图 8.1.53）。根据实际采用的混凝土、钢筋级别来调整材料参数。本选项卡中的"梁、柱箍筋间距"应填入加密区的间距。

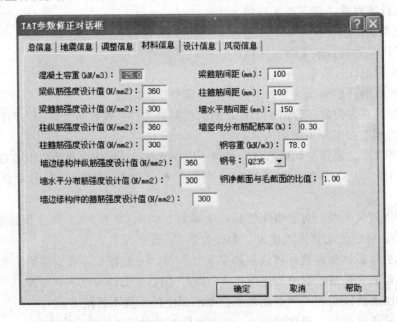

图 8.1.53　材料信息

120

（5）设计信息。选择"设计信息"选项卡（图 8.1.54），根据规范依次修改参数。主要修改"结构重要性系数"，其余参数可选择默认值。

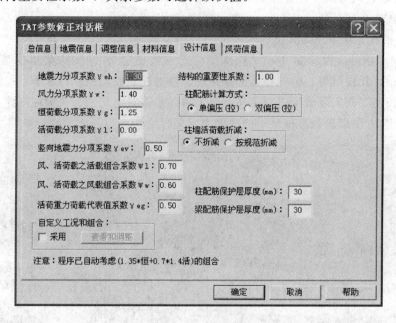

图 8.1.54　设计信息

（6）风荷信息。选择"风荷信息"选项卡（图 8.1.55），依次修改以下参数。

1）结构基本自振周期：先取程序默认值进行计算，得到结构的基本周期后再代回重新计算。各段最高层号按各分段内各层的最高层层号填写。

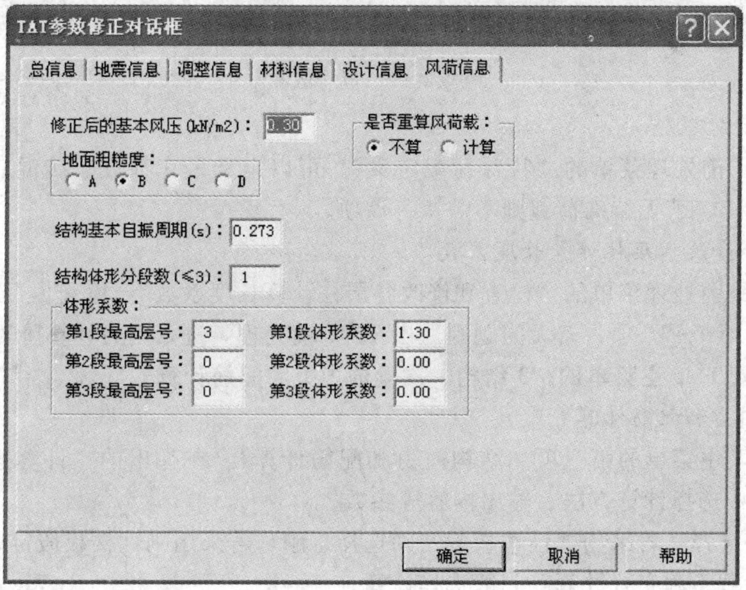

图 8.1.55　风荷信息

2）各段体形系数：按照荷载规范或高层钢筋混凝土结构设计规范确定并输入。

3）是否重算风荷载：计算。

其余参数选择默认值。

4. 特殊梁柱支撑节点定义

选择 TAT 前处理菜单第 4 项"特殊梁柱支撑节点定义"。特殊梁指的是不调幅梁、铰接梁、连梁、托柱梁等；特殊柱指的是角柱、框支柱和铰接柱；特殊节点指的是跃层部分的节点。按照工程实际分别进行定义，定义后屏幕将对定义的特殊梁柱支撑节点进行显示，如图 8.1.56 中以黑色方框显示的柱即为定义的角柱。

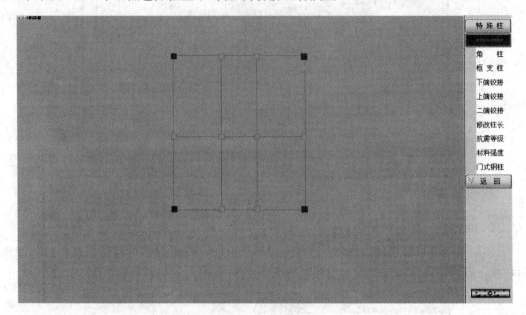

图 8.1.56 角柱定义

5. 特殊荷载定义

选择 TAT 前处理菜单的"特殊荷载定义"，可以定义吊车荷载、砖混底框、支座位移、温度应力等，若无特殊荷载则不需执行该项。

6. 检查和修改各层柱计算长度系数

选择 TAT 前处理菜单的"检查和修改各层柱计算长度系数"，检查是否需要修改。

依次查看第 7~10 项，若无问题则退出 TAT 前处理，进入内力计算阶段。

8.1.1.7 进入 TAT 主菜单的"3 结构、次梁的内力和配筋计算"

1. 结构内力和配筋计算

选择 TAT 主菜单的第三项"结构内力和配筋计算"，在弹出的"计算选择"对话框（图 8.1.57）中选择计算方法、输出内容等参数。

（1）算法选择：若采用弹性楼板假定则选择总刚，若采用刚性楼板假定则选择侧刚。

（2）梁活载不利布置计算：一般选择计算。

（3）层刚度计算选择：一般的结构选择"平均剪力/平均位移"，若有地下室则选择"剪切层刚度"计算地下室和上部结构层刚度比以判断地下室顶板是否可以作上部结构的

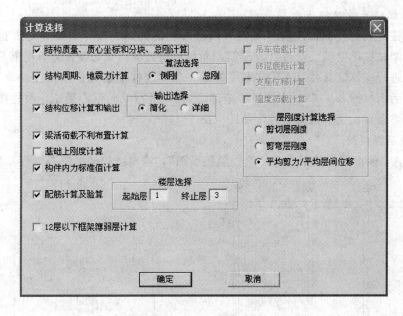

图 8.1.57 计算选择框

嵌固端。

（4）12 层以下框架薄弱层计算：一般选择计算。

其余参数选择默认值。

2. PM 次梁计算

若在 PM 建模中把次梁作为主梁输入，则不必执行此项。若建模时以次梁输入，则需计算此项。

8.1.1.8 进入 TAT 主菜单 4 分析结果图形和文本显示

完成"结构内力和配筋计算"后，选择 TAT 主菜单的"分析结果图形和文本显示"则弹出"TAT 输出菜单"对话框（图 8.1.58），进入 TAT 的后处理。

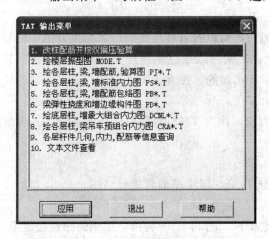

图 8.1.58 TAT 输出菜单

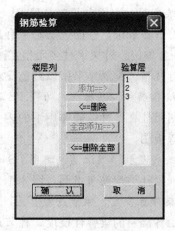

图 8.1.59 钢筋验算

1. 改柱配筋并按双偏压验算

在"改柱配筋并按双偏压验算"内可以修改柱的配筋、按双向偏心受压验算柱的配筋。一般框架柱按单向偏心受压计算配筋，而角柱应按单向偏心受压计算配筋后，再按双向偏心受压进行验算。选择 TAT 输出菜单第一项"改柱配筋并按双偏压验算"，在"钢筋验算"对话框（图 8.1.59）中选择"全部添加"，进行双向偏心受压，改柱配筋并按双偏压验算后屏幕显示钢筋混凝土柱配筋图（图 8.1.60）。

2. 绘楼层振型图

选择 TAT 输出菜单的第二项"绘楼层振型图"，输出结构的振型图（图 8.1.61）。

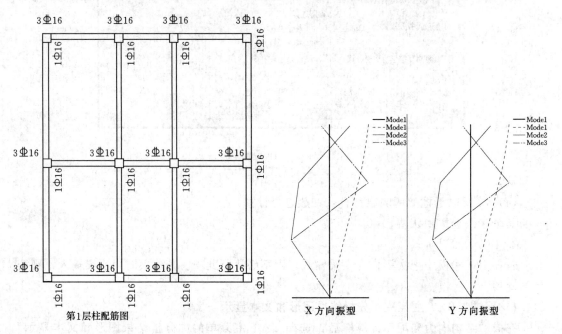

第1层柱配筋图

图 8.1.60　钢筋混凝土柱配筋图　　　　图 8.1.61　框架结构振型图

3. 绘各层柱、梁配筋验算图 PJ＊.T

为检查各层梁、柱的配筋是否有超筋，可以查看各层配筋计算结果，图中的配筋面积是以 cm 为单位。若文字过多而相互遮挡，则可以通过主筋开关、箍筋开关、字符避让等操作进行调整。配筋结果中以红色显示表示超筋（图 8.1.62）。

4. 绘各层柱、梁标准内力图 PS＊.T

绘制梁柱在各种荷载作用下的内力图，图 8.1.63 为第一层在活荷载2、活荷载3作用下的弯矩图。

5. 绘各层柱、梁配筋包络图 PS＊.T

绘制梁柱的配筋包络图，图 8.1.64 为第一层主筋的弯矩包络图。

6. 梁弹性挠度、柱节点验算图

绘制各楼层的梁弹性挠度、柱节点验算，图 8.1.65 为第一层梁的弹性挠度图。

7. 绘底层柱最大组合内力图 DCNL＊.T

层柱最大组合内力图如图 8.1.66 所示。

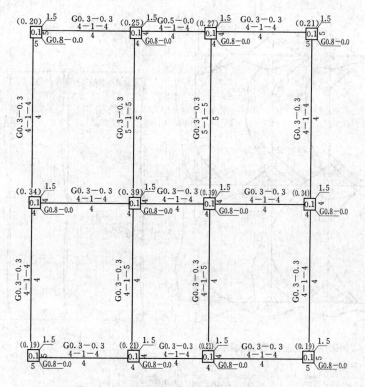

图 8.1.62 第一层配筋及验算简图（单位：cm）

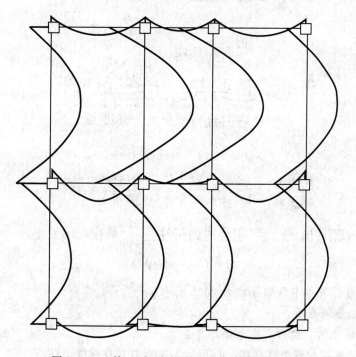

图 8.1.63 第一层活 2 和活 3 力作用下的弯矩图

図 8.1.64　第一层主筋的弯矩包络图 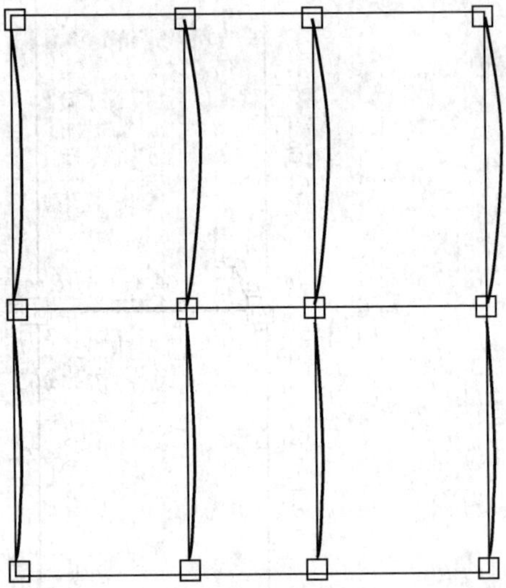　　　　　图 8.1.65　第一层梁的弹性挠度图（mm）

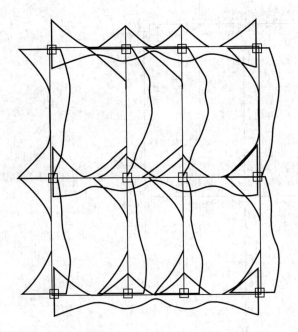

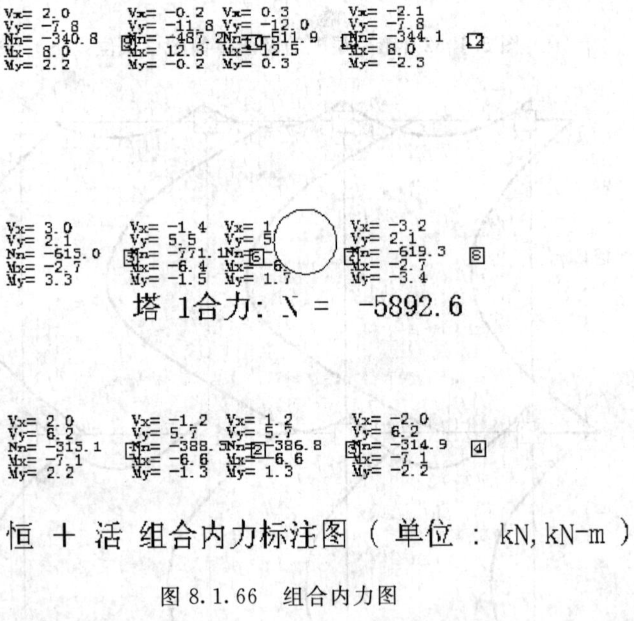

Vx= 2.0	Vx= -0.2	Vx= 0.3	Vx= -2.1
Vy= -7.8	Vy= -11.8	Vy= -12.0	Vy= -7.8
Nn= -340.8	Nn= -487.2	Nn= -511.9	Nn= -344.1 ②
Mx= 8.0	Mx= 12.3	Mx= 12.5	Mx= 8.0
My= 2.2	My= -0.2	My= 0.3	My= -2.3

Vx= 3.0	Vx= -1.4	Vx= 1.	Vx= -3.2
Vy= 2.1	Vy= 5.5	Vy= 5.7	Vy= 2.1
Nn= -615.0	Nn= -771.1 ⑤		Nn= -619.3 ⑧
Mx= -2.7	Mx= -6.4	1.6	Mx= -2.7
My= 3.3	My= -1.5	My= 1.7	My= -3.4

塔 1合力: N = -5892.6

Vx= 2.0	Vx= -1.2	Vx= 1.2	Vx= -2.0
Vy= 6.2	Vy= 5.7	Vy= 5.7	Vy= 6.2
Nn= -315.1	Nn= -388.5	Nn= -386.8 ②	Nn= -314.9 ④
Mx= -7.1	Mx= -6.6	Mx= -6.6	Mx= -7.1
My= 2.2	My= -1.3	My= 1.3	My= -2.2

底层 恒 ＋ 活 组合内力标注图 （ 单位 : kN, kN-m ）

图 8.1.66　组合内力图

8. 绘各层柱、梁吊车预组合内力 CRA ∗.T

若无吊车则不需查看。

9. 各层杆件几何、内力、配筋等信息查询

在显示的框架结构图上选择梁、柱可以用文本方式查看梁、柱构件的几何、内力、配筋等信息，图 8.1.67 为第一层 14 号梁的信息。

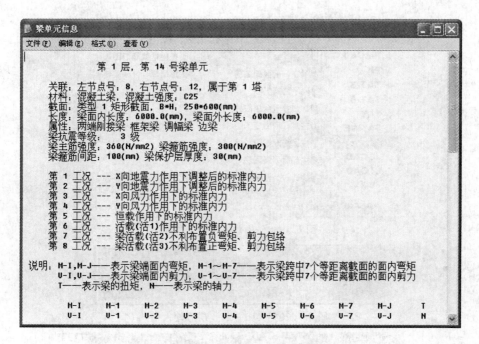

图 8.1.67　第一层 14 号梁的信息

10. 文本文件查看

"文本文件查看"对话框如图 8.1.68 所示。应用此对话框可以查看各层刚度比、刚重比、顶点在风载下的加速度、结构自振周期、层间位移角、位移比、振型质量参与系数等结果。

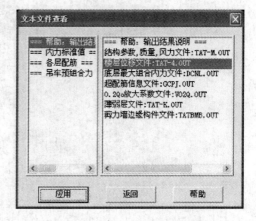

图 8.1.68　文本文件查看选择框

8.1.1.9　梁柱平法施工图的绘制

1. 梁平法施工图的绘制

在 PKPM 结构选项单中单击"梁柱施工图",弹出梁柱施工图绘制界面（图 8.1.69）。

（1）梁归并。单击"1 梁归并"菜单出现"梁归并起始层号和终止层号"对话框（图 8.1.70）。输入梁归并的起始层号和终止层号或取默认值（全楼归并）后弹出"竖向强制归并信息表"对话框（图 8.1.71）。

"确定"后弹出"梁归并系数输入"对话框（图 8.1.72），在输入框中输入归并系数或取默认值（0.2）并确认后显示各层归并信息，图 8.1.73 为本例的第一层梁归并信息。

（2）梁立剖面施工图。在主菜单中选择"2 梁立剖面施工图"（图 8.1.74）进入梁立、剖面施工图的绘制。单击"选择楼层"并在对话框中输入楼层号（图 8.1.75），在弹出选择配筋结果对话框（图 8.1.76）中选择"已有的配筋结果"或"重新生成配筋结果"。第一次运行时选择"重新生成配筋结果",否则选择"已有的配筋结果"。选择后程序生成所选楼层的梁平法配筋图（图 8.1.77）。

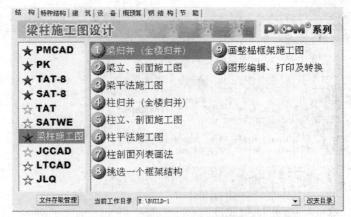

图 8.1.69　梁柱施工图主界面

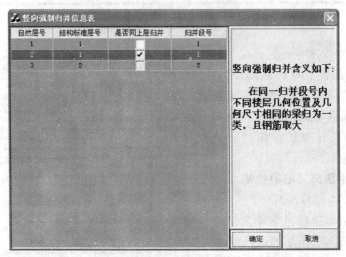

图 8.1.70　梁归并起止层号输入框

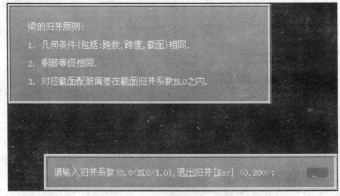

图 8.1.71　竖向强制归并信息表

图 8.1.72　梁归并系数输入框

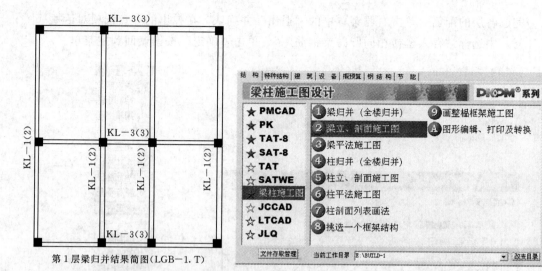

图 8.1.73　第一层梁归并结果

图 8.1.74　选择梁立、剖面施工图

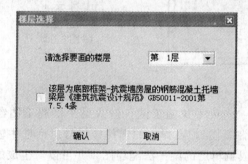

图 8.1.75　楼层选择对话框

图 8.1.76　配筋结果选择框

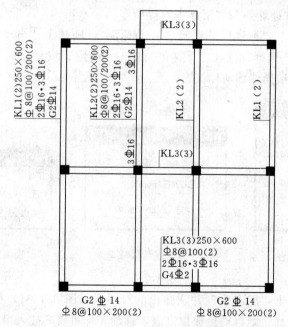

图 8.1.77　第一层梁平法配筋图

完成各层的配筋后单击右侧菜单中的"退出"并确认，在弹出的存盘选项对话框（图8.1.78）中选择"存入全楼相同归并梁钢筋库"，单击"确定"按钮，回到主菜单。

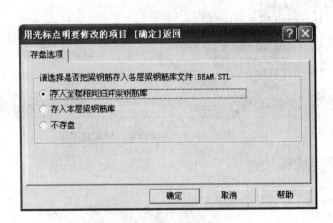

图 8.1.78　存盘选项对话框

图 8.1.79　梁平法施工图菜单

（3）梁平法施工图。在主菜单中单击"3 梁平法施工图"进入梁平法施工图绘制界面，在右侧菜单（图 8.1.79）中单击"绘制新图"，在弹出的选择楼层号对话框中输入要编辑的层号后选择"已有配筋结果"则生成编辑层的梁平法配筋图。并可以对生成的梁平法配筋图进行"钢筋修改"、"立面改筋"、"重标钢筋"等钢筋的编辑工作，还可以进行"标注"、"挠度图"、"裂缝图"、"层高表"等操作。

在右侧菜单中单击"标注"并选择"自动标注"，则弹出"自动标注轴线参数设置"对话框（图 8.1.80）。选择标注在左下两侧，单击"确定"按钮后则自动生成轴线。如果钢筋标注重叠，可以选择"移动标注"。

图 8.1.80　自动标注
轴线参数设置

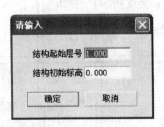

图 8.1.81　层高表

图 8.1.82　绘制图框、
图例选择对话框

在右侧菜单中单击"层高表"并在弹出的对话框（图 8.1.81）中输入"结构起始层号"和"结构初始标高"则自动生成层高表，移动光标可将其插入梁平法施工图中。在右侧菜单中单击"写图名"可以输入图名并插入到梁平法施工图中。最后在右侧菜单中单击"图框图例"，绘制图框（图8.1.82）并插入图框后"退出"，在弹出的"存盘选项对话框"对话框中选择"存入全楼相同归并梁钢筋库"，回到主菜单。

2. 柱平法施工图的绘制

（1）柱归并。在主菜单中单击"4 柱归并"进入柱归并界面，在弹出的"柱归并系数输入"对话框（图8.1.83）中输入归并系数或取默认值（0.2）后对柱进行钢筋归并。归并后显示各层归并信息，图8.1.84为第一层柱的归并信息。单击"退出显示"，回到主菜单。

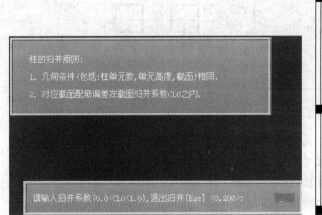

图8.1.83 柱归并系数输入框

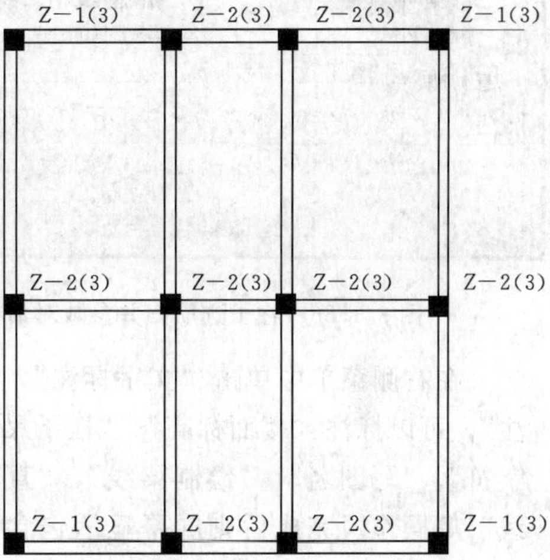

图8.1.84 第一层的柱归并信息

（2）柱立、剖面施工图。在主菜单中单击"5 柱立、剖面施工图"进入柱立、剖面施工图的绘制。在弹出的"选择配筋结果"对话框中选择"已有配筋结果"，并在"柱子选筋归并参数"对话框中输入柱子选筋归并参数或取默认值后进入绘图界面，在右侧的菜单中单击"选择楼层"并在弹出的"楼层选择"对话框中输入要编辑或生成的楼层则生成该层以截面注写方式绘制的柱平法配筋图。完成后单击"返回平面"，"退出"并在弹出的提示是否保存对话框中选择"保存"，退回主菜单。

（3）柱平法施工图。在主菜单中单击"6 柱平法施工图"进入柱平法施工图的绘制。在弹出的"选择钢筋数据"对话框（图8.1.85）中选择"读取旧数据"或"重新选筋"。若选择"重新选筋"则弹出"柱子选筋归并参数"对话框（图8.1.86），按照工程实际选择钢筋归并系数、柱钢筋放大系数、箍筋形式、钢筋搭接形式及钢筋

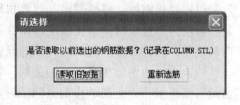

图8.1.85 选择钢筋数据对话框

选择库后选筋并进入绘图界面，生成该层以截面注写方式绘制的柱平法配筋图（图8.1.87）。生成后可以对该梁平法配筋图进行"修改钢筋"、"插入柱表"、"整体移动"、"移动标注"、"文字标注"、"插入图框"、"层高表"等操作。如单击"插入楼层表"则弹出"楼层表"对话框（图8.1.88），修改后可插入施工图中。

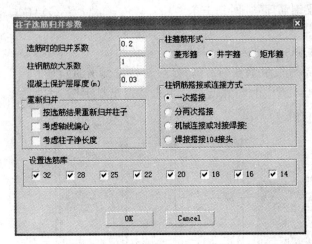

图 8.1.86 柱子选筋归并参数对话框

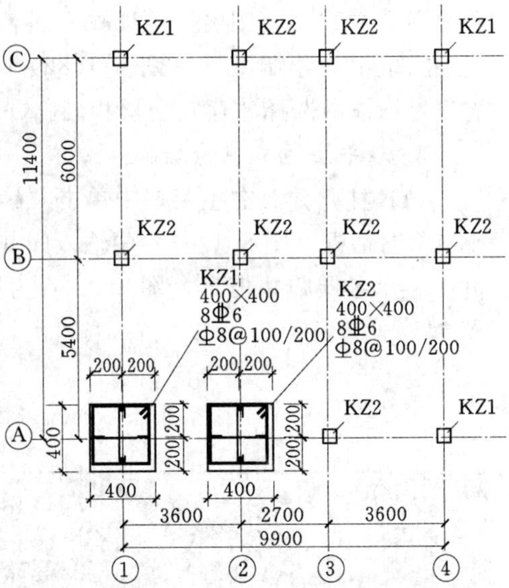

图 8.1.87 第一层柱平法配筋图

在右侧菜单中单击"文字标注",选择"自动标注",可以标注"楼面标高"、"柱子尺寸"及"注柱字符"、"写图名"、"绘制梁线"、"直轴线"、"弧轴线"等操作。完成后则屏幕显示包含轴线、楼层表等内容的柱平法配筋图(图 8.1.89)。单击"退出"并在弹出的"保存选择"对话框(图 8.1.90)中选择"保存"并回到主菜单。完成钢筋混凝土框架柱平法配筋图的绘制。

8.1.2 利用设计软件进行框架结构设计时的注意事项

图 8.1.88 楼层表对话框

在通过设计软件进行结构内力计算及配筋时,需要注意以下几点。

(1)楼板刚性、弹性假定。计算扭转时应按刚性板假定进行,当结构计算中需要指定某些板块为弹性板时,应先按全部刚性板模型计算并判断结构扭转是否满足规范要求,取两种模型计算的最不利结果进行配筋设计。

(2)带地下室结构嵌固层的选取。《高层建筑混凝土结构技术规程》第 5.3.7 条规定,当地下室顶板作为上部结构的嵌固层时,地下室结构的楼层侧向刚度不应小于相邻上部楼层侧向刚度的 2 倍,而规范中设计内力调整系数所对应的底层即指嵌固层楼板。因此,正确选取嵌固层就成为结构整体计算是否正确的关键。目前软件尚无法自动判断嵌固层位置,嵌固层的选取仍然需要设计者进行人工确定。嵌固层位置确定的方法是:首先可以按实际地下室层数进行第一次计算,通过查看结果文件中软件计算的楼层上下侧向刚度判断嵌固层的位置。然后根据嵌固层位置调整地下室层数进行第二次计算。

《建筑抗震设计规范》中对"位于地下室顶板的梁柱节点左右梁端截面实际受弯承载

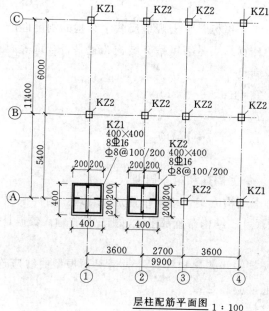

层柱配筋平面图 1：100

图 8.1.89 柱平法配筋图

力之和不宜小于上下柱端实际受弯承载力之和"的规定，软件也没有考虑，需人工验算。

（3）对异型柱和角柱应采用双向偏心受压方法计算，对一般框架柱则可以采用单向偏心受压方法计算。对考虑了双向地震作用的框架结构，不应同时按双向偏心受压方法计算一般框架柱配筋。

图 8.1.90 "保存选择"对话框

目前虽然部分软件要求定义角柱，但在结构计算时如果没有选择"按双向偏压计算柱"则软件并不按双向偏压方法计算前面定义的角柱。所以应对框架角柱进行双向偏心受压的补充验算。

8.2 计算结果分析

目前结构设计普遍采用计算机分析，无论是采用计算机分析还是手算，为了防止计算机分析时大量输入数据时出错或手算时的计算错误及保证结构布置的合理性、计算结果的可靠性，必须对计算的结果作出判断和校核，保证计算的正确性。《混凝土结构设计规范》规定：

5.1.6 结构分析所采用的计算软件应经考核和验证，其技术条件应符合本规范和国家现行有关标准的要求。

应对分析结果进行判断和校核，在确认其合理、有效后方可应用于工程设计。

1. 自振周期

自振周期是最基本的结构性能综合指标，它宏观地反映了结构的刚度性能，从周期可以迅速地检查输入数据是否正确、计算结果是否可信、结构布置是否合理等。正常情况下框架结构不考虑折减的自振周期应满足：

$$\left.\begin{array}{l} T_1 = (0.08 \sim 0.1)N \\ T_2 = (1/5 \sim 1/3)T_1 \\ T_3 = (1/7 \sim 1/5)T_2 \end{array}\right\}$$

式中　　N——结构的层数；

T_1、T_2、T_3——结构的第一周期、第二周期和第三周期。

如果计算结果偏离太远，应考虑结构方案、结构布置是否合理，构件截面尺寸是否合适，不合适应适当调整。如果截面尺寸、结构布置都正常，则应检查输入数据是否有错误。

2. 振型曲线

框架结构计算得到的振型曲线有一些普遍规律。一般情况下振型曲线应连续、光滑，不应有突然的转折。其零点高度通常应满足：

第一振型应无零点，顶点位移最大。

第二振型的零点高度应在 $(0.72 \sim 0.78)H$ 处，H 为建筑高度。

第三振型有两个零点，上零点的高度为 $(0.85 \sim 0.90)H$，下零点的高度为 $(0.42 \sim 0.50)H$。

3. 侧移曲线

正常情况下侧移曲线为一个连续变化的，且框架结构的侧移曲线为剪切型，下面各层的层间侧移大，上面各层的层间侧移逐渐减小。

4. 位移比

位移比是控制结构整体抗扭特性和平面不规则性的重要指标。如果是结构平面不规则，刚度布置不均匀，结构上下层刚度偏心较大等，则位移比有可能不满足要求。《高层建筑混凝土结构技术规程》规定：

3.4.5　在考虑偶然偏心影响的规定水平地震力作用下，楼层竖向构件最大的水平位移和层间位移，A级高度建筑不宜大于该楼层平均值的1.2倍，不应大于该楼层平均值的1.5倍；

5. 层间最大位移与层高之比（层间位移角）

层间位移角是控制结构整体刚度的主要指标。通常采用层间位移角作为衡量结构变形能力的标准，以判别建筑功能要求是否满足。

《建筑抗震设计规范》第 5.5.1 条和《高层建筑混凝土结构技术规程》第 3.7.3 条规定高度不大于 150m 的高层建筑按弹性方法计算的楼层层间位移与层高之比 $\Delta u/h$ 不宜大于 1/550。楼层层间最大位移 Δu 以楼层最大的水平位移差计算，不扣除整体弯曲变形。抗震设计时，本条规定的楼层位移计算不考虑偶然偏心的影响。

6. 周期比

扭转周期与平动周期之比是控制结构扭转效应的重要指标，周期比计算方法为：

（1）根据平动系数与扭转系数的大小判断各振型是平动振型还是扭转振型。

（2）在平动振型和扭转振型中分别找出周期最长的即为第一平动周期 T_1 和第一扭转周期 T_t。

（3）第一扭转周期 T_t 与第一平动周期 T_1 的比值，即周期比＝T_t/T_1。

《高层建筑混凝土结构技术规程》规定：

3.4.5 结构扭转为主的第一自振周期 T_t 与平动为主的第一自振周期 T_1 之比，A 级高度高层建筑不应大于 0.9。

若周期比不满足规范要求，可从以下两方面进行调整。

（1）增加结构抗侧力构件布局的均匀对称性。

（2）通过增大周边柱的截面或数量、周边梁高度、楼板的厚度、在楼板外伸段凹槽处设置连接梁或连接板来增加结构周边的刚度。

7. 层间刚度比

刚度比是控制结构竖向不规则性和判断薄弱层的重要指标。

刚度比：指的是建筑结构各层间的侧向刚度比值。结构中由于梁柱截面变化、混凝土标号的变化、板的开孔、跃层、退台等原因，造成竖向的各层之间的刚度突变，而形成的薄弱层。在地震作用下薄弱层的侧向刚度较容易发生破坏。《建筑抗震设计规范》第3.4.2 条和《高层建筑混凝土结构技术规程》第 3.5.2 条要求建筑的立面和竖向剖面宜规则，侧向刚度宜均匀变化，避免抗侧力结构的侧向刚度突变，楼层侧向刚度不宜小于相邻上部楼层侧向刚度的 70％或其上相邻三层侧向刚度平均值的 80％。根据规范判断各楼层刚度是否均匀变化，若形成薄弱层，应对地震剪力进行放大。

《高层建筑混凝土结构技术规程》第 3.5.8 条规定：竖向不规则的高层建筑结构，其薄弱层对应于地震作用标准值的剪力应乘以 1.25 的增大系数。

刚度比不满足时可从以下两个方面进行调整。

（1）程序调整：若楼层刚度比的计算结果不满足要求，通过程序将该楼层定义为薄弱层，并按《高层建筑混凝土结构技术规程》第 4.3.12 条将该楼层地震剪力放大 1.15 倍。

（2）人工调整：适当降低本层层高或适当提高上部楼层的层高；适当加强本层柱和梁的刚度或适当削弱上部楼层梁柱的刚度。

8. 层间受剪承载力比

层间受剪承载力比是控制结构竖向不规则性和判断薄弱层的重要指标。

《建筑抗震设计规范》第 3.4.3 条规定：竖向不规则的建筑结构，楼层承载力突变时，薄弱层抗侧力结构的层间受剪承载力不应小于相邻上一楼层的 80％。

《高层建筑混凝土结构技术规程》第 3.5.3 条规定：A 级高度高层建筑的楼层层间抗侧力结构的受剪承载力不宜小于其上一层受剪承载力的 80％，不应小于其上一层受剪承载力的 65％。

《高层建筑混凝土结构技术规程》第3.5.8条规定：竖向不规则的高层建筑结构，其对应于地震作用标准值的剪力应乘以1.25的增大系数。

9. 剪重比

剪重比：剪重比即地震剪力系数，是反映地震作用大小的重要指标，若结构的剪重比不合适，则应修改结构布置、增加结构刚度，使计算的剪重比能满足规范要求。在规范中规定了剪重比的最小值，要求各楼层都要承担足够的地震作用，若出现竖向不规则结构的薄弱层，则该薄弱层的水平剪力增大1.15倍。

《建筑抗震设计规范》第5.2.5条和《高层建筑混凝土结构技术规程》第4.3.12条规定：水平地震作用计算时，结构各楼层对应于地震作用标准值的任一楼层的水平地震剪力应满足楼层最小地震剪力系数值的要求。

地震作用下影响结构剪重比的内在原因是结构刚度，结构刚度过小，不能满足结构抗震要求；结构刚度过大，吸收地震能量过多，造成材料的浪费。

剪重比不满足时，可从以下两个方面进行调整。

(1) 程序调整：在计算程序中勾选"按规范调整各楼层地震内力"，使计算程序将楼层最小地震剪力系数直接乘以该层及以上重力荷载代表值之和，以调整该楼层地震剪力，满足剪重比要求。

(2) 人工调整：当地震剪力偏小而层间侧移角又偏大时，表明结构过柔，宜适当加大柱截面，提高刚度；当地震剪力偏大而层间侧移角又偏小时，表明结构过刚，宜适当减小柱截面，降低刚度；当地震剪力偏小而层间侧移角又恰当时，可在计算程序的"全楼地震作用放大系数"中输入大于1的系数增大地震作用，以满足剪重比要求。

10. 刚重比

刚重比是结构刚度与重力荷载之比，控制结构整体稳定的重要指标。刚重比是影响重力二阶效应的主要参数，通过结构刚重比的控制以满足规范对建筑稳定性的要求。

《高层建筑混凝土结构技术规程》第5.4.4条给出了结构刚重比的要求。刚重比不满足，通常应该调整结构的抗侧刚度或降低结构自重。

11. 柱轴压比

柱轴压比：指柱考虑地震作用组合的轴压力设计值与柱的全截面面积和混凝土轴心抗压强度设计值乘积之比。柱轴压比主要用于控制结构的延性，柱轴压比越小说明结构的延性越好。规范要求见《混凝土结构设计规范》第11.4.16条、《建筑抗震设计规范》第6.3.6条及本书第6.2节。轴压比不满足时，一般可采用增大柱截面或提高柱混凝土强度等级来加以改善。

第 9 章 结 构 施 工 图

9.1 结构施工图的平法表示方法

结构施工图的编排顺序与施工顺序一致，依次为基础、柱、楼盖及屋盖梁板、楼梯等。梁、板的配筋可直接绘制在相应的结构平面布置图上。采用平法绘制梁柱等结构构件的配筋图时，结构平面布置图是主要的结构施工图纸。平面布置图在布置相同时可只画一层、布置不同时应分别画出。

9.1.1 平法施工图简介

建筑结构施工图平面整体表示设计方法，简称平法。平面整体表示法是把结构构件的尺寸和配筋等按照平面整体表示法的制图规则直接表达在各类构件的结构平面布置图上，它与标准构造详图配合使用，是简单、实用的表达结构设计内容的方法，这种方法可以简化结构施工图的绘制，提高出图速度。

9.1.2 柱的截面注写方式

柱平法施工图可采用列表注写方式或截面注写方式表达。本章仅介绍截面注写方式。

在柱平法施工图中应注明各结构层的楼面标高、结构层高、相应的结构层号及上部结构嵌固部位位置。截面注写方式是在柱平面布置图的柱截面上分别在同一编号的柱中选择一个截面，直接注写截面尺寸和配筋具体数值。

截面注写时，首先从相同编号的柱中选择一个截面，按另一种比例原位放大绘制柱截面配筋图，并在各配筋图上继其编号后再注写截面尺寸、角筋或全部纵筋（当纵筋采用一种直径且能够图示清楚时）、箍筋的具体数值，以及在柱截面配筋图上标注柱截面与轴线关系 b_1、b_2、h_1 和 h_2 的具体数值。

当纵筋采用两种直径时，需再注写截面各边中部筋的具体数值（对称配筋的矩形截面柱仅在一侧注写中部筋，对称边省略不注）。

在截面注写方式中，如柱的分段截面尺寸和配筋均相同，仅截面与轴线的关系不同时，可将其编为同一柱号。但此时应在未画配筋的柱截面上注写该柱截面与轴线关系的具体尺寸。

各段柱的起止标高为自柱根部往上以变截面位置或截面未变但配筋改变处为界分段以表格形式注写。框架柱的根部标高系指基础顶面标高。

截面注写方式中注写的具体格式为：

（1）柱编号：柱编号由类型代号和序号组成，如 KZ×× （KZ 为类型代号，×× 为序号）。

（2）柱截面尺寸：对于矩形柱，对各段柱分别注写柱截面尺寸 $b \times h$ 及与轴线关系 b_1、b_2、h_1、h_2。当截面的某一边与轴线重合时，b_1、b_2、h_1 和 h_2 中的某项为零。

（3）柱纵筋：当柱纵筋直径相同，各边根数也相同时，将纵筋注写在"全部纵筋"一栏中；否则应依次注写角筋、截面 b 边中部筋和 h 边中部筋 3 项。

（4）箍筋类型号及箍筋肢数：在箍筋类型栏内注写箍筋类型号与肢数。

（5）柱箍筋：包括钢筋级别、直径与间距。

抗震设计时，用斜线"/"区分柱端箍筋加密区与柱身非加密区长度范围内箍筋的不同间距。施工人员需根据标准构造详图在规定的几种长度值中取其最大者作为加密区长度。当框架节点核心区内箍筋与柱端箍筋设置不同时，在括号中注明核心区箍筋直径及间距。如 Φ10@100/250 表示箍筋为直径 $\phi10$ 的 HPB300 钢筋，加密区间距为 100，非加密区间距为 250；Φ10@100/250（Φ12@100）表示箍筋为直径 $\phi10$ 的 HPB300 级钢筋，加密区间距为 100，非加密区间距为 250；节点核芯区箍筋为直径 $\phi12$ 的 HPB300 钢筋，间距为 100。

当箍筋沿柱全高为一种间距时，则不使用"/"线。如 Φ10@100 表示柱全高范围内箍筋均为直径为 $\phi10$ 的 HPB300 钢筋，间距为 100mm。柱的截面注写方式见图 9.1.1。

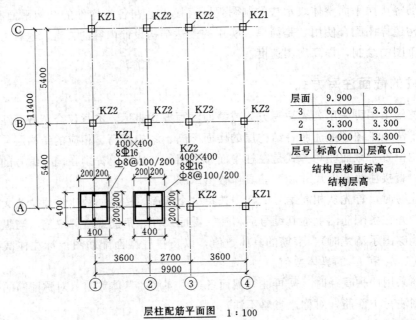

图 9.1.1　柱平法施工图截面注写方式

9.1.3　梁的平面注写方式

平法施工图在结构平面布置图上采用平面注写方式或截面注写方式两种方式表达构件的尺寸及配筋等。

梁的平面注写包括集中标注与原位标注，集中标注表达梁的通用数值，原位标注表达

138

梁的特殊数值。集中标注包括梁编号、梁截面尺寸、箍筋、通长筋或架立筋配置、梁侧面纵向构造钢筋或受扭钢筋配置、梁顶面标高高差。原位标注内容包括梁支座上部纵筋、梁下部纵筋、附加箍筋或吊筋等与集中标注不同处的标注。有原位标注的地方按原位标注施工，无原位标注的部位按照集中标注施工。

　　平面注写应首先按一定比例绘制各标准层平面布置图，并按规定注明各结构层的标高及相应的结构层号。轴线未居中的梁，应标注其偏心定位尺寸，贴柱边的梁可不注。然后，在平面布置图上分别在每种编号的梁中各选一根梁，在其上注写截面尺寸和配筋具体数值。平面注写方式见图9.1.2。

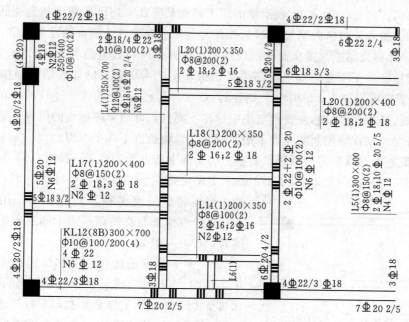

图 9.1.2　梁平法施工图平面注写方式

　　（1）集中标注：集中标注表达通用数值。集中标注可以从梁的任意一跨引出。集中标注的内容包括5项必注值和1项选注值。

　　1）梁编号：由梁类型代号、序号、跨数及有无悬挑几项表示。楼层框架梁的代号为KL，屋面框架梁的代号为WKL，非框架梁的代号为L。跨数后跟A表示一端有悬挑，跨数后跟B表示两端有悬挑，悬挑不计入跨数。例如：KL5（3A）表示第5号框架梁，3跨，一端有悬挑；L5（3B）表示第5号非框架梁，3跨，两端有悬挑。

　　2）梁截面尺寸：等截面梁用 $b \times h$ 表示；加腋梁用 $b \times h$，$GYc_1 \times c_2$ 表示（其中 c_1 为腋长，c_2 为腋高）；对于根部和端部不同的悬挑梁，$b \times h_1 / h_2$ 表示（其中 h_1 为梁根部高度，h_2 为梁端部高度）。

　　3）箍筋：由钢筋级别、直径、加密区与非加密区间距及肢数4部分组成。用"/"分隔箍筋加密区与非加密区的不同间距及肢数；当梁箍筋为同一种间距及肢数时，则不需用斜线；当加密区与非加密区的箍筋肢数相同时，则肢数仅注写一次；箍筋肢数写在括号内。箍筋加密区范围按构造要求确定。例如，Φ8@100/150（4）表示HPB300级钢筋、直径8mm、加密区间距为100mm、非加密区间距为150mm，均为4肢箍；而Φ8@100

（4）/150（2）表示 HPB300 级钢筋、直径 8mm、加密区间距为 100mm、4 肢箍；非加密区间距为 150mm，2 肢箍。

4）梁上部贯通筋或架立筋：用"角部贯通筋＋（架立筋）"的形式表示。例如，2 Φ 20＋（2 Φ 14）表示 2 Φ 20 为通长筋，2 Φ 14 为架立筋；2 Φ 20 则表示全部为通长筋。当梁的上部纵筋与下部纵筋均为通长筋、且多数跨的配筋相同时，可用"；"分隔上部纵筋与下部纵筋。例如 2 Φ 20；3 Φ 18 表示梁上部配置 2 Φ 20 的通长筋，梁的下部配置 3 Φ 18 的贯通筋。

5）梁侧面纵向构造钢筋及受扭钢筋：梁侧面纵向构造钢筋以 G 后接续注写梁两个侧面的总配筋值。例如：G4 Φ 14 表示梁的两个侧面共配置 4 Φ 14 的纵向构造钢筋，每侧各配置 2 Φ 14。梁的受扭纵向钢筋以 N 后接续注写配置在梁两个侧面的总配筋值。

6）梁顶面标高高差：梁顶面与结构层楼面有高差时将其差值写入括号内，无差值时不注。当梁顶面高于所在结构层时高差为正值，反之为负值。例如若结构层楼面标高为 12.750m，梁顶面标高为 12.700m，则注写（－0.050）。

（2）原位标注：原位标注表示与集中标注不同处，即当集中标注的内容不适用于某跨或悬挑部分时，则在梁控制截面处采用原位标注，包括以下几个方面。

1）梁支座上部纵筋：包括通长筋在内的全部上部纵筋。多于一排时，用"/"将各排纵筋自上而下分开。例如 5 Φ 22 3/2 表示支座上部钢筋共 2 排，上排 3 Φ 22，下排 2 Φ 22。当同排纵筋有两种不同直径时，用"＋"表示，其角部纵筋写在前面；当中间支座两侧纵筋相同时，仅在一侧表示。

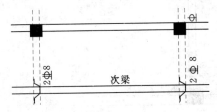

图 9.1.3　附加箍筋及吊筋标注示例

2）梁下部纵筋标注与上部纵筋标注类似，多于一排时，用"/"将各排纵筋自上而下分开。例如 5 Φ 22 2/3 表示上排 2 Φ 22，下排 3 Φ 22。

3）附加箍筋或吊筋：直接在平面图中画出附加箍筋或吊筋并用线引注总配筋值（附加箍筋肢数写在括号内，见图 9.1.3）。

9.2　结构施工图的主要内容

结构施工图主要包括图纸目录、结构设计总说明、基础平面图、基础详图、柱平面定位、柱截面尺寸及配筋图、各层梁板平面定位、梁板模板图及配筋图、楼梯平面图、剖面图、配筋图、节点详图等。

基础平面布置图对不同的基础包括的内容不同。桩基包括基桩平面定位、承台平面定位、承台尺寸、承台配筋及附注；独立基础包括基础平面定位、独立基础尺寸、独立基础配筋及附注。

9.3　结构施工图的深度要求

国家建设部《建筑工程设计文件编制深度规定》（建质［2008］216 号）对结构施工

图设计深度提出了详细的要求，应详细绘出并注明以下所列各项内容。

9.3.1 结构施工图图纸内容

结构施工图图纸应包括图纸目录、结构设计总说明、基础平面图及其详图、柱定位图及配筋图、各层结构平面图（模板图、板配筋图、梁配筋图）、节点详图、楼梯及其他构筑物详图（电梯机房、坡道、挡土墙等）。

9.3.2 结构设计总说明的设计深度

结构设计总说明应包括：

（1）建筑所处地点、面积、高度、层数，结构形式，结构抗震设防类别，抗震等级，建筑物设计使用年限等工程概况。

（2）设计所遵循的规范规程、楼地面活荷载等荷载取值；基本风压、基本雪压、抗震设防烈度、设计地震分组等；地质概况，场地土类型、场地类别、地下水、抗震安全性评价、基础施工要求等设计依据。

（3）设计所采用的材料的品种、规格、型号、强度等级等。

（4）建筑各分部分项的设计要点、构造及注意事项。

（5）施工时特别处理的地方。如转换层、超长结构、后浇带、加强带等。

（6）施工过程中与工艺安装、设备工种配合预埋、预留的埋件、孔洞的配合施工的要求及埋件和洞口加筋详图。

（7）构件代号表中的代号说明。

（8）框架的抗震等级，框架节点详图，梁、柱的钢筋锚固及其他需注明的平法图例。

9.3.3 基础平面布置图的设计深度

1. 一般内容

（1）设计标高±0.000相当的绝对标高，建筑物的定位坐标（绝对坐标），纵横轴线及定位尺寸。

（2）基础持力层所在的标高，其土层性质，地下水情况，地基承载能力标准值或设计值。

（3）基底处理措施，以及有关的施工要求等。

（4）验槽，遇到特殊情况的处理措施。

（5）如有各工种配合的施工要求应交代清楚。

（6）如有沉降观测要求时，沉降观测的要求及测点的布置交代清楚。

（7）有关桩基的设计要求应详细注明，如护壁构造、最后三阵每阵贯入度、桩端扩大头等。

（8）基础梁及其编号、柱号、地坑和设备基础的平面布置、尺寸、标高。不同标高时基础之间的放坡示意图。

2. 采用独立基础、联合基础及条形基础

（1）独立基础及联合基础的编号、基础底标高。

（2）每种编号的基础在第一次出现时的平面尺寸及与轴线的关系。

（3）基础拉梁的编号、尺寸、与轴线关系标注，拉梁的剖面尺寸及梁底标高。

3．采用桩基

（1）桩位布置图上的桩定位、桩截面尺寸、桩编号、桩长、承台的编号、承台平面尺寸、承台标高。

（2）桩端进入持力层的深度。

（3）采用预制桩时的标准图集号、桩号。

（4）预制桩的打桩要求、单桩承载能力；灌注桩的成孔要求、端承灌注桩桩端进入硬持力层的深度。

（5）需桩基检测时的检测方法。

（6）需试桩时的试桩方法。

9.3.4 基础详图的设计深度

1．采用钢筋混凝土独立基础，联合基础或条形基础

（1）基础的尺寸，配筋及标注。

（2）预留插筋在基础内的锚固长度。

（3）基础梁的配筋及钢筋的锚固要求。

2．采用桩基

（1）承台定位、承台梁、承台板的尺寸、配筋、标高等。

（2）桩尺寸，配筋数量，桩插入承台的构造要求。

3．说明

基础材料、垫层材料、防潮层做法，回填要求，地面以下钢筋混凝土构件的钢筋保护层厚度、施工要求等。

9.3.5 柱定位图及柱配筋图的设计深度

1．柱定位图

轴线定位关系、各柱的尺寸、定位、编号等。

2．柱配筋图

（1）柱子每层楼面标高，高度的分段尺寸，钢筋接头位置、接头、长度、钢筋的连接及锚固要求，沿高度方向各区段的箍筋直径、间距。

（2）柱子用剖面表示的截面尺寸、配筋，节点区的箍筋形式。

9.3.6 结构平面图的设计深度

结构平面布置图一般包括各层的模板图、板配筋图、梁配筋图。

1．模板图

（1）轴网及梁、柱等位置，并注明编号。

（2）板的厚度、标高、板上留洞的尺寸及定位，梁编号、尺寸、定位，梁上留洞的尺寸及定位，各构件的定位。

（3）标高有变化时的局部剖面，不同标高的板的范围。

（4）伸缩缝、沉降缝、抗震缝的位置、尺寸。

（5）楼梯间位置及编号。

（6）屋面板的坡度、坡度方向、起坡点及终点处结构标高，预留孔洞的尺寸、斜屋面的详图等。

2. 板配筋图

（1）板的配筋，板及钢筋的编号，同一板号仅绘制一个配筋图。

（2）负筋长度标注。

（3）板的内凹角处和檐口转角处上部、下部配置的放射状斜筋。

（4）板上开洞时洞边的加固详图。

3. 梁配筋图

（1）梁的截面尺寸、上部及下部配筋、箍筋、腰筋、抗扭钢筋，附加吊筋等。

（2）梁面标高不同时的梁不同标高相交处详图。

9.3.7 楼梯的设计深度

楼梯结构平面布置、剖面及构件代号、尺寸、标高；楼梯板、梯梁与休息平台板等构件的配筋等。

9.3.8 详图的设计深度

（1）节点的位置、定位、尺寸、标高等。

（2）详图的平面和剖面，定位关系、附加钢筋（或埋件）的规格、数量、型号、连接方法等。

（3）采用通用图集时标准图集号及详图号。

第10章 设 计 实 例

10.1 计算书要求

(1) 手算时，结构计算书应包括构件平面布置简图和计算简图、荷载取值的计算或说明；结构计算书内容应完整、清楚，计算步骤应条理分明，引用数据要有可靠依据，采用计算图表及不常用的计算公式时应注明其来源出处，构件编号、计算结果应与图纸一致。

(2) 计算机程序计算时，计算书应注明所采用的计算程序名称、代号、版本及编制单位，计算程序必须经过有效审定（或鉴定）；计算结果应经分析认可；计算书应包括总体输入信息、计算模型、几何简图、荷载简图和输出结果等内容。

(3) 采用结构标准图或重复利用图时，计算书应包括根据图集说明进行的必要核算工作内容。

(4) 计算书应校审，设计、校对、审核人（必要时包括审定人）均应在计算书封面上签字，并作为技术文件归档。

10.2 结构设计条件

建筑类型：6层办公楼，框架结构。

建筑介绍：占地面积约920m²，楼盖及屋盖均采用现浇钢筋混凝土框架结构，楼板厚度取120mm，填充墙采用蒸压粉煤灰加气混凝土砌块。

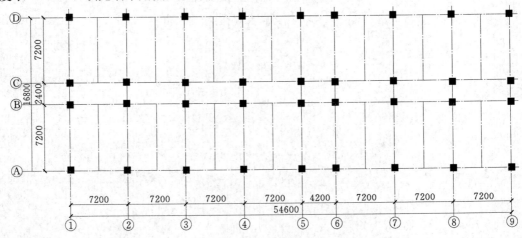

图 10.2.1 柱网布置图

144

门窗使用：门采用木门，门洞尺寸为 1.2m×2.4m，窗采用铝合金窗，窗洞尺寸为 1.8m×2.1m。

地质条件：建筑场地为二类场地，抗震设防烈度为 8 度，设计地震分组为第一组。

柱网与层高：本办公楼柱网布置如图 10.2.1 所示，层高为 3.6m。

10.3　承重方案与结构布置

10.3.1　框架结构承重方案与结构布置

竖向荷载的传力途径：楼板的恒载和活载经次梁传至主梁，再由主梁传至框架柱，最后传至地基基础。

本框架的承重方案采用纵横向框架承重方案（图 10.3.1、图 10.3.2）。

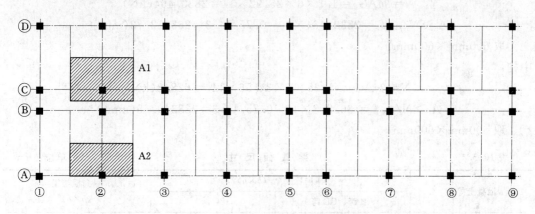

图 10.3.1　框架结构的平面布置图

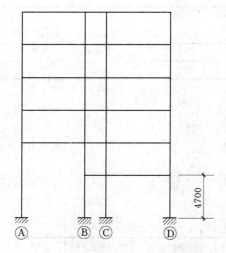

图 10.3.2　横向框架计算简图

本例仅以横向平面框架进行手算演示。

10.3.2　梁、柱截面尺寸的初步确定

梁截面高度一般取梁跨度的 1/10～1/18。AB 跨、CD 跨框架梁截面高度取 1/12×7200＝600mm，截面宽度取 600×1/2＝300mm，可初步确定 AB 跨和 CD 跨梁的截面尺寸为 b×h＝300mm×600mm；BC 跨截面高度取 1/12×2400＝200mm，截面宽度取 200×1/2＝100mm，规范规定梁截面宽度不应小于 200，初步确定 BC 跨梁的截面尺寸为 b×h＝250mm×400mm；纵向框架梁截面高度为 1/15×7200＝480mm，截面宽度取 480×1/2＝240mm，初步确定纵向框架梁的截面尺寸为 250mm×500mm（表 10.3.1、表 10.3.2）。

框架柱的截面尺寸根据柱的轴压比限值确定。

（1）柱组合的轴压力设计值。

$$N = \beta n A G_E$$

式中　β——考虑地震作用组合后柱轴压力增大系数；

　　　　n——验算截面以上楼层数；

　　　　A——按简支状态计算时柱的负载面积；

　　　　G_E——单位建筑面积上的重力荷载代表值，近似取 $14\mathrm{kN/m^2}$。

（2）选柱截面尺寸 $A_c \geqslant N/\mu_N f_c$。

注：μ_N 为框架柱的轴压比限值，本框架结构的抗震等级为二级，查《建筑抗震设计规范》可知框架柱的轴压比限值为 0.75。f_c 为混凝土轴心抗压强度设计值，采用 C30 混凝土，查得 $f_c = 14.3\mathrm{N/mm^2}$。

边柱：

$$N = \beta n A G_E = 1.3 \times 6 \times 25.92 \times 14 = 2830.464(\mathrm{kN})$$

$$A_c \geqslant N/\mu_N f_c = 2830.464 \times 10^3/0.75/14.3 = 263912.73(\mathrm{mm^2})$$

取 $600\mathrm{mm} \times 600\mathrm{mm}$

中柱：

$$N = \beta n A G_E = 1.25 \times 6 \times 34.56 \times 14 = 3628.8(\mathrm{kN})$$

$$A_c \geqslant N/\mu_N f_c = 3628.8 \times 10^3/0.75/14.3 = 338349.65(\mathrm{mm^2})$$

取 $600\mathrm{mm} \times 600\mathrm{mm}$

表 10.3.1　　　　　　　　　　　　梁 截 面 尺 寸　　　　　　　　　　　单位：mm

混凝土等级	横向框架梁（$b \times h$）		纵向框架梁（$b \times h$）
	AB 跨、CD 跨	BC 跨	
C30	300×600	250×400	250×500

表 10.3.2　　　　　　　　　　　　柱 截 面 尺 寸　　　　　　　　　　　单位：mm

层次	混凝土等级	$b \times h$
1—6	C30	600×600

10.4　框架结构侧移刚度计算

10.4.1　横梁线刚度 i_b 计算

横梁线刚度取值见表 10.4.1。

表 10.4.1　　　　　　　　　　　　横 梁 线 刚 度

类别	E_c /N·mm²	$b \times h$ /mm×mm	I_0 /mm⁴	I /mm	$E_c I_0/I$ /N·mm	$1.5E_c I_0/I$ /N·mm	$2E_c I_0/I$ /N·mm
AB 跨、CD 跨	3.0×10^4	300×600	5.40×10^9	7200	2.25×10^{10}	3.38×10^{10}	4.50×10^{10}
BC 跨	3.0×10^4	250×400	1.33×10^9	2400	1.67×10^{10}	2.50×10^{10}	3.34×10^{10}

10.4.2 柱线刚度 i_c 计算

$$I = bh^3/12$$

柱线刚度取值见表 10.4.2。

表 10.4.2 柱 线 刚 度

层次	h_c/mm	E_c/N/mm²	$b \times h$/mm×mm	I_c/mm⁴	$E_c I_c / h_c$/N·mm
1	4700	3.0×10^4	600×600	1.08×10^{10}	6.89×10^{10}
2—6	3600	3.0×10^4	600×600	1.08×10^{10}	9.00×10^{10}
1层 A—5 柱	8300	3.0×10^4	600×600	1.08×10^{10}	3.90×10^{10}

10.4.3 横向侧移刚度计算（D值法）

1. 底层

（1）轴 A 与轴 2、3、7、8 及轴 D 与轴 2、3、4、7、8 相交处。

$$K = 4.5/6.894 = 0.653$$

$$\alpha_c = \frac{0.5 + K}{2 + K} = 0.435$$

$$\begin{aligned} D_{i1} &= \alpha_c \times 12 \times I_c / h^2 \\ &= 0.435 \times 12 \times 6.894 \times 10^{10} / 4700^2 \\ &= 16291 (\text{N/mm}) \end{aligned}$$

（2）轴 A 与轴 1、4、6、9 及轴 D 与轴 1、5、6、9 相交处。

$$K = \frac{3.38}{6.894} = 0.490$$

$$\alpha_c = \frac{0.5 + K}{2 + K} = 0.398$$

$$\begin{aligned} D_{i2} &= \alpha_c \times 12 \times I_c / h^2 \\ &= 0.398 \times 12 \times 6.894 \times 10^{10} / 4700^2 \\ &= 14892 (\text{N/mm}) \end{aligned}$$

（3）轴 B 与轴 1、9 及轴 C 与轴 1、9 相交处。

$$K = \frac{2.5 + 3.38}{6.894} = 0.853$$

$$\alpha_c = \frac{0.5 + K}{2 + K} = 0.474$$

$$\begin{aligned} D_{i3} &= \alpha_c \times 12 \times I_c / h^2 \\ &= 0.474 \times 12 \times 6.894 \times 10^{10} / 4700^2 \\ &= 17760 (\text{N/mm}) \end{aligned}$$

（4）轴 B 与轴 2、3、7、8 及轴 C 与轴 2、3、4、7、8 相交处。

$$K = \frac{3.34 + 4.5}{6.894} = 1.137$$

$$\alpha_c = \frac{0.5+K}{2+K} = 0.522$$

$$D_{i4} = \alpha_c \times 12 \times I_c/h^2$$
$$= 0.522 \times 12 \times 6.894 \times 10^{10}/4700^2$$
$$= 19544 \text{(N/mm)}$$

(5) 轴 B 与轴 4、6 及轴 C 与轴 5、6 相交处。

$$K = \frac{3.34+3.38}{6.894} = 0.975$$

$$\alpha_c = \frac{0.5+K}{2+K} = 0.496$$

$$D_{i5} = \alpha_c \times 12 \times I_c/h^2$$
$$= 0.496 \times 12 \times 6.894 \times 10^{10}/4700^2$$
$$= 18566 \text{(N/mm)}$$

(6) 轴 B 与轴 5 相交处。

$$K = 3.34/6.894 = 0.262$$

$$\alpha_c = \frac{0.5+K}{2+K} = 0.484$$

$$D_{i6} = \alpha_c \times 12 \times I_c/h^2$$
$$= 0.484 \times 12 \times 6.894 \times 10^{10}/4700^2$$
$$= 14840 \text{(N/mm)}$$

$$\sum D_1 = 16291 \times 9 + 14892 \times 8 + 17760 \times 4 + 19544 \times 9 + 18566 \times 4 + 14840$$
$$= 601795$$

2. 第二层

(1) 轴 A 与轴 2、3、7、8 及轴 D 与轴 2、3、4、7、8 相交处。

$$K = \frac{4.5 \times 2}{9.00 \times 2} = 0.500$$

$$\alpha_c = \frac{K}{2+K} = 0.200$$

$$D_{i1} = \alpha_c \times 12 \times I_c/h^2$$
$$= 0.200 \times 12 \times 9.0 \times 10^{10}/3600^2$$
$$= 16667 \text{(N/mm)}$$

(2) 轴 A 与轴 1、9 及轴 D 与轴 1、5、6、9 相交处。

$$K = \frac{3.38 \times 2}{9.00 \times 2} = 0.376$$

$$\alpha_c = \frac{K}{2+K} = 0.158$$

$$D_{i2} = \alpha_c \times 12 \times I_c/h^2$$
$$= 0.158 \times 12 \times 9.00 \times 10^{10}/3600^2$$
$$= 13174 \text{(N/mm)}$$

(3) 轴 A 与轴 5 相交处。

148

$$K = 4.5/3.90 = 1.154$$

$$\alpha_c = \frac{0.5 + K}{2 + K} = 0.524$$

$$D_{i3} = \alpha_c \times 12 \times I_c/h^2$$
$$= 0.524 \times 12 \times 3.90 \times 10^{10}/8300^2$$
$$= 3562(\text{N/mm})$$

（4）轴 A 与轴 4、6 相交处。

$$K = \frac{4.5 + 3.8}{9.00 \times 2} = 0.461$$

$$\alpha_c = \frac{K}{2 + K} = 0.187$$

$$D_{i4} = \alpha_c \times 12 \times I_c/h^2$$
$$= 0.187 \times 12 \times 9.00 \times 10^{10}/3600^2$$
$$= 31226(\text{N/mm})$$

（5）轴 B 与轴 1、9 及轴 C 与轴 1、9 相交处。

$$K = \frac{(2.5 + 3.38) \times 2}{9.00 \times 2} = 0.653$$

$$\alpha_c = \frac{K}{2 + K} = 0.246$$

$$D_{i5} = \alpha_c \times 12 \times I_c/h^2$$
$$= 0.246 \times 12 \times 9.00 \times 10^{10}/3600^2$$
$$= 20519(\text{N/mm})$$

（6）轴 B 与轴 2、3、7、8 及轴 C 与轴 2、3、4、7、8 相交处。

$$K = \frac{(3.34 + 4.5) \times 2}{9.00 \times 2} = 0.871$$

$$\alpha_c = \frac{K}{2 + K} = 0.303$$

$$D_{i6} = \alpha_c \times 12 \times I_c/h^2$$
$$= 0.303 \times 12 \times 9.00 \times 10^{10}/3600^2$$
$$= 25284(\text{N/mm})$$

（7）轴 B 与轴 4、6 相交处。

$$K = \frac{3.34 \times 2 + 4.5 + 3.38}{9.00 \times 2} = 0.809$$

$$\alpha_c = \frac{K}{2 + K} = 0.288$$

$$D_{i7} = \alpha_c \times 12 \times I_c/h^2$$
$$= 0.288 \times 12 \times 9.00 \times 10^{10}/3600^2$$
$$= 23998(\text{N/mm})$$

（8）轴 C 与轴 5、6 相交处。

$$K = \frac{(3.34 + 3.38) \times 2}{9.00 \times 2} = 0.542$$

$$\alpha_c = \frac{K}{2+K} = 0.747$$

$$D_{i8} = \alpha_c \times 12 \times I_c / h^2$$
$$= 0.747 \times 12 \times 9.00 \times 10^{10} / 3600^2$$
$$= 22654(\text{N/mm})$$

(9) 轴 B 与轴 5 相交处。

$$K = \frac{3.34 \times 2}{9.00 \times 2} = 0.371$$

$$\alpha_c = \frac{K}{2+K} = 0.157$$

$$D_{i9} = \alpha_c \times 12 \times I_c / h^2$$
$$= 0.157 \times 12 \times 9.00 \times 10^{10} / 3600^2$$
$$= 13043(\text{N/mm})$$

$$\sum D_2 = 16667 \times 9 + 13174 \times 6 + 3562 + 31226 \times 2 + 20519 \times 4 + 25284 \times 9$$
$$+ 23998 \times 2 + 22654 \times 2 + 13043$$
$$= 711040(\text{N/mm})$$

3. 第三层至第六层

(1) 轴 A 与轴 2、3、4、5、6、7、8 及轴 D 与轴 2、3、4、7、8 相交处。
$$D_{i1} = 16667\text{N/mm}$$

(2) 轴 A 与轴 1、9 及轴 D 与轴 1、5、6、9 相交处。
$$D_{i2} = 13174\text{N/mm}$$

(3) 轴 B 与轴 1、9 及轴 C 与轴 1、9 相交处。
$$D_{i3} = 20519\text{N/mm}$$

(4) 轴 B 与轴 2、3、4、5、6、7、8 及轴 C 与轴 2、3、4、7、8 相交处。
$$D_{i4} = 25284\text{N/mm}$$

(5) 轴 C 与轴 5、6 相交处。
$$D_{i5} = 22654\text{N/mm}$$

$$\sum D_{3-6} = 16667 \times 12 + 13174 \times 6 + 20519 \times 4 + 25284 \times 12 + 22654 \times 2$$
$$= 709840(\text{N/mm})$$

由此可知，横向框架的侧移刚度见表 10.4.3。

表 10.4.3 横向框架的侧移刚度

层次	1	2	3	4	5	6
$\sum D_i$（N/mm）	601795	711040	709840	709840	709840	709840

$\sum D_1 / \sum D_2 = 601795/711040 = 0.846 > 0.7$，故该框架为规则框架。

10.5 重力荷载代表值计算

10.5.1 荷载统计

查《建筑结构荷载规范》可取：

1. 屋面永久荷载标准值（上人）

30mm厚细石混凝土保护层	$22 \times 0.03 = 0.66 \text{kN/m}^2$
防水层	0.4kN/m^2
20mm厚矿渣水泥找平层	$14.5 \times 0.02 = 0.29 \text{kN/m}^2$
150mm厚水泥蛭石保温层	$5 \times 0.15 = 0.75 \text{kN/m}^2$
120mm厚钢筋混凝土板	$25 \times 0.12 = 3.0 \text{kN/m}^2$
V型轻钢龙骨吊顶	0.25kN/m^2
合计	5.35kN/m^2

2. 1～5层楼面

木地板地面	0.7kN/m^2
120mm厚钢筋混凝土板	$25 \times 0.12 = 3.0 \text{kN/m}^2$
V型轻钢龙骨吊顶	0.25kN/m^2
合计	3.95kN/m^2

3. 屋面及楼面可变荷载标准值

上人屋面均布活荷载标准值	2.0kN/m^2
楼面活荷载标准值	2.0kN/m^2
走廊楼面活荷载标准值	2.5kN/m^2
屋面雪荷载标准值	$S_K = u_r S_0 = 1.0 \times 0.2 = 0.2 \text{kN/m}^2$

4. 梁柱密度 25kN/m^2

5. 蒸压粉煤灰加气混凝土砌块 5.5kN/m^3

10.5.2 重力荷载代表值计算

1. 第1层

（1）梁、柱。

框架梁、柱的重量见表10.5.1、表10.5.2。

表 10.5.1　　　　　框 架 梁 的 重 量

类别	净跨/mm	截面/mm	密度/kN/m³	体积/m³	数量/根	单重/kN	总重/kN
横梁	6500	300×600	25	1.17	17	29.25	497.25
	1700	250×400	25	0.17	9	4.25	38.25
纵梁	6500	250×500	25	1.17	28	20.31	568.75
	3500	250×500	25	0.63	4	10.94	43.75

表 10.5.2　　　　　框 架 柱 的 重 量

类别	计算高度/mm	截面/mm	密度/kN/m³	体积/m³	数量/根	单重/kN	总重/kN
柱	3600	600×600	25	1.296	36	32.4	1166.4

（2）内外填充墙。

1）横墙。

AB 跨、CD 跨墙重量：墙厚 240mm，长度 6500mm，高度 3600mm－600mm＝3000mm

$$0.24 \times 6.5 \times 3 \times 5.5 \times 17 = 437.58(kN)$$

BC 跨墙重量：墙厚 240mm，长度 1700mm，高度 3600mm－600mm＝3000mm

$$(1.7 \times 3 - 1.5 \times 2.4) \times 0.24 \times 5.5 \times 2 = 3.96(kN)$$

厕所横墙重量：墙厚 240mm，长度 7200－2400＝4800mm，高度 3600mm－120mm＝3480mm

$$0.24 \times 4.8 \times 3.48 \times 5.5 = 22.05(kN)$$

横墙总重：437.58＋3.96＋22.05＝463.59(kN)

2）纵墙。

①②跨外墙重量：

$$[(6.5 \times 3.0) - (1.8 \times 2.1 \times 2)] \times 0.24 \times 12 \times 5.5 = 189.13(kN)$$

厕所外纵墙重量：

$$(6.5 \times 3.0 - 1.8 \times 2.1) \times 5.5 = 86.46(kN)$$

楼梯间外纵墙重量：

$$(3.5 \times 3.0 - 1.8 \times 2.1) \times 5.5 = 36.96(kN)$$

门卫外纵墙重量：

$$(3.5 \times 3.0 - 1.2 \times 2.4) \times 5.5 = 41.91(kN)$$

内纵墙重量：

$$[(6.5 \times 3.0 - 1.2 \times 2.4 \times 2) \times 0.24] \times 5.5 \times 12 = 906.84(kN)$$

厕所纵墙：

总重：$[0.24 \times (3.6 - 0.12) \times 4.93] \times 5.5 \times 2 = 45.29(kN)$

正门纵墙重量：

$$(1.8 \times 6.5 - 1.8 \times 2.1) \times 0.24 \times 5.5 = 10.45(kN)$$

纵墙总重：189.13＋86.46＋36.96＋41.91＋906.84＋45.29＋10.45＝1317.05(kN)

（3）窗户。

走廊窗户重量：（尺寸：1800mm×2100mm，自重：0.4kN/m²，数量：26）

$$1.8 \times 2.1 \times 0.4 \times 26 = 39.31(kN)$$

办公室窗户重量：（尺寸：1500mm×2100mm，自重：0.4kN/m²，数量：2）

$$1.5 \times 2.1 \times 0.4 \times 2 = 2.52(kN)$$

总重：39.312＋2.52＝41.83(kN)

（4）门。

房门重量：（尺寸：1200mm×2400mm，自重：0.15kN/m²，数量：26.25）

$$1.2 \times 2.4 \times 0.15 \times 26.25 = 11.34(kN)$$

大门重量：（尺寸：6500mm×3000mm，重：0.4kN/m²，数量：0.5）

$$6.5 \times 3 \times 0.4 \times 0.5 = 3.9(kN)$$

总重：11.34＋3.9＝15.24(kN)

（5）楼板恒载、活载（楼梯间按楼板计算）。

面积：48.4416×13＋117.4176＋30.24＝777.40(m²)

恒载：3.95×777.3984＝3070.72(kN)

活载：2.0×777.3984＝1554.80(kN)

故一层重力荷载代表值为

$$G_1 = G_{恒} + 0.5 \times G_{活}$$

$$= (497.25+38.25) \times 1.05 + (568.75+43.75) \times 1.05 + 1166.4 \times 1.05 + 463.59$$

$$+ 1317.05 + 41.83 + 15.24 + (3070.72+1554.80) \times 0.5$$

$$= 8915.01(kN)$$

注：梁柱的粉刷层重力荷载采用对梁柱重力荷载乘以增大系数1.05来考虑。

2. 第 2 层

（1）梁、柱。

第二层框架柱的重量见表10.5.3。

1）横梁。

AB跨：300mm×600mm   29.25kN×18 根＝526.5kN

BC跨：250mm×400mm   4.25kN×9 根＝38.25kN

2）纵梁。

250mm×500mm：568.75＋43.75＝612.5kN

表 10.5.3 第二层框架柱的重量

类别	计算高度 /mm	截面 /mm	密度 /kN/m³	体积 /m³	数量 /根	单重 /kN	总重 /kN
柱	3600	600×600	25	1.296	36	32.4	1166.4

（2）内外填充墙。

横墙总重：463.59kN

纵墙总重：1344.35kN

（3）窗户。

1）第一类。

尺寸：1800mm×2100mm

自重：0.4kN/m²

数量：29

重量：1.8×2.1×0.4×29＝43.85(kN)

2）第二类。

尺寸：1500mm×2100mm

自重：0.4kN/m²

数量：2

重量：$1.5 \times 2.1 \times 0.4 \times 2 = 2.52(kN)$

总重：$43.848 + 2.52 = 46.368(kN)$

（4）门。

尺寸：$1200mm \times 2400mm$

自重：$0.15kN/m^2$

数量：27.25

重量：$1.2 \times 2.4 \times 0.15 \times 27.25 = 11.77(kN)$

（5）楼板恒载、活载（楼梯间按楼板计算）。

面积：$777.40 + 11.16 \times 6.96 = 855.07(m^2)$

恒载：$3.95 \times 855.07 = 3377.53(kN)$

活载：$2.0 \times 855.07 = 1710.14(kN)$

故第二层重力荷载代表值为

$G_2 = G_{恒} + 0.5 \times G_{活}$

$= (526.5 + 38.25) \times 1.05 + 612.5 \times 1.05 + 1166.4 \times 1.05 + 463.60 + 1344.35 + 46.37$

$\quad + 11.772 + (3377.53 + 1710.14) \times 0.5$

$= 9627.22(kN)$

3. 第三层至第五层

同理可得三到五层重力荷载代表值为

$$G_{3-5} = 9643.42kN$$

4. 第六层

（1）横梁。

$$526.5 + 38.25 = 564.75(kN)$$

（2）纵梁。

$$612.5(kN)$$

（3）柱。

计算高度：2100mm

截面：$600mm \times 600mm$

数量：36

总重：$0.60 \times 0.60 \times 2.1 \times 25 \times 36 = 680.4(kN)$

（4）横墙。

$$463.5895/2 = 231.7948(kN)$$

（5）纵墙。

$$(1344.35 + 32.39 - 10.59 - 4.65)/2 = 680.75(kN)$$

（6）窗。

$$46.368/2 = 23.18(kN)$$

（7）门。

门高2400mm，计算高度为门的1500mm以上，故系数

$$a = (2.4 - 1.5)/2.4 = 3/8$$

则门：11.772×3/8=4.41(kN)

（8）屋面恒载、活载。

恒载：855.072×5.35=4574.64(kN)

活载：855.072×2.0=1710.14(kN)

雪载：855.072×0.2=171.01(kN)

故第六层重力荷载代表值为

$G_6 = G_恒 + 0.5 \times G_活$

   $= (564.75 + 612.5 + 680.4) \times 1.05 + 231.80 + 680.75 + 23.18 + 4.41 + 4574.64$

   $+ (1710.14 + 171.01) \times 0.5$

   $= 9346.46(\text{kN})$

集中于各楼层标高处的重力荷载代表值 G_i 的计算结果如图 10.5.1 所示。

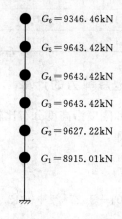

图 10.5.1　各质点重力荷载代表值

10.6　水平荷载作用下横向框架的内力及侧移计算

10.6.1　横向自振周期的计算

横向自振周期的计算采用结构顶点的假想位移法。

基本自振周期 $T_1(s)$ 可按下式计算

$$T_1 = 1.7\psi_T(u_T)^{1/2}$$

注：u_T 假想把集中在各层楼面处的重力荷载代表值 G_i 作为水平荷载而算得的结构顶点位移。ψ_T 结构基本自振周期考虑非承重砖墙影响的折减系数，取 0.6。

u_T 按以下公式计算

$$V_{Gi} = \sum G_k$$

$$\Delta u_i = V_{Gi} / \sum D_{ij}$$

$$u_T = \sum \Delta u_i$$

注：$\sum D_{ij}$ 为第 i 层的层间侧移刚度；Δu_i 为第 i 层的层间侧移。

结构顶点的假想侧移计算过程见表 10.6.1，其中第六层的 G_i 为 G_6。

$$T_1 = 1.7\psi_T(u_T)^{1/2}$$
$$= 1.7 \times 0.6 \times 0.298^{1/2}$$
$$= 0.57(s)$$

表 10.6.1 　　　　　　　　　　　结构顶点的侧移计算

层次	G_i/kN	V_{Gi}/kN	$\sum D_i/(N/mm)$	$\Delta u_i/mm$	u_i/mm
6	9346.64	9346.64	709840	13	298
5	9643.42	19290.06	709840	27	285
4	9643.42	28933.48	709840	41	258
3	9643.42	38576.90	709840	54	217
2	9627.22	48204.12	711040	68	163
1	8915.01	57119.13	601795	95	95

10.6.2　水平地震作用及楼层地震剪力的计算

本结构高度不超过 40m，质量和刚度沿高度分布比较均匀，变形以剪切型为主，故可用底部剪力法计算水平地震作用，即：

1. 结构等效总重力荷载代表值 G_{eq}

$$G_{eq} = 0.85\sum G_i$$
$$= 0.85 \times (8915.01 + 9627.22 + 9643.42 \times 3 + 9346.46)$$
$$= 48296.26(kN)$$

2. 计算水平地震影响系数 a_1

查表得二类场地第一组的特征周期值为 $T_g = 0.35s$，8 度多遇地震时 $a_{max} = 0.16$

$$a_1 = (T_g/T_1)^{0.9}a_{max}$$
$$= (0.35/0.557)^{0.9} \times 0.16$$
$$= 0.105$$

3. 结构总的水平地震作用标准值 F_{Ek}

$$F_{Ek} = a_1 G_{eq}$$
$$= 0.105 \times 48296.26$$
$$= 5071.11(kN)$$

因 $1.4T_g = 1.4 \times 0.35 = 0.49s < T_1 = 0.557$，所以应考虑顶部附加水平地震作用。顶部附加地震作用系数

$$\delta_n = 0.08T_1 + 0.07 = 0.08 \times 0.561 + 0.07 = 0.115$$
$$\Delta F_6 = 0.115 \times 5071.11 = 583.18(kN)$$

各质点横向水平地震作用按下式计算

$$F_i = G_i H_i F_{Ek}(1 - \delta_n)/(\sum G_k H_k)$$

地震作用下各楼层水平地震层间剪力 V_i 为

$$V_i = \sum F_k \quad (i = 1, 2, \cdots, n)$$

计算过程见表 10.6.2。

表 10.6.2　　　　　各质点横向水平地震作用及楼层地震剪力计算表

层次	H_i/m	G_i/kN	G_iH_i/(kN·m)	$G_iH_i/\sum G_jH_j$	F_i/kN	V_i/kN
6	22.7	9346.64	212164.64	0.267	1198.28	1198.28
5	19.1	9643.42	184189.32	0.231	1036.71	2234.99
4	15.5	9643.42	149473.01	0.188	843.73	3078.72
3	11.9	9643.42	114756.70	0.144	646.26	3724.88
2	8.3	9627.22	79905.93	0.100	448.79	4173.77
1	4.7	8915.01	41900.55	0.053	237.86	4411.63
Σ			795830.50			

各质点水平地震作用及楼层地震剪力沿房屋高度的分布见图 10.6.1 及图 10.6.2。

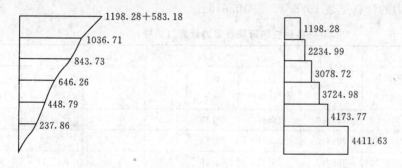

图 10.6.1　水平地震作用分布（单位：kN）　图 10.6.2　楼层地震剪力分布（单位：kN）

10.6.3　多遇水平地震作用下的位移验算

水平地震作用下框架结构的层间位移 Δu_i 和顶点位移 u_i 分别按以下公式计算。

$$\Delta u_i = V_i / \sum D_{ij}$$
$$u_i = \sum (\Delta u)_k$$

各层的层间弹性位移角 $\theta_e = \Delta u_i / h_i$，根据《建筑抗震设计规范》，考虑砖填充墙抗侧力作用的框架，层间弹性位移角限值 $[\theta_e] < 1/550$。

计算过程见表 10.6.3。

表 10.6.3　　　　　横向水平地震作用下的位移验算

层次	V_i/kN	$\sum D_i$/(N/mm)	Δu_i/mm	u_i/mm	h_i/mm	$\theta_e = \Delta u_i / h_i$
6	1198.28	709840	1.68	27.62	3600	1/2143
5	2234.99	709840	3.15	25.94	3600	1/1143
4	3078.72	709840	4.34	22.79	3600	1/829
3	3724.98	709840	5.25	18.45	3600	1/686
2	4173.77	711040	5.87	13.20	3600	1/613
1	4411.63	601795	7.33	7.33	4700	1/641

由此可见，最大层间弹性位移角发生在第二层，$1/613 < 1/550$，满足规范要求。

10.6.4 水平地震作用下框架内力计算

1. 框架柱端剪力及弯矩分别按以下公式计算

$$V_{ij} = D_{ij} V_i / \sum D_{ij}$$

$$M_{ij}^b = V_{ij} \times yh$$

$$M_{ij}^u = V_{ij}(1-y)h$$

$$y = y_0 + y_1 + y_2 + y_3$$

式中 y_0——框架柱的标准反弯点高度比；

y_1——上下层梁线刚度变化时反弯点高度比的修正值；

y_2、y_3——上下层层高变化时反弯点高度比的修正值；

y——框架柱的反弯点高度比。

底层柱需考虑修正值 y_2，第二层柱需考虑修正值 y_3，其他柱均无修正。②③⑦⑧轴线横向框架内力的计算见表 10.6.4、表 10.6.5。

表 10.6.4　　各层柱端弯矩及剪力计算（边柱）

层次	h_i/m	V_i/kN	$\sum D_{ij}$ /(N/mm)	边　柱					
				D_{i1} /(N/mm)	V_{i1} /kN	k	y	M_{i1}^b /(kN·m)	M_{i1}^u /(kN·m)
6	3.6	1198.28	709840	16667	28.13	0.5	0.25	25.32	75.95
5	3.6	2234.99	709840	16667	52.48	0.5	0.35	66.12	122.80
4	3.6	3078.72	709840	16667	72.29	0.5	0.45	117.11	143.13
3	3.6	3724.98	709840	16667	87.46	0.5	0.45	141.69	173.17
2	3.6	4173.77	711040	16667	97.84	0.5	0.55+0.03	204.28	147.93
1	4.7	4411.63	601795	16291	119.42	0.653	0.75−0.01	415.36	145.94

表 10.6.5　　各层柱端弯矩及剪力计算（中柱）

层次	h_i/m	V_i/kN	$\sum D_{ij}$ /(N/mm)	中　柱					
				D_{i2} /(N/mm)	V_{i2} /kN	k	y	M_{i2}^b /(kN·m)	M_{i2}^u /(kN·m)
6	3.6	1198.28	709840	25284	42.68	0.871	0.35	53.78	99.88
5	3.6	2234.99	709840	25284	79.61	0.871	0.44	126.10	160.49
4	3.6	3078.22	709840	25284	109.64	0.871	0.45	177.62	217.10
3	3.6	3724.98	709840	25284	132.68	0.871	0.45	214.94	262.71
2	3.6	4173.77	711040	25284	148.42	0.871	0.50	267.15	267.15
1	4.7	4411.63	601795	19544	143.27	1.137	0.65	437.70	235.68

2. 梁端弯矩、剪力及柱轴力分别按以下公式计算

$$\left. \begin{array}{l} M_b^l = i_b^l (M_{i+1,j}^b + M_{i,j}^u)/(i_b^l + i_b^r) \\ M_b^r = i_b^r (M_{i+1,j}^b + M_{i,j}^u)/(i_b^l + i_b^r) \end{array} \right\}$$

$$V_b = (M_b^l + M_b^r) / l$$
$$N_i = \sum (V_b^l - V_b^r)_k$$

具体计算过程见表 10.6.6。其弯矩图、剪力图、轴力图见图 10.6.3～图 10.6.5。

表 10.6.6　　　　　　　　梁端弯矩、剪力及柱轴力的计算　　　　　　　　单位：kN

层次	边　梁				中　间　梁				柱　轴　力	
	M_b^l	M_b^r	l	V_b	M_b^l	M_b^r	l	V_b	边柱 N	中柱 N
6	75.95	57.33	7.20	18.51	42.55	42.55	2.40	35.46	18.51	16.94
5	148.12	122.99	7.20	37.65	91.28	91.28	2.40	76.07	56.17	55.36
4	209.25	196.99	7.20	56.42	146.21	146.21	2.40	121.84	112.59	120.78
3	290.28	252.74	7.20	75.42	187.59	187.59	2.40	156.33	188.01	201.68
2	289.61	276.71	7.20	78.66	205.38	205.38	2.40	171.15	266.66	294.18
1	350.22	288.62	7.20	88.73	214.22	214.22	2.40	178.51	355.39	383.97

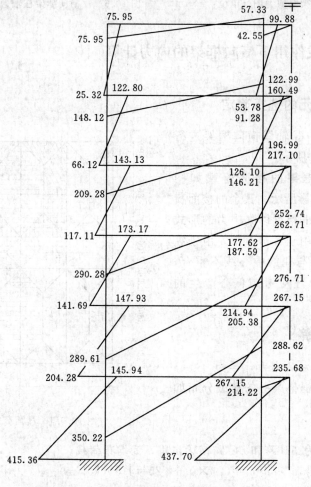

图 10.6.3　横向框架弯矩图（单位：kN·m）

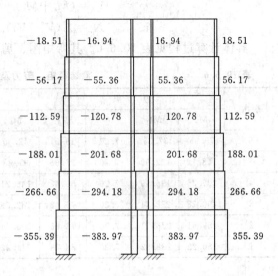

图 10.6.4 横向框架梁剪力图（单位：kN）　　　图 10.6.5 横向框架柱轴力图（单位：kN）

10.7 竖向荷载作用下横向框架的内力计算

10.7.1 计算单元的选择确定

取图 10.2.1 中③轴线横向框架进行计算，如图 10.7.1 所示。

传给③轴线框架的楼面荷载如图 10.7.1 中的水平阴影所示。其余的楼面荷载通过次梁和纵向框架梁以集中力的形式传给横向框架，作用于各节点上。由于纵向框架梁的中心线与柱的中心线不重合，所以在框架节点上还应考虑偏心产生的力矩。

10.7.2 荷载计算

1. 恒载作用下柱的内力计算

恒荷载作用下框架梁上的荷载分布如图 10.7.2 所示。

（1）第 6 层。

q_1、q_1'，分别为 AB 跨和 BC 跨横梁自重，为均布荷载。

$$q_1 = 0.3 \times 0.6 \times 25 = 4.50 (\text{kN/m})$$

$$q_1' = 0.25 \times 0.4 \times 25 = 2.50 (\text{kN/m})$$

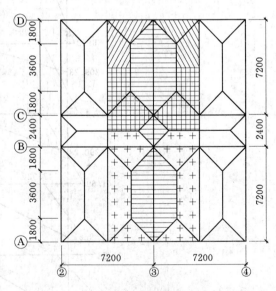

图 10.7.1 楼面荷载传递

q_2 和 q_2'，分别为 AB 跨屋面板和 BC 跨屋面板传给横梁的荷载，AB 跨为梯形荷载，BC 跨为三角形荷载。

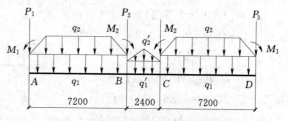

图 10.7.2　框架梁上的恒载分布

$$q_2 = 5.35 \times 3.6 = 19.26 (\text{kN/m})$$
$$q_2' = 5.35 \times 2.4 = 12.84 (\text{kN/m})$$

P_1、P_2 分别是由边纵梁、中纵梁传给柱的恒载，包括梁自重和楼板自重。

$$P_1 = [(3.6 \times 1.8/2) \times 2 + (3.6 + 7.2) \times 1.8/2] \times 5.35 + 0.25 \times 0.5 \times 25 \times 7.2$$
$$+ 0.2 \times 0.4 \times 25 \times 7.2 \times 2/4 = 116.37 (\text{kN})$$
$$P_2 = [(3.6 \times 1.8/2) \times 2 + (3.6 + 7.2) \times 1.8/2 + (2.4 + 3.6) \times 1.2/2 \times 2] \times 5.35$$
$$+ 0.25 \times 0.5 \times 25 \times 7.2 + 0.2 \times 0.4 \times 25 \times 7.2 \times 2/4 = 154.89 (\text{kN})$$

集中力矩：$M_1 = P_1 e_1 = 116.37 \times (0.60 - 0.3)/2 = 17.46 (\text{kN} \cdot \text{m})$
$\qquad\qquad M_2 = P_2 e_2 = 154.89 \times (0.60 - 0.3)/2 = 23.23 (\text{kN} \cdot \text{m})$

（2）1～5 层。

包括梁自重和梁上隔墙自重，为均布荷载。

$$q_1 = 0.3 \times 0.6 \times 25 + 0.24 \times 3.0 \times 5.5 = 8.46 (\text{kN/m})$$
$$q_1' = 0.25 \times 0.4 \times 25 = 2.5 (\text{kN/m})$$

q_2 和 q_2' 分别为 AB 跨楼面板和 BC 跨楼面板传给横梁的荷载。AB 跨为梯形荷载，BC 跨为三角形荷载。

$$q_2 = 3.95 \times 3.6 = 14.22 (\text{kN/m})$$
$$q_2' = 3.95 \times 2.4 = 9.48 (\text{kN/m})$$

外纵墙：

$$[(7.2 \times 3.1 - 1.8 \times 2.1 \times 2) \times 0.24 \times 5.5 + 2 \times 1.8 \times 2.1 \times 0.4]/7.2 = 2.99 (\text{kN/m})$$

内纵墙：

$$[(7.2 \times 3.1 - 1.2 \times 2.4 \times 2) \times 0.24 \times 5.5 + 2 \times 1.2 \times 2.4 \times 0.15]/7.2 = 3.16 (\text{kN/m})$$
$$P_1 = [(3.6 \times 1.8/2) \times 2 + (3.6 + 7.2) \times 1.8/2] \times 3.95$$
$$+ (0.25 \times 0.5 \times 25 + 2.99) \times 7.2 + 0.2 \times 0.4 \times 25 \times 7.2 \times 2/4 = 115.22 (\text{kN})$$
$$P_2 = [(3.6 \times 1.8/2) \times 2 + (3.6 + 7.2) \times 1.8/2 + (2.4 + 3.6) \times 1.2/2 \times 2] \times 3.95$$
$$+ (0.25 \times 0.5 \times 25 + 3.16) \times 7.2 + 0.2 \times 0.4 \times 25 \times 7.2 \times 2/4 = 122.13 (\text{kN})$$

集中力矩：$M_1 = P_1 e_1 = 115.22 \times (0.60 - 0.3)/2 = 17.28 (\text{kN} \cdot \text{m})$
$\qquad\qquad M_2 = P_2 e_2 = 122.13 \times (0.60 - 0.3)/2 = 18.32 (\text{kN} \cdot \text{m})$

2. 活载作用下柱的内力计算

活荷载作用下各层框架梁上的荷载分布如图 10.7.3 所示。

（1）第 6 层。

$$q_2 = 2.0 \times 3.6 = 7.20 (\text{kN/m})$$
$$q_2' = 2.0 \times 2.4 = 4.80 (\text{kN/m})$$
$$P_1 = [(3.6 \times 1.8/2) \times 2 + (3.6 + 7.2) \times 1.8/2] \times 2.0 = 32.40 (\text{kN})$$

$$P_2 = [(3.6 \times 1.8/2) \times 2 + (3.6 +$$
$$7.2) \times 1.8/2 + (2.4 + 3.6) \times 1.2/2 \times$$
$$2] \times 2.0 = 46.80(\text{kN})$$

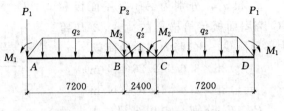

图 10.7.3　框架梁上的活载分布

集中力矩：$M_1 = P_1 e_1 = 32.4 \times$
$(0.60 - 0.3)/2 = 4.86(\text{kN} \cdot \text{m})$

$$M_2 = P_2 e_2 = 46.8 \times$$
$(0.60 - 0.3)/2 = 7.02(\text{kN} \cdot \text{m})$

同理，在屋面雪荷载的作用下：
$$q_2 = 0.2 \times 3.6 = 0.72(\text{kN/m})$$
$$q_2' = 0.2 \times 2.4 = 0.48(\text{kN/m})$$
$$P_1 = [(3.6 \times 1.8/2) \times 2 + (3.6 + 7.2) \times 1.8/2] \times 0.2 = 3.24(\text{kN})$$
$$P_2 = [(3.6 \times 1.8/2) \times 2 + (3.6 + 7.2) \times 1.8/2 + (2.4 + 3.6) \times 1.2/2 \times 2] \times 0.2$$
$$= 4.68(\text{kN})$$

集中力矩：$M_1 = P_1 e_1 = 3.24 \times (0.60 - 0.3)/2 = 0.49(\text{kN} \cdot \text{m})$
$$M_2 = P_2 e_2 = 4.68 \times (0.60 - 0.3)/2 = 0.70(\text{kN} \cdot \text{m})$$

（2）1～5 层。
$$q_2 = 2.0 \times 3.6 = 7.20(\text{kN/m})$$
$$q_2' = 2.5 \times 2.4 = 6.00(\text{kN/m})$$
$$P_1 = [(3.6 \times 1.8/2) \times 2 + (3.6 + 7.2) \times 1.8/2] \times 2.0 = 32.40(\text{kN})$$
$$P_2 = [(3.6 \times 1.8/2) \times 2 + (3.6 + 7.2) \times 1.8/2] \times 2.0 + (2.4 + 3.6) \times 1.2/2 \times 2 \times 2.5$$
$$= 50.40(\text{kN})$$

集中力矩：$M_1 = P_1 e_1 = 32.4 \times (0.60 - 0.3)/2 = 4.86(\text{kN} \cdot \text{m})$
$$M_2 = P_2 e_2 = 50.4 \times (0.60 - 0.3)/2 = 7.56(\text{kN} \cdot \text{m})$$

将计算结果汇总于表 10.7.1 及表 10.7.2。

表 10.7.1			恒载作用下计算结果汇总表					
层次	q_1 /(kN/m)	q_1' /(kN/m)	q_2 /(kN/m)	q_2' /(kN/m)	P_1 /kN	P_2 /kN	M_1 /(kN·m)	M_2 /(kN·m)
6	4.50	2.50	19.26	12.84	116.37	154.89	17.46	23.23
1～5	8.46	2.50	14.22	9.48	115.22	122.13	17.28	18.32

表 10.7.2		活载作用下计算结果汇总表				
层次	q_2 /(kN/m)	q_2' /(kN/m)	P_1 /kN	P_2 /kN	M_1 /(kN·m)	M_2 /(kN·m)
6	7.20 (0.72)	4.80 (0.48)	32.40 (3.24)	46.80 (4.68)	4.86 (0.49)	7.02 (0.70)
1～5	7.20	6.00	32.40	50.40	4.86	7.56

注　表中括号内数值对应于屋面雪荷载作用情况。

3. 恒载作用下梁的内力计算

框架梁上的恒载包括框架梁自重和楼板自重，框架梁自重为均布荷载，AB 跨和 CD 跨

162

的楼板自重传到框架梁上为梯形，BC 跨的楼板自重传到框架梁上为三角形。在这些荷载的作用下，框架梁的固端弯矩等效于均布荷载与梯形、三角形荷载的叠加。

（1）第 6 层。

$$\alpha = a/l = 1.8/7.2 = 0.25$$

$$
\begin{aligned}
-M_{AB} &= q_1 l_1^2/12 + q_2 l_1^2 (1 - 2\alpha^2 + \alpha^3) \\
&= 4.5 \times 7.2^2/12 + 19.26 \times 7.2^2 \times [1 - 2 \times (1/4)^2 + (1/4)^3]/12 \\
&= 93.54 (\text{kN} \cdot \text{m})
\end{aligned}
$$

$$
\begin{aligned}
-M_{BC} &= q_1' l_2^2/12 + 5 q_2' l_2^2/96 \\
&= 2.5 \times 2.4^2/12 + 5 \times 12.84 \times 2.4^2/96 \\
&= 5.05 (\text{kN} \cdot \text{m})
\end{aligned}
$$

（2）1～5 层。

$$
\begin{aligned}
-M_{AB} &= q_1 l_1^2/12 + q_2 l_1^2 (1 - 2\alpha^2 + \alpha^3) \\
&= 8.46 \times 7.2^2/12 + 14.22 \times 7.2^2 \times [1 - 2 \times (1/4)^2 + (1/4)^3]/12 \\
&= 91.26 (\text{kN} \cdot \text{m})
\end{aligned}
$$

$$
\begin{aligned}
-M_{BC} &= q_1' l_2^2/12 + 5 q_2' l_2^2/96 \\
&= 2.5 \times 2.4^2/12 + 5 \times 9.48 \times 2.4^2/96 \\
&= 4.04 (\text{kN} \cdot \text{m})
\end{aligned}
$$

4. 活载作用下梁的内力计算

活荷载作用下各层框架梁上的荷载分布如图 10.7.5 所示。

AB 跨和 CD 跨的楼板上的活载传到框架梁上为梯形，BC 跨的楼板上的活载传到框架梁上为三角形。在活载作用下框架梁的固端弯矩为

（1）第 6 层。

$$
\begin{aligned}
-M_{AB} &= q_2 l_1^2 (1 - 2\alpha^2 + \alpha^3) \\
&= 7.2 \times 7.2^2 \times [1 - 2 \times (1/4)^2 + (1/4)^3]/12 \\
&= 27.70 (\text{kN} \cdot \text{m})
\end{aligned}
$$

$$
\begin{aligned}
-M_{BC} &= 5 q_2' l_2^2/96 \\
&= 5 \times 4.8 \times 2.4^2/96 \\
&= 1.44 (\text{kN} \cdot \text{m})
\end{aligned}
$$

（2）1～5 层。

$$
\begin{aligned}
-M_{AB} &= q_2 l_1^2 (1 - 2\alpha^2 + \alpha^3) \\
&= 7.2 \times 7.2^2 \times [1 - 2 \times (1/4)^2 + (1/4)^3]/12 \\
&= 27.70 (\text{kN} \cdot \text{m})
\end{aligned}
$$

$$
\begin{aligned}
-M_{BC} &= 5 q_2' l_2^2/96 \\
&= 5 \times 6 \times 2.4^2/96 \\
&= 1.80 (\text{kN} \cdot \text{m})
\end{aligned}
$$

10.7.3　竖向荷载作用下的内力计算

竖向荷载作用下的内力计算采用弯矩二次分配法，由于结构和荷载均对称，故利用对称性，仅取一半结构进行计算，弯矩计算如图 10.7.4～图 10.7.7 所示。

上柱	下柱	右梁	左梁	上柱	下柱	右梁
	0.667	0.333	0.223		0.446	0.331
	17.46	−93.54	93.54	−23.23		−5.05
	50.75	25.33	−14.55		−29.11	−21.60
	14.80	−7.28	12.67		−10.61	
	−5.02	−2.50	−0.46		−0.92	−0.68
	60.53	−77.99	91.20		−40.63	−27.33
0.400	0.400	0.200	0.154	0.308	0.308	0.230
	17.28	−91.26	91.26	−18.32		−4.04
29.59	29.59	14.80	−10.61	−21.22	−21.22	−15.85
25.37	14.80	−5.31	7.40	−14.55	−10.61	
−13.95	−13.95	−6.97	2.74	5.47	5.47	4.09
41.02	30.44	−88.74	90.78	−30.30	−26.36	−15.80
0.400	0.400	0.200	0.154	0.308	0.308	0.230
	17.28	−91.26	91.26	−18.32		−4.04
29.59	29.59	14.80	−10.61	−21.22	−21.22	−15.85
14.80	14.80	−5.31	7.40	−10.61	−10.61	
−9.71	−9.71	−4.86	2.13	4.26	4.26	3.18
34.67	34.67	−86.63	90.18	−27.57	−27.57	−16.71
0.400	0.400	0.200	0.154	0.308	0.308	0.230
	17.28	−91.26	91.26	−18.32		−4.04
29.59	29.59	14.80	−10.61	−21.22	−21.22	−15.85
14.80	14.80	−5.31	7.40	−10.61	−10.61	
−9.71	−9.71	−4.86	2.13	4.26	4.26	3.18
34.67	34.67	−86.63	90.18	−27.57	−27.57	−16.71
0.400	0.400	0.200	0.154	0.308	0.308	0.230
	17.28	−91.26	91.26	−18.32		−4.04
29.59	29.59	14.80	−10.61	−21.22	−21.22	−15.85
14.80	16.31	−5.31	7.40	−10.61	−11.44	
−10.32	−10.32	−5.16	2.26	4.51	4.51	3.37
34.07	35.58	−86.93	90.30	−27.32	−28.15	−16.52
0.441	0.338	0.221	0.166	0.332	0.255	0.247
	17.28	−91.26	91.26	−18.32		−4.04
32.63	25.01	16.35	−11.44	−22.87	−17.57	−17.02
14.80		−5.72	8.17	−10.61		
−4.00	−3.07	−2.01	0.40	0.81	0.62	0.60
43.42	21.94	−82.64	88.40	−32.68	−16.95	−20.46
	12.50				−8.78	

图 10.7.4 恒载作用下内力计算（单位：kN）

上柱	下柱	右梁	左梁	上柱	下柱	右梁
	0.667	0.333	0.223		0.446	0.331
	4.86	−27.70	27.70	−7.02		−1.44
	15.23	7.61	−4.29		−8.58	−6.37
	4.57	−2.15	3.80		−3.10	
	−1.62	−0.81	−0.16		−0.31	−0.23
	18.19	−23.05	27.06		−12.00	−8.04
0.400	0.400	0.200	0.154	0.308	0.308	0.230
	4.86	−27.70	27.70	−5.76		−1.80
9.14	9.14	4.57	−3.10	−6.20	−6.20	−4.63
7.62	4.57	−1.55	2.28	−4.29	−3.10	
−4.25	−4.25	−2.13	0.79	1.57	1.57	1.17
12.50	9.45	−26.81	27.67	−8.92	−7.73	−5.26
0.400	0.400	0.200	0.154	0.308	0.308	0.230
	4.86	−27.70	27.70	−5.76		−1.80
9.14	9.14	4.57	−3.10	−6.20	−6.20	−4.63
4.57	4.57	−1.55	2.28	−3.10	−3.10	
−3.03	−3.03	−1.52	0.60	1.21	1.21	0.90
10.67	10.67	−26.20	27.49	−8.10	−8.10	−5.53
0.400	0.400	0.200	0.154	0.308	0.308	0.230
	4.86	−27.70	27.70	−5.76		−1.80
9.14	9.14	4.57	−3.10	−6.20	−6.20	−4.63
4.57	4.57	−1.55	2.28	−3.10	−3.10	
−3.03	−3.03	−1.52	0.60	1.21	1.21	0.90
10.67	10.67	−26.20	27.49	−8.10	−8.10	−5.53
0.400	0.400	0.200	0.154	0.308	0.308	0.230
	4.86	−27.70	27.70	−5.76		−1.80
9.14	9.14	4.57	−3.10	−6.20	−6.20	−4.63
4.57	5.04	−1.55	2.28	−3.10	−3.34	
−3.22	−3.22	−1.61	0.64	1.28	1.28	0.96
10.48	10.95	−26.29	27.52	−8.02	−8.26	−5.48
0.441	0.338	0.221	0.166	0.332	0.255	0.247
	4.86	−27.70	27.70	−5.76		−1.80
10.07	7.72	5.05	−3.34	−6.69	−5.14	−4.97
4.57		−1.67	2.52	−3.10		
−1.28	−0.98	−0.64	0.10	0.19	0.15	0.14
13.36	6.74	−24.96	26.98	−9.60	−4.99	−6.63
	3.86				−2.57	

图 10.7.5 活载作用下内力计算

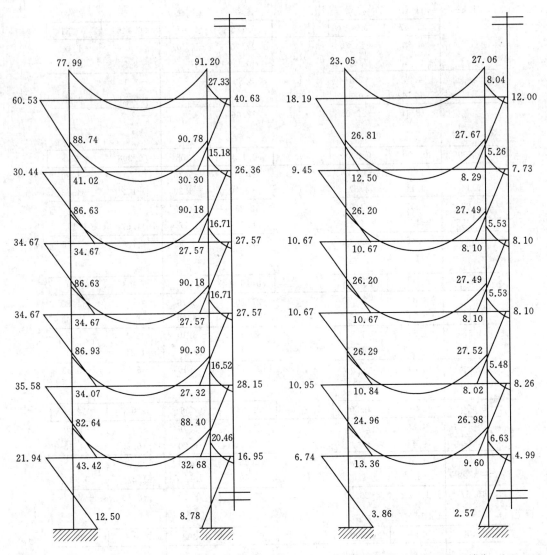

图 10.7.6　恒载作用下的弯矩图（单位：kN·m）　图 10.7.7　活载作用下的弯矩图（单位：kN·m）

10.7.4　梁端剪力和柱轴力的计算

1. 恒载作用下

以第 6 层为例。第 6 层荷载引起的剪力：

$$V_A = V_B = (19.26 \times 5.4 + 4.5 \times 7.2)/2 = 68.20 \text{(kN)}$$

$$V_B = V_C = (12.84 \times 1.2 + 2.5 \times 2.4)/2 = 10.70 \text{(kN)}$$

本例中，弯矩引起的剪力很小，可忽略不计（表 10.7.3）。

A 柱。

$$N_顶 = 116.37 + 68.20 = 184.57 \text{(kN)}$$

$$柱重 = 0.6 \times 0.6 \times 3.6 \times 25 = 32.4 \text{(kN)}$$

$$N_底 = N_顶 + 32.4 = 216.97(kN)$$

B 柱。

$$N_顶 = 154.89 + 68.20 + 10.70 = 233.79(kN)$$

柱重：
$$0.6 \times 0.6 \times 3.6 \times 25 = 32.4(kN)$$

$$N_底 = N_顶 + 32.4 = 266.19(kN)$$

表 10.7.3　　　　　　　恒载作用下梁端剪力及柱轴力　　　　　　　单位：kN

层次	荷载引起的剪力		柱轴力			
	AB 跨	BC 跨	A 柱		B 柱	
	$V_A = V_B$	$V_B = V_C$	$N_顶$	$N_底$	$N_顶$	$N_底$
6	68.20	10.70	184.57	216.97	233.79	266.19
5	68.85	8.69	401.04	433.44	465.86	498.26
4	68.85	8.69	617.51	649.91	697.93	730.33
3	68.85	8.69	833.98	866.38	930.00	962.40
2	68.85	8.69	1050.45	1082.85	1162.07	1194.47
1	68.85	8.69	1266.92	1299.32	1394.14	1426.54

2. 活载作用下

以第 6 层为例（表 10.7.4）。第 6 层荷载引起的剪力：

$$V_A = V_B = 7.2 \times 5.4/2 = 19.44(kN)$$

$$V_B = V_C = 4.8 \times 1.2/2 = 2.88(kN)$$

A 柱：$N_顶 = N_底 = 32.4 + 19.44 = 51.84(kN)$

B 柱：$N_顶 = N_底 = 46.8 + 19.44 + 2.88 = 69.12(kN)$

表 10.7.4　　　　　　　活载作用下梁端剪力及柱轴力　　　　　　　单位：kN

层次	荷载引起的剪力		柱轴力	
	AB 跨	BC 跨	A 柱	B 柱
	$V_A = V_B$	$V_B = V_C$	$N_顶 = N_底$	$N_顶 = N_底$
6	19.44	2.88	51.84	69.12
5	19.44	3.6	103.68	142.56
4	19.44	3.6	155.52	216.00
3	19.44	3.6	207.36	289.44
2	19.44	3.6	259.2	362.88
1	19.44	3.6	311.04	436.32

10.8　内力组合

10.8.1　框架梁的内力组合

1. 结构抗震等级

抗震等级为二级。

2. 框架梁内力组合

考虑 3 种内力组合，即：$1.2S_{Gk}+1.4S_{Qk}$，$1.35S_{Gk}+1.0S_{Qk}$ 及 $1.2S_{GE}+1.3S_{Ek}$。

考虑到钢筋混凝土结构具有塑性内力重分布的性质，在竖向荷载下可以适当降低梁端弯矩，进行调幅（调幅系数取 0.8），以减少负弯矩钢筋的拥挤现象。

η_{vb} 为梁端剪力增大系数，二级取 1.2。

各层梁的内力组合和梁端剪力调整结果见表 10.8.1。

表 10.8.1　　　　　　　　　　梁的内力组合和梁端剪力调整

层次	截面位置	内力	S_{Gk}调幅后	S_{Qk}调幅后	$S_{Ek(1)}$	$S_{Ek(2)}$	$\gamma_{RE}[1.2\times(S_{Gk}+0.5S_{Qk})+1.3S_{Ek}]$		$1.35S_{Gk}+1.0S_{Qk}$	$1.2S_{Gk}+1.4S_{Qk}$	$\gamma_{RE}M_{max}$	$V=\gamma_{RE}[\eta_{vb}(M_b^l+M_b^r)/l_n+V_{Gb}]$
							1	2				
6	A	$M/(\text{kN}\cdot\text{m})$	−62.39	−18.44	75.97	−75.97	9.62	−138.51	−99.54	−100.68	−138.51	95.75
		V/kN	68.20	19.44	−18.51	18.51	52.08	88.18	108.10	109.06		
	$B_{左}$	$M/(\text{kN}\cdot\text{m})$	−72.96	−21.64	−57.33	57.33	−131.29	−19.51	−116.49	−117.85	−131.29	
		V/kN	68.20	19.44	18.51	−18.51	88.18	52.08	108.10	109.06		
	$B_{右}$	$M/(\text{kN}\cdot\text{m})$	−21.87	−6.43	42.55	−42.55	18.91	−64.06	−34.86	−35.24	−64.06	66.52
		V/kN	10.70	2.88	−35.46	35.46	−23.66	45.50	16.79	16.87		
5	A	$M/(\text{kN}\cdot\text{m})$	−70.99	−21.45	148.12	−148.12	70.87	−217.96	−113.74	−115.22	−217.96	119.09
		V/kN	68.85	19.44	−37.65	37.65	34.00	107.43	108.95	109.84		
	$B_{左}$	$M/(\text{kN}\cdot\text{m})$	−72.63	−22.14	−122.99	122.99	−195.24	44.59	−116.55	−118.14	−195.24	
		V/kN	68.85	19.44	37.65	−37.65	107.43	34.00	108.95	109.84		
	$B_{右}$	$M/(\text{kN}\cdot\text{m})$	−12.64	−4.21	91.28	−91.28	75.73	−102.27	−20.64	−21.06	−102.27	128.38
		V/kN	8.69	3.60	−76.07	76.07	−64.73	83.01	14.90	15.47		
4	A	$M/(\text{kN}\cdot\text{m})$	−69.30	−20.96	209.25	−209.25	132.22	−275.82	−111.05	−112.51	−275.82	143.27
		V/kN	68.85	19.44	−56.42	56.42	15.70	125.72	108.95	109.84		
	$B_{左}$	$M/(\text{kN}\cdot\text{m})$	−72.14	−21.99	−196.99	196.99	−266.88	117.24	−115.77	−117.35	−266.88	
		V/kN	68.85	3.60	56.42	−56.42	118.60	8.57	93.11	87.66		
	$B_{右}$	$M/(\text{kN}\cdot\text{m})$	−13.37	−4.42	146.21	−146.21	128.53	−156.57	−21.80	−22.23	−156.57	199.78
		V/kN	8.69	3.60	−121.84	121.84	−109.35	128.24	14.90	15.47		
3	A	$M/(\text{kN}\cdot\text{m})$	−69.30	−20.96	209.28	−209.28	211.22	−354.83	−111.05	−112.51	−356.83	170.02
		V/kN	68.85	19.44	−75.42	75.42	−2.82	144.25	108.95	109.84		
	$B_{左}$	$M/(\text{kN}\cdot\text{m})$	−72.14	21.99	−252.74	252.74	−301.45	191.39	−71.79	−55.78	−301.45	
		V/kN	68.85	19.44	75.42	−75.42	144.25	−2.82	108.95	109.84		
	$B_{右}$	$M/(\text{kN}\cdot\text{m})$	−13.37	−4.42	187.59	−187.59	168.88	−196.92	−21.80	−22.23	−196.92	253.58
		V/kN	8.69	3.60	−156.33	156.33	−142.98	161.86	14.90	15.47		

168

层次	截面位置	内力	S_{Gk}调幅后	S_{Qk}调幅后	$S_{Ek(1)}$	$S_{Ek(2)}$	$\gamma_{RE}[1.2\times(S_{Gk}+0.5S_{Qk})+1.3S_{Ek}]$ 1	2	$1.35S_{Gk}+1.0S_{Qk}$	$1.2S_{Gk}+1.4S_{Qk}$	$\gamma_{RE}M_{max}$	$V=\gamma_{RE}[\eta_{vb}(M_b^l+M_b^r)/l_n+V_{Gb}]$
2	A	$M/(kN\cdot m)$	−69.54	−21.03	289.61	−289.61	210.32	−354.43	−111.44	−112.90	−354.43	171.62
		V/kN	68.85	19.44	−78.66	78.66	−5.98	147.40	108.95	109.84		
	$B_{左}$	$M/(kN\cdot m)$	−72.24	−22.02	−276.71	276.71	−344.72	194.87	−115.93	−117.52	−344.72	
		V/kN	68.85	19.44	78.66	−78.66	147.40	−5.98	108.95	109.84		
	$B_{右}$	$M/(kN\cdot m)$	−13.21	−4.38	205.38	−205.38	186.38	−214.11	−21.56	−21.99	−214.11	276.71
		V/kN	8.69	3.60	−171.15	171.15	−157.43	176.31	14.90	15.47		
1	A	$M/(kN\cdot m)$	−66.11	−19.97	350.22	−350.22	272.98	−409.95	−105.91	−107.29	−409.95	184.84
		V/kN	68.85	19.44	−88.73	88.73	−15.80	157.22	108.95	109.84		
	$B_{左}$	$M/(kN\cdot m)$	−70.72	−21.58	−288.62	288.62	−354.76	208.04	−113.52	−115.08	−354.76	
		V/kN	68.85	19.44	88.73	−88.73	157.22	−15.80	108.95	109.84		
	$B_{右}$	$M/(kN\cdot m)$	−16.37	−5.31	214.22	−214.22	191.75	−225.98	−26.58	−27.07	−225.98	288.20
		V/kN	8.69	3.60	−178.51	178.51	−164.61	183.49	14.90	15.47		

3. 跨间最大弯矩的计算

以第 1 层 AB 跨梁为例，说明计算方法和过程。

计算理论：根据梁端弯矩的组合值及梁上荷载设计值，由平衡条件确定。

（1）均布和梯形荷载下，如图 10.8.1所示。

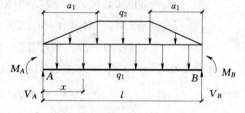

图 10.8.1　均布和梯形荷载分布

$$V_A = -(M_A - M_B)/l + q_1 l/2 + (1-a)lq_2/2$$

若 $V_A - (2q_1+q_2)a_l/2 \leqslant 0$，说明 $x \leqslant a_l$，其中 x 为最大正弯矩截面至 A 支座的距离，则 x 可由下式求解：

$$V_A - q_1 x - x^2 q_2/(2a_l) = 0$$

将求得的 x 值代入下式即可得跨间最大正弯矩值：

$$M_{max} = M_A + V_A x - q_1 x^2/2 - x^3 q_2/(6a_l)$$

若 $V_A - (2q_1+q_2)a_1/2 > 0$，说明 $x > a_1$，则

$$x = (V_A + a_1 q_2/2)/(q_1 + q_2)$$

可得跨间最大正弯矩值：

$$M_{max} = M_A + V_A x - (q_1 + q_2)x^2/2 + a_1 q_2(x - a_1/3)/2$$

若 $V_A \leqslant 0$，则 $M_{max} = M_A$

（2）同理，三角形分布荷载和均布荷载作用下，如图 10.8.2所示。

$$V_A = -(M_A - M_B)/l + q_1 l/2 + q_2 l/4$$

x 可由下式解得：$V_A = q_1 x + x^2 q_2/l$

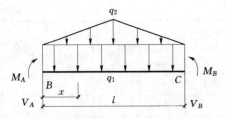

图 10.8.2 三角形荷载和均布荷载分布

可得跨间最大正弯矩值：$M_{max}=M_A+V_Ax-q_1x^2/2-x^3q_2/3l$

第 1 层 AB 跨梁：

梁上荷载设计值：$q_1=1.2\times8.46=10.15$（kN/m）

$q_2=1.2\times(14.22+0.5\times7.2)=21.38$（kN/m）

左震：$M_A=272.98/0.75=363.97$（kN·m）

$$M_B=-354.76/0.75=-473.01(kN \cdot m)$$

$$V_A=-(M_A-M_B)/l+q_1l/2+(L-a)lq_2/2$$

$$=-(363.97+473.01)/7.2+10.15\times7.2/2+3/4\times21.38\times7.2/2$$

$$=-21.98(kN)<0$$

则 M_{max} 发生在左支座

$$M_{max}=M_{max}=1.3M_{Ek}-1.0M_{GE}=1.3\times350.72-(66.11+0.5\times19.97)$$

$$=379.18(kN \cdot m)$$

$$\gamma_{RE}M_{max}=0.75\times379.18=284.39(kN \cdot m)$$

右震：$M_A=-409.95/0.75=-546.59$（kN·m）

$$M_B=208.04/0.75=277.39(kN \cdot m)$$

$$V_A=-(M_A-M_B)/l+q_1l/2+(1-a)lq_2/2$$

$$=(546.59+277.39)/7.2+10.15\times7.2/2+3/4\times21.38\times7.2/2=171.20(kN)$$

由于 $171.20-(2\times10.15+21.38)\times1.8/2=133.69>0$，故 $x>a_l=l/4=1.8$(m)

$$x=(V_A+a_1q_2/2)/(q_1+q_2)$$

$$=(171.20+0.9\times21.38)/(10.15+21.38)$$

$$=7.23(m)>7.2(m)$$

则 M_{max} 发生在右支座

$$M_{max}=1.3M_{Ek}-1.0M_{GE}=1.3\times288.62-(70.72+0.5\times21.58)$$

$$=293.70(kN \cdot m)$$

$$\gamma_{RE}M_{max}=0.75\times293.70=220.27(kN \cdot m)$$

其他跨间的最大弯矩计算结果见表 10.8.2。

表 10.8.2　　　　　　　　跨间最大弯矩计算结果表

层次	1		2		3	
跨	AB	BC	AB	BC	AB	BC
M_{max}/kN·m	284.39	223.12	222.33	211.80	223.19	194.58
层次	4		5		6	
跨	AB	BC	AB	BC	AB	BC
M_{max}/kN·m	128.30	154.24	111.28	100.06	95.39	60.30

4. 梁端剪力的调整

抗震设计中,二级框架梁和抗震墙中跨高比大于 2.5,其梁端剪力设计值应按下式调整:

$$V = \gamma_{RE}[\eta_{vb}(M_b^l + M_b^r)/l_n + V_{Gb}]$$

(1) 对于第 6 层。

AB 跨:受力如图 10.8.3 所示。

梁上荷载设计值:$q_1 = 1.2 \times 4.5 = 5.4(\text{kN/m})$

$q_2 = 1.2 \times (19.26 + 0.5 \times 7.2) = 27.43(\text{kN/m})$

$V_{Gb} = 5.4 \times 7.2/2 + 27.43 \times 5.4/2 = 93.50(\text{kN})$

$l_n = 7.2 - 0.6 = 6.6(\text{m})$

左震:
$$M_b^l = 9.62/0.75 = 12.83(\text{kN} \cdot \text{m})$$
$$M_b^r = -131.29/0.75 = -175.05(\text{kN} \cdot \text{m})$$
$$V = \gamma_{RE}[\eta_{vb}(M_b^l + M_b^r)/l_n + V_{Gb}]$$
$$= 0.75 \times [1.2 \times (12.83 + 175.05)/6.6 + 93.50]$$
$$= 95.75(\text{kN})$$

右震:
$$M_b^l = -138.51/0.75 = -184.68(\text{kN} \cdot \text{m})$$
$$M_b^r = -19.51/0.75 = -26.01(\text{kN} \cdot \text{m})$$
$$V = \gamma_{RE}[\eta_{vb}(M_b^l + M_b^r)/l_n + V_{Gb}]$$
$$= 0.75 \times [1.2 \times (184.68 - 26.01)/6.6 + 93.50]$$
$$= 91.76(\text{kN})$$

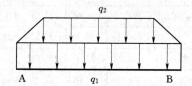

图 10.8.3 AB 跨荷载分布

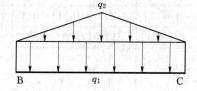

图 10.8.4 BC 跨荷载分布

BC 跨:受力如图 10.8.4 所示。

梁上荷载设计值:
$$q_1 = 1.2 \times 2.5 = 3.0(\text{kN/m})$$
$$q_2 = 1.2 \times (12.84 + 0.5 \times 4.8) = 18.92(\text{kN/m})$$
$$V_{Gb} = 3.0 \times 2.4/2 + 18.92 \times 1.2/2 = 14.95(\text{kN})$$
$$l_n = 2.4 - 0.6 = 1.8(\text{m})$$

左震:
$$M_b^l = 18.91/0.75 = 25.21(\text{kN} \cdot \text{m})$$
$$M_b^r = -67.02/0.75 = -85.41(\text{kN} \cdot \text{m})$$
$$V = \gamma_{RE}[\eta_{vb}(M_b^l + M_b^r)/l_n + V_{Gb}]$$
$$= 0.75 \times [1.2 \times (25.21 + 85.41)/1.8 + 14.95]$$
$$= 66.52(\text{kN})$$

右震:
$$M_b^r = -64.06/0.75 = -85.41 \ (\text{kN} \cdot \text{m})$$

$$M_b^l = 18.91/0.75 = 25.21 (\text{kN} \cdot \text{m})$$
$$V = \gamma_{RE} \left[\eta_{vb} (M_b^l + M_b^r) / l_n + V_{Gb} \right]$$
$$= 0.75 \times \left[1.2 \times (25.21 + 85.41) / 1.8 + 14.95 \right]$$
$$= 66.52 (\text{kN})$$

（2）对于第 1～5 层。

AB 跨：
$$q_1 = 1.2 \times 8.46 = 10.15 (\text{kN/m})$$
$$q_2 = 1.2 \times (14.22 + 0.5 \times 7.2) = 21.38 (\text{kN/m})$$
$$V_{Gb} = 10.15 \times 7.2/2 + 21.38 \times 5.4/2 = 94.27 (\text{kN})$$

BC 跨：
$$q_1 = 1.2 \times 2.5 = 3.0 (\text{kN/m})$$
$$q_2 = 1.2 \times (9.4 + 0.5 \times 6) = 14.98 (\text{kN/m})$$
$$V_{Gb} = 3.0 \times 2.4/2 + 14.98 \times 1.2/2 = 12.59 (\text{kN})$$

剪力调整方法同上，结果见各层梁的内力组合和梁端剪力调整表。

10.8.2 框架柱的内力组合

取每层柱顶和柱底两个控制截面，组合结果见表 10.8.3、表 10.8.4。

表 10.8.3　横向框架 A 柱弯矩和轴力组合

层次	截面	内力	S_{Gk}调幅后	S_{Qk}调幅后	$S_{Ek(1)}$	$S_{Ek(2)}$	$\gamma_{RE}[1.2\times(S_{Gk}+0.5S_{Qk})+1.3S_{Ek}]$		$1.35S_{Gk}+1.0S_{Qk}$	$1.2S_{Gk}+1.4S_{Qk}$	M_{max}	M	M
							1	2			N	N_{min}	N_{max}
6	柱顶	$M/(\text{kN}\cdot\text{m})$	60.53	18.19	−75.97	75.97	−11.41	136.72	99.90	98.09	136.72	−11.41	99.90
		N/kN	184.57	51.84	−18.51	18.51	171.39	207.49	301.01	294.06	207.49	171.39	301.01
	柱底	$M/(\text{kN}\cdot\text{m})$	−41.02	−12.50	25.32	−25.32	−17.85	−67.23	−67.88	−66.72	−67.23	−17.85	−67.88
		N/kN	216.97	51.84	−18.51	18.51	200.55	236.65	344.75	332.94	236.65	200.55	344.75
5	柱顶	$M/(\text{kN}\cdot\text{m})$	30.44	9.45	−122.80	122.80	−88.08	151.38	50.55	49.76	151.38	−88.08	50.55
		N/kN	401.04	103.68	−56.17	56.17	352.83	462.35	645.08	626.40	462.35	352.83	645.08
	柱底	$M/(\text{kN}\cdot\text{m})$	−34.67	−10.67	66.12	−66.12	28.46	−100.48	−57.48	−56.55	−100.48	28.46	−57.48
		N/kN	433.44	103.68	−56.17	56.17	381.99	491.51	688.82	665.28	491.51	381.99	688.82
4	柱顶	$M/(\text{kN}\cdot\text{m})$	34.67	10.67	−143.13	143.13	−103.54	175.56	57.48	56.55	175.56	−103.54	57.48
		N/kN	617.51	155.52	−112.59	112.59	515.97	735.52	989.16	958.74	735.52	515.97	989.16
	柱底	$M/(\text{kN}\cdot\text{m})$	−34.67	−10.67	117.11	−117.11	78.17	−150.19	−57.48	−56.55	−150.19	78.17	−57.48
		N/kN	649.91	155.52	−112.59	112.59	545.13	764.68	1032.90	997.62	764.68	545.13	1032.90
3	柱顶	$M/(\text{kN}\cdot\text{m})$	34.67	10.67	−173.18	173.18	−133.84	204.85	57.48	56.55	204.85	−133.84	57.48
		N/kN	833.98	207.36	−188.01	188.01	660.59	1027.00	1333.23	1291.08	1027.00	660.59	1333.23
	柱底	$M/(\text{kN}\cdot\text{m})$	−34.07	−10.48	141.69	−141.69	102.77	−173.52	−56.47	−55.56	−173.52	102.77	−56.47
		N/kN	866.38	207.36	−188.01	188.01	689.75	1056.36	1376.97	1329.96	1056.36	689.75	1376.97

层次	截面	内力	S_{Gk}调幅后	S_{Qk}调幅后	$S_{Ek(1)}$	$S_{Ek(2)}$	$\gamma_{RE}[1.2\times(S_{Gk}+0.5S_{Qk})+1.3S_{Ek}]$		$1.35S_{Gk}+1.0S_{Qk}$	$1.2S_{Gk}+1.4S_{Qk}$	M_{max}	M	M
							1	2			N	N_{min}	N_{max}
2	柱顶	M/(kN·m)	35.58	10.95	−147.93	147.93	−107.27	181.18	58.99	58.03	181.18	−107.27	58.99
		N/kN	1050.45	259.20	−266.60	266.60	802.05	1322.04	1677.31	1623.42	1322.04	802.05	1677.31
	柱底	M/(kN·m)	−43.42	−13.36	204.28	−204.28	154.08	−244.26	−71.98	−70.81	−244.26	154.08	−71.98
		N/kN	1082.85	259.20	−266.66	266.66	831.21	1351.20	1721.05	166.30	1351.20	831.21	1721.05
1	柱顶	M/(kN·m)	21.94	6.74	−145.94	145.94	−119.51	165.07	36.36	35.76	165.07	−119.51	36.36
		N/kN	1266.92	311.04	−355.39	355.39	933.69	1626.70	2021.38	1955.76	1626.70	933.69	2021.38
	柱底	M/(kN·m)	−12.50	−3.86	915.36	−915.36	391.99	−417.97	−20.74	−20.41	−417.97	391.99	−20.74
		N/kN	1299.32	311.04	−355.39	355.39	962.85	1655.86	2065.12	1994.64	1655.86	962.85	2065.12

表 10.8.4　　　　　横向框架 B 柱弯矩和轴力组合

层次	截面	内力	S_{Ge}调幅后	S_{Qk}调幅后	$S_{Ek(1)}$	$S_{Ek(2)}$	$\gamma_{RE}[1.2\times(S_{Gk}+0.5S_{Qk})+1.3S_{Ek}]$		$1.35S_{Gk}+1.0S_{Qk}$	$1.2S_{Gk}+1.4S_{Qk}$	M_{max}	M	M
							1	2			N	N_{min}	N_{max}
6	柱顶	M/(kN·m)	−40.63	−12.00	−99.88	99.88	−139.35	55.41	−66.85	−65.55	−139.35	−139.35	−66.85
		N/kN	233.79	69.12	−16.94	16.94	224.99	258.04	384.74	377.32	224.99	224.97	384.74
	柱底	M/(kN·m)	30.30	8.92	53.78	−53.78	83.72	−21.15	49.83	48.85	83.72	83.72	49.83
		N/kN	266.19	69.12	−16.94	16.94	254.15	287.20	428.48	416.20	254.15	254.15	428.48
5	柱顶	M/(kN·m)	−26.36	−7.73	−160.49	160.49	−183.68	129.28	−43.32	−42.46	−183.68	−183.68	−43.32
		N/kN	465.86	142.56	−55.36	55.36	429.45	537.40	771.47	758.62	429.45	429.45	771.47
	柱底	M/(kN·m)	27.57	8.10	126.10	−126.10	151.41	−94.49	45.32	44.43	151.41	151.51	45.32
		N/kN	498.26	142.56	−55.36	55.36	458.61	566.56	815.21	797.50	458.61	458.61	815.21
4	柱顶	M/(kN·m)	−27.57	−8.10	−217.10	217.10	−240.13	183.21	−45.32	−44.43	−240.13	−240.13	−45.32
		N/kN	697.93	216.00	−120.78	120.78	607.58	843.10	1158.21	1139.92	607.58	607.58	1158.21
	柱底	M/(kN·m)	27.57	8.10	177.62	−177.62	201.64	−144.72	45.32	44.43	201.64	201.64	45.32
		N/kN	730.33	216.00	−120.78	120.78	636.74	872.26	1201.95	1178.80	636.74	636.74	1201.95
3	柱顶	M/(kN·m)	−27.57	−8.10	−262.71	262.71	−284.60	227.68	−45.32	−44.43	−284.60	−284.60	−45.32
		N/kN	930.00	289.44	−201.68	201.68	770.61	1163.89	1544.94	1521.22	770.61	770.61	1544.94
	柱底	M/(kN·m)	27.32	8.02	214.94	−214.94	237.77	−181.37	44.90	44.02	237.77	237.77	44.90
		N/kN	962.40	289.44	−210.68	210.68	799.77	1193.05	1588.68	1560.10	799.77	799.77	1588.68

层次	截面	内力	S_{Ge}调幅后	S_{Qk}调幅后	$S_{Ek(1)}$	$S_{Ek(2)}$	$\gamma_{RE}[1.2\times(S_{Gk}+0.5S_{Qk})+1.3S_{Ek}]$		$1.35S_{Gk}+1.0S_{Qk}$	$1.2S_{Gk}+1.4S_{Qk}$	M_{max}	M	M
							1	2			N	N_{min}	N_{max}
2	柱顶	$M/(\text{kN·m})$	−28.15	−8.26	−267.15	267.15	−289.52	231.42	−46.26	−45.35	−289.52	−289.52	−46.26
		N/kN	1162.07	362.88	−294.18	294.18	922.33	1495.98	1931.67	1902.52	922.33	922.33	1931.67
	柱底	$M/(\text{kN·m})$	32.68	9.60	267.15	−267.15	294.20	−226.74	53.71	52.65	294.20	294.20	53.71
		N/kN	1194.47	362.88	−294.18	294.18	951.49	1525.14	1975.41	1941.40	951.49	951.49	1975.41
1	柱顶	$M/(\text{kN·m})$	−16.95	−4.99	−235.68	235.68	−247.29	212.29	−27.87	−27.32	−247.29	−247.29	−27.87
		N/kN	1394.14	436.32	−383.97	383.97	1076.70	1825.44	2318.41	2283.82	1076.70	1076.70	2318.41
	柱底	$M/(\text{kN·m})$	8.78	2.57	437.70	−437.70	435.82	−417.69	14.43	14.14	435.82	435.82	14.43
		N/kN	1426.54	436.32	−383.97	383.97	1105.86	1854.60	2362.15	2322.70	1105.86	1105.86	2362.15

10.8.3 柱端弯矩设计值的调整

1. A柱

第6层，按《建筑抗震设计规范》，无需调整。

第5层，柱顶轴压比$[u_N]=N/A_cf_c=462.35\times10^3/14.3/600^2=0.090<0.15$，无需调整。

柱底轴压比$[u_N]=N/A_cf_c=491.51\times10^3/14.3/600^2=0.095<0.15$，无需调整。

第4层，同理也无需调整。

第3层，柱顶轴压比$[u_N]=N/A_cf_c=1027.00\times10^3/14.3/600^2=0.199>0.15$。

可知，1、2、3层柱端组合的弯矩设计值应符合下式要求：

$$\sum M_c=\eta_c\sum M_b$$

注：$\sum M_c$为节点上下柱端截面顺时针或逆时针方向组合的弯矩设计值之和，上下柱端的弯矩设计值可按弹性分析分配。$\sum M_b$为节点左右梁端截面顺时针或逆时针方向组合的弯矩设计值之和。η_c柱端弯矩增大系数，二级取1.5。A柱调整图如图10.8.5所示，柱端组合弯矩设计值的调整见表10.8.5。

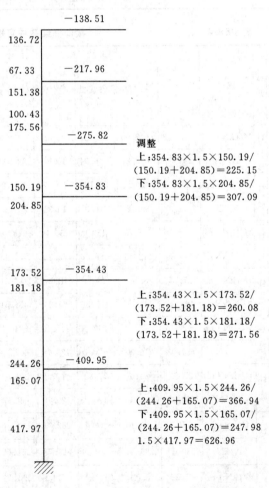

图10.8.5 A柱柱端弯矩调整（单位：kN·m）

表 10.8.5 **横向框架 A 柱柱端组合弯矩设计值的调整** 单位：kN·m

层次	6		5		4		3		2		1	
截面	柱顶	柱底	柱顶	柱底	柱顶	柱底	柱顶	柱底	柱顶	柱底	柱顶	柱底
$\gamma_{RE}(\sum M_c = \eta_c \sum M_b)$	136.72	67.23	151.38	100.48	175.56	225.15	307.09	260.08	271.56	366.94	247.98	626.96
$\gamma_{RE} N$	209.49	236.65	462.35	491.51	735.52	764.68	1027.00	1056.36	1322.04	1351.20	1626.70	1655.86

2. B 柱

第 6 层，按《建筑抗震设计规范》，无需调整。

经计算当轴力 $N = f_c A_c = 0.15 \times 14.3 \times 600^2 / 10^3 = 772.2$ kN 时，方符合调整的条件，可知 B 柱调整图如图 10.8.6 所示，柱端组合弯矩设计值的调整见表 10.8.6。

表 10.8.6 **横向框架 B 柱柱端组合弯矩设计值的调整** 单位：kN·m

层次	6		5		4		3		2		1	
截面	柱顶	柱底	柱顶	柱底	柱顶	柱底	柱顶	柱底	柱顶	柱底	柱顶	柱底
$\gamma_{RE}(\sum M_c = \eta_c \sum M_b)$	139.35	83.72	183.68	245.61	389.55	310.01	437.55	377.99	460.26	473.29	397.82	653.73
$\gamma_{RE} N$	224.99	254.15	429.45	458.61	607.58	636.74	770.61	799.77	922.33	951.49	1076.70	1105.86

10.8.4 柱端剪力组合和设计值的调整

例：第 6 层：恒载 $S_{Gk} = (M_{上} + M_{下})/h = (-60.53 - 41.02)/3.6 = -28.21$

活载 $S_{Qk} = (M_{上} + M_{下})/h = (-18.19 - 12.50)/3.6 = -8.52$

地震作用 $S_{Ek} = (M_{上} + M_{下})/h = (75.97 + 25.32)/3.6 = 28.14$

调整：$1.3 \times (136.72 + 67.33)/3.6 = 73.65$

A 柱与 B 柱调整值见表 10.8.7、表 10.8.8。

表 10.8.7 **横向框架 A 柱剪力组合与调整** 单位：kN

层次	S_{Gk}	S_{Qk}	S_{Ek1}	S_{Ek2}	$\gamma_{RE}[1.2 \times (S_{Gk}+0.5S_{Qk}) +1.3S_{Ek}]$		$1.35S_{Gk} +1.0S_{Qk}$	$1.2S_{Gk} +1.4S_{Qk}$	$V=\gamma_{RE}[\eta_{vc} (M_c^b + M_c^t)/h_n]$
					1	2			
6	-28.21	-8.52	28.14	-28.14	-1.79	-56.65	-46.60	-45.78	73.65
5	-18.09	-5.59	52.48	-52.48	32.39	-69.96	-30.01	-29.53	90.95
4	-19.26	-5.93	109.64	-109.64	86.90	-126.91	-31.93	-31.41	155.53
3	-19.09	-5.88	132.68	-132.68	109.54	-149.19	-31.65	-31.14	205.10
2	-21.94	-6.75	97.83	-97.83	72.60	-118.18	-36.38	-35.79	230.57
1	-7.33	-2.26	119.43	-119.43	108.83	-124.05	-12.15	-11.95	255.83

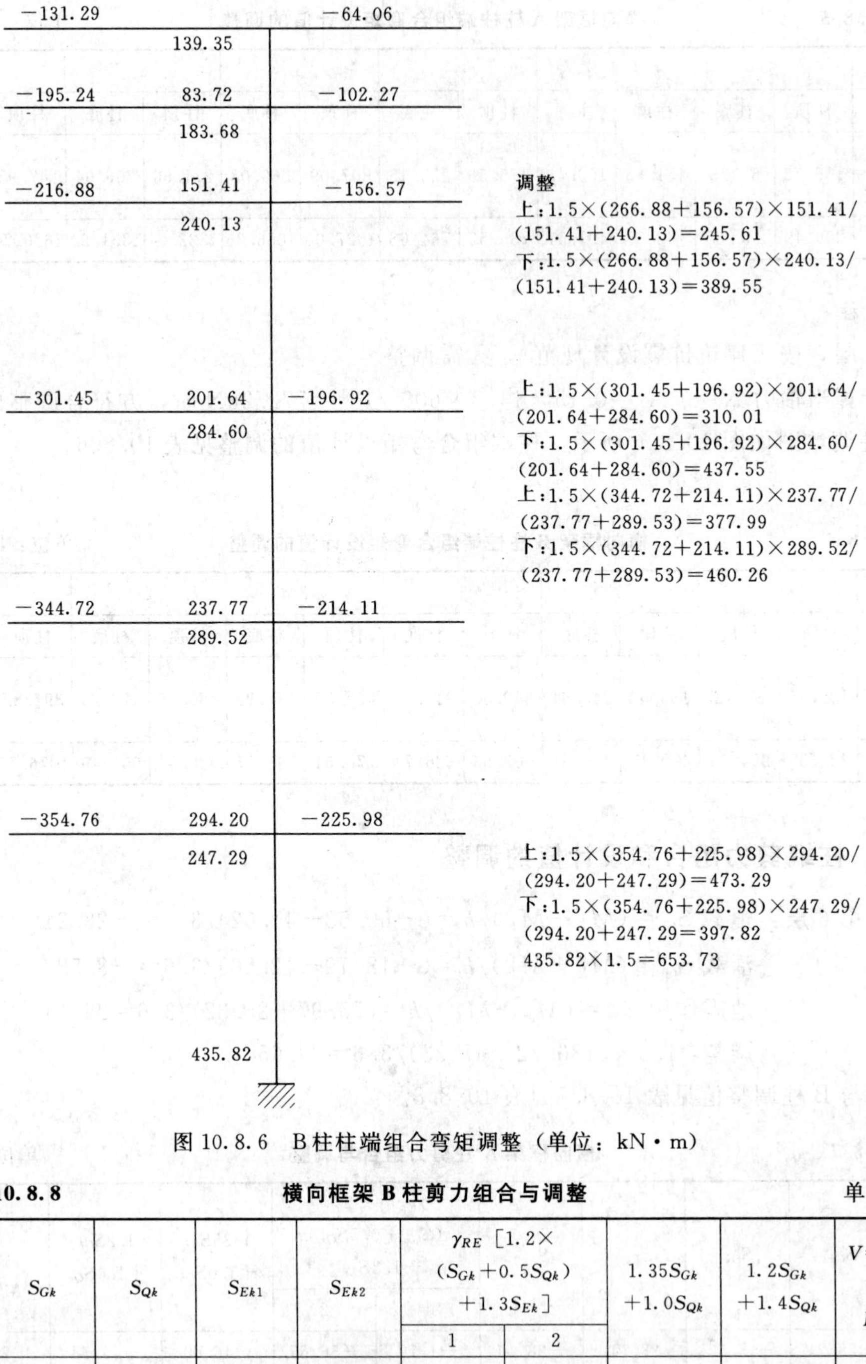

-131.29   -64.06

139.35

-195.24   83.72   -102.27

183.68

-216.88   151.41   -156.57

240.13

调整
上：1.5×(266.88+156.57)×151.41/
(151.41+240.13)＝245.61
下：1.5×(266.88+156.57)×240.13/
(151.41+240.13)＝389.55

-301.45   201.64   -196.92

284.60

上：1.5×(301.45+196.92)×201.64/
(201.64+284.60)＝310.01
下：1.5×(301.45+196.92)×284.60/
(201.64+284.60)＝437.55
上：1.5×(344.72+214.11)×237.77/
(237.77+289.53)＝377.99
下：1.5×(344.72+214.11)×289.52/
(237.77+289.53)＝460.26

-344.72   237.77   -214.11

289.52

-354.76   294.20   -225.98

247.29

上：1.5×(354.76+225.98)×294.20/
(294.20+247.29)＝473.29
下：1.5×(354.76+225.98)×247.29/
(294.20+247.29＝397.82
435.82×1.5＝653.73

435.82

图 10.8.6　B柱柱端组合弯矩调整（单位：kN・m）

表 10.8.8　　　　　　　　　**横向框架 B 柱剪力组合与调整**　　　　　　单位：kN

层次	S_{Gk}	S_{Qk}	S_{Ek1}	S_{Ek2}	γ_{RE} [1.2× $(S_{Gk}+0.5S_{Qk})$ $+1.3S_{Ek}$]		$1.35S_{Gk}$ $+1.0S_{Qk}$	$1.2S_{Gk}$ $+1.4S_{Qk}$	$V=\gamma_{RE}[\eta_{vc}$ $(M_c^b+$ $M_c^t)/h_n]$
					1	2			
6	19.70	5.81	42.68	-42.68	61.96	-21.27	32.41	31.78	80.55
5	14.98	4.40	79.61	-79.61	93.08	-62.16	24.62	24.13	155.02
4	15.32	4.50	109.64	-109.64	122.71	-62.16	25.18	24.68	252.62
3	15.25	4.48	132.68	-132.68	145.10	-113.63	25.06	24.57	294.50
2	16.90	4.96	148.42	-148.42	162.14	-127.27	27.77	27.22	337.12
1	5.48	1.61	143.27	-143.27	145.34	-134.04	9.00	8.82	209.80

176

10.9 构件截面设计

10.9.1 框架梁

以图 10.3.2 中第 1 层 AB 跨框架梁的计算为例。

1. 梁的最不利内力

经以上计算可知，梁的最不利内力如下：

跨间： $M_{max} = 284.39 \text{kN} \cdot \text{m}$

支座 A： $M_{max} = 409.95 \text{kN} \cdot \text{m}$

支座 B： $M_{max} = 354.76 \text{kN} \cdot \text{m}$

调整后剪力： $V = 184.84 \text{kN}$

2. 梁正截面受弯承载力计算

抗震设计中，对于楼面现浇的框架结构，梁支座负弯矩按矩形截面计算纵筋数量。跨中正弯矩按 T 形截面计算纵筋数量，跨中截面的计算弯矩，应取该跨的跨间最大正弯矩或支座弯矩与 1/2 简支梁弯矩之中的较大者，依据上述理论，得：

(1) 跨中。

按 T 形截面设计，翼缘计算宽度 b'_f 按跨度考虑，取 $b'_f = 1/3 = 7.2/3 = 2.4$ (m) = 2400mm，梁内纵向钢筋选 HRB400 级热轧钢筋，$(f_y = f'_y = 360 \text{N/mm}^2)$，$h_0 = h - a = 600 - 35 = 565$ (mm) 因为

$$\alpha_1 f_c b'_f h'_f (h_0 - h'_f/2)$$
$$= 1.0 \times 14.3 \times 2400 \times 120 \times (565 - 120/2)$$
$$= 2079.79 (\text{kN} \cdot \text{m}) > 293.69 (\text{kN} \cdot \text{m})$$

属第一类 T 形截面。

下部跨间截面按单筋 T 形截面计算：

$$\alpha_s = M/(\alpha_1 f_c b'_f h_0^2) = 284.39 \times 10^6/14.3/2400/565^2 = 0.026$$
$$\xi = 1 - (1 - 2\alpha_s)^{1/2} = 0.026$$
$$A_s = \xi \alpha_1 f_c b'_f h_0/f_y = 0.026 \times 14.3 \times 2400 \times 565/360 = 1400.45 (\text{mm}^2)$$

实配钢筋 $3\Phi25$，$A_s = 1473 (\text{mm}^2)$。

$\rho = 1473/300/565 = 0.87\% > \rho_{min} = 0.25\%$，满足要求。

梁端截面受压区相对高度：

$\xi = f_y A_s/(f_c b'_f h_0) = 360 \times 1473/14.3/2400/565 < 0.35$，符合二级抗震设计要求。

(2) 支座。

将下部跨间截面的 $3\Phi25$ 钢筋伸入支座，作为支座负弯矩作用下的受压钢筋，$A'_s = 1473 \text{mm}^2$，再计算相应的受拉钢筋 A_s，即：

支座 A 上部：

$$\alpha_s = [M - f'_y A'_s(h_0 - a')]/(\alpha_1 f_c b'_f h_0^2)$$
$$= [409.95 \times 10^6 - 360 \times 1473 \times (565 - 35)]/14.3/360/565^2$$
$$= 0.078$$

$$\xi = l - (1 - 2\alpha_s)^{1/2} = 0.081$$

$$x = \xi h_0 = 0.081 \times 565 = 45.77 (\text{mm}) < 2a'_s = 70 (\text{mm})$$

$$A_s = M / f_y (h - a_s - a'_s) = 409.95 \times 10^6 / (600 - 70) / 360 = 2148.6 (\text{mm}^2)$$

实配钢筋 $5 \Phi 25$，$A_s = 2454 (\text{mm}^2)$。

$$\rho = 2454 / 300 / 565 = 1.4\% > \rho_{\min} = 0.3\%，\text{又} A'_s / A_s = 1473 / 2454 = 0.60 > 0.3$$

满足梁的抗震构造要求。

支座 B 上部：

$$\alpha_s = [M - f'_y A'_s (h_0 - a')] / (\alpha_1 f_c b'_f h_0^2)$$

$$= [354.76 \times 10^6 - 360 \times 1473 \times (565 - 35)] / 14.3 / 360 / 565^2$$

$$= 0.045$$

$$\xi = 1 - (1 - 2\alpha_s)^{1/2} = 0.046$$

$$x = \xi h_0 = 0.046 \times 565 = 25.99 (\text{mm}) < 2a'_s = 70 (\text{mm})$$

$$A_s = M / f_y (h - a_s - a'_s) = 354.76 \times 10^6 / (600 - 70) / 360 = 1859.30 (\text{mm}^2)$$

实配钢筋 $4 \Phi 25$，$A_s = 1964 (\text{mm}^2)$。

$\rho = 1964 / 300 / 565 = 1.2\% > \rho_{\min} = 0.3\%$，又 $A'_s / A_s = 1473 / 1964 = 0.75 > 0.3$，满足梁的抗震构造要求。

3. 梁斜截面受剪承载力计算

（1）验算截面尺寸。

$$h_w = h_0 = 565 (\text{mm})$$

$h_w / b = 565 / 300 = 1.88 < 4$，属厚腹梁。

$$0.25 f_c b h_0 = 0.25 \times 14.3 \times 300 \times 565$$

$$= 605962.5 (\text{N}) > V = 187920 (\text{N})$$

可知，截面符合条件。

（2）验算是否需要计算配置箍筋。

$$0.7 f_t b h_0 = 0.7 \times 1.43 \times 300 \times 565 = 169669.5 (\text{N}) < V = 184840 (\text{N})$$

可知，需按计算配箍。

（3）箍筋选择及梁斜截面受剪承载力计算。

梁端加密区箍筋取 $\Phi 8@100$，箍筋用 HPB300 热轧钢筋，$f_{yv} = 270 (\text{N/mm})$，则

$$0.7 f_t b h_0 + f_{yv} n A_{sv1} h_0 / s$$

$$= 0.7 \times 1.43 \times 300 \times 565 + 270 \times 2 \times 50.3 \times 565 / 100$$

$$= 323134.8 (\text{N}) > 184840 (\text{N})$$

$\rho_{sv} = n A_{sv1} / bs = 2 \times 50.3 / 100 / 300 = 0.34\% > \rho_{svmin} = 0.02 f_t / f_{yv} = 0.24 \times 1.43 / 270 = 0.13 (\%)$

加密区长度取 0.85m，非加密区箍筋取 $\Phi 8@150$。箍筋配置，满足构造要求。

其他梁的配筋计算见表 10.9.1。

178

表 10.9.1 **梁 的 配 筋**

层次	截面		$M/\text{kN}\cdot\text{m}$	ξ	计算 A_s' /mm²	实配 A_s' /mm²	计算 A_s /mm²	实配 A_s /mm²	A_s/A_s'	$\rho/\%$	配箍
1	支座	A	409.59	0.081	2148.6	5Φ25(2454)			0.60	2.32	加密区双肢Φ8@100,非加密区双肢Φ8@150
		B₁	354.76	0.046	1859.3	4Φ25(1964)					
	AB 跨间		284.39	0.026			1400.45	3Φ25(1473)			
	支座 Br		225.98	<0	1846.2	4Φ25(1964)			1.0	4.30	加密区4肢Φ8@80 非加密区4肢Φ8@100
	BC 跨间		223.12	0.050			1741.6	4Φ25(1964)			
2	支座	A	354.43	0.046	1823.2	4Φ25(1964)			0.75	2.03	加密区双肢Φ8@100,非加密区双肢Φ8@150
		B₁	344.72	0.040	1773.3	4Φ25(1964)					
	AB 跨间		222.33	0.021			1104.4	3Φ25(1473)			
	支座 Br		214.11	<0	1749.3	4Φ25(1964)			1.0	4.30	加密区4肢Φ8@100 非加密区4肢Φ8@150
	BC 跨间		211.80	0.047			1651.0	4Φ25(1964)			
3	支座	A	354.83	0.073	1825.3	4Φ25(1964)			0.64	1.90	加密区双肢Φ8@100 非加密区双肢Φ8@150
		B₁	301.45	0.038	1550.7	4Φ25(1964)					
	AB 跨间		223.19	0.021			1108.7	4Φ20(1256)			
	支座 Br		196.92	<0	1608.8	4Φ25(1964)			1.0	4.30	加密区4肢Φ8@100 非加密区4肢Φ8@150
	BC 跨间		194.58	0.044			1513.7	4Φ25(1964)			
4	支座	A	275.82	0.060	1418.8	3Φ25(1473)			0.64	1.42	加密区双肢Φ8@100 非加密区双肢Φ8@150
		B₁	266.88	0.055	1327.8	3Φ25(1473)					
	AB 跨间		128.30	0.012			634.5	3Φ20(942)			
	支座 Br		156.57	0.011	1279.2	3Φ25(1473)			0.85	2.99	加密区双肢Φ8@100 非加密区双肢Φ8@150
	BC 跨间		154.24	0.034			1194.3	4Φ20(1256)			
5	支座	A	217.96	0.062	1121.2	4Φ20(1256)			0.50	1.11	加密区双肢Φ8@100 非加密区双肢Φ8@150
		B₁	195.24	0.074	1004.3	4Φ20(1256)					
	AB 跨间		111.28	0.01			549.9	2Φ20(628)			
	支座 Br		102.27	<0	835.5	3Φ20(942)			1.00	2.06	加密区双肢Φ8@100 非加密区双肢Φ8@150
	BC 跨间		100.06	0.022			770.0	3Φ20(942)			
6	支座	A	138.51	0.026	712.5	3Φ20(942)			0.54	0.86	加密区双肢Φ8@100,非加密区双肢Φ8@150
		B₁	131.29	0.021	675.4	3Φ20(942)					
	AB 跨间		85.39	0.009			471.0	2Φ18(509)			
	支座 Br		64.06	0.005	534.4	2Φ20(628)			0.81	1.25	加密区4肢Φ8@100 非加密区4肢Φ8@150
	BC 跨间		60.30	0.013			462.0	2Φ18(509)			

10.9.2 框架柱

1. 柱截面尺寸验算

根据《建筑抗震设计规范》，对于二级抗震等级，剪跨比大于 2，轴压比小于 0.75。表 10.9.2 给出了框架柱各层剪跨比和轴压比计算结果，注意，表中的 M^c、V^c 和 N 都不应考虑抗震调整系数，由表可见，各柱的剪跨比和轴压比均满足规范要求。

表 10.9.2　　　　　　　柱的剪跨比和轴压比验算

柱号	层次	b /mm	h_0 /mm	f_c /N/mm²	M^c /kN·m	V^c /kN	N /kN	$M^c/V^c h_0$	$N/f_c bh_0$
A柱	6	600	560	14.3	182.29	98.20	315.53	3.31>2	0.07<0.75
	5	600	560	14.3	201.84	121.27	655.35	2.97>2	0.14<0.75
	4	600	560	14.3	340.20	207.38	1019.37	2.93>2	0.21<0.75
	3	600	560	14.3	409.45	273.47	1408.48	2.67>2	0.29<0.75
	2	600	560	14.3	489.25	307.43	1801.60	2.84>2	0.37<0.75
	1	600	560	14.3	835.95	341.11	2207.81	4.38>2	0.46<0.75
B柱	6	600	560	14.3	185.80	107.40	338.87	3.09>2	0.07<0.75
	5	600	560	14.3	327.48	206.70	611.48	2.83>2	0.13<0.75
	4	600	560	14.3	413.35	336.83	848.99	2.19>2	0.18<0.75
	3	600	560	14.3	503.99	392.67	1066.36	2.29>2	0.22<0.75
	2	600	560	14.3	631.05	449.49	1268.65	2.51>2	0.26<0.75
	1	600	560	14.3	871.64	387.81	1474.48	4.01>2	0.31<0.75

以第 1 层 A 柱为例：

柱截面宽度：$b = 600mm$

柱截面有效高度：$h_0 = 600 - 40 = 560(mm)$

混凝土轴心抗压强度设计值：$f_c = 14.3(N/mm^2)$

柱端弯矩计算值：M^c 取上下端弯矩的最大值。

$M^c = 626.96/0.75 = 835.95$（kN·m）

柱端剪力计算值：$V_c = 255.83/0.75 = 341.11(kN)$

柱轴力 N 取柱顶、柱底的最大值：$N = 1655.86/0.75 = 2207.81(kN)$

剪跨比：$M_c/V_c h_0 = 835.95 \times 10^3/(341.11 \times 560) = 4.38 > 2$

轴压比：$N/f_c bh_0 = 2207.81 \times 10^3/(14.3 \times 600 \times 560) = 0.46 < 0.75$

2. 柱正截面承载力计算

以第 1 层 A 柱为例：

(1) 最不利组合一（调整后）：$M_{max} = 626.96(kN·m)$，$N = 1655.86(kN)$

对称配筋：

$$N_b = \xi_b f_c bh_0 = 0.518 \times 14.3 \times 700 \times 660 = 3422.2(kN)$$

$N < N_b$，为大偏心受压

轴向力对截面重心的偏心矩 $e_0 = M/N = 626.96 \times 10^6/(1655.86 \times 10^3) = 378.63$ (mm)。

附加偏心矩 e_a 取 20mm 和偏心方向截面尺寸的 1/30 两者中的较大值，即 600/30 = 20 (mm)，故取 $e_a = 20$ (mm)。

初始偏心矩：$e_i = e_0 + e_a = 378.63 + 20 = 398.63$ (mm)

轴向力作用点至受拉钢筋 A_s 合力点之间的距离

$$e = e_i + h/2 - a_s$$

$$= 398.63 + 600/2 - 40$$

$$= 658.63 \text{(mm)}$$

$$x = N/f_c b = 1655.86 \times 10^3/(14.3 \times 600) = 192.99$$

$$A_s' = A_s = [Ne - f_c bx(h_0 - 0.5x)]/[f_y' \times (h_0 - a_s')]$$

$$= [1655.86 \times 10^3 \times 658.63 - 14.3 \times 600 \times 192.99 \times (560 - 0.5 \times 192.99)]$$

$$/[360 \times (560 - 40)] = 1725.97 \text{(mm}^2)$$

(2) 最不利组合二：$N_{max} = 2065.12$ (kN)，$M = -20.74$ (kN·m)

此组内力是非地震组合情况，且无水平荷载效应，故不必进行调整。

$N < N_b$，为大偏心受压

轴向力对截面重心的偏心矩 $e_0 = M/N = 20.74 \times 10^6/(2065.12 \times 10^3) = 10.04$ (mm)

初始偏心矩：$e_i = e_0 + e_a = 10.04 + 20 = 30.04$ (mm)

$$e = e_i + h/2 - a_s$$

$$= 30.04 + 600/2 - 40$$

$$= 290.04 \text{(mm)}$$

$$x = N/f_c b = 2065.12 \times 10^3/14.3 \times 600 = 240.69$$

$$A_s' = A_s = [N_e - f_c bx(h_0 - 0.5x)]/f_y'/(h_0 - a_s')$$

$$= [2065.12 \times 10^3 \times 290.04 - 14.3 \times 600 \times 240.69 \times (560 - 0.5 \times 240.69)]/360$$

$$/(560 - 40) < 0$$

故可按构造配筋

选 4Φ25，$A_s' = A_s = 1964$ (mm²)

总配筋率 $\rho_s = 3 \times 1964/600/560 = 1.75\% > 0.8\%$

3. 柱斜截面受剪承载力计算

以第 1 层 A 柱为例：

查表可知：框架柱的剪力设计值 $V_c = 255.83$ (kN)

剪跨比 $\lambda = 4.38 > 3$，取 $\lambda = 3$

轴压比 $n = 0.46$

考虑地震作用组合的柱轴向压力设计值

$$N=1655.86(\text{kN})>0.3f_cbh=0.3\times14.3\times600^2/10^3=1544.4(\text{kN})$$

故取 $N=1544.4$ （kN）

$$1.05f_tbh_0/(\lambda+1)+0.056N$$
$$=1.05\times1.43\times600\times560/(3+1)+0.056\times1544.4\times10^3$$
$$=212612.4(\text{N})<255830(\text{N})$$

故该层柱应按计算配置箍筋。

$$A_{sv}/s=[V-1.05f_tbh_0/(\lambda+1)-0.056N]/f_{yv}/h_0=(255830-212612.4)/270/560$$
$$=0.286$$

柱端加密区的箍筋选用 4 肢Φ10@100。$A_{sv}/s=4\times78.5/100=3.14>0.234$。

查表得，最小配筋率特征值 $\lambda_v=0.09$，则最小配筋率 $\rho_{vmin}=\lambda_vf_c/f_{yv}=0.09\times14.3/270=0.5\%$

柱箍筋的体积配筋率 $\rho_v=(\sum A_{svi}l_i)/s/A_{cor}=78.5\times550\times8/100/550/550=1.1\%>0.5\%$，符合构造要求。

注：A_{svi}、l_i 为第 i 根箍筋的截面面积和长度；A_{cor} 为箍筋包裹范围内的混凝土核芯面积；s 为箍筋间距。

非加密区还应满足 $s<10d=200$ （mm），故箍筋配置为 4Φ10@150。

其他各层柱的配筋计算见表 10.9.3、表 10.9.4。

表 10.9.3　　　　　　　　　　　　　　A 柱 的 配 筋

柱	A 柱					
层次	1		2		3	
截面尺寸 /mm×mm	600×600		600×600		600×600	
组合	一	二	一	二	一	二
M/kN·m	626.96	−20.74	366.94	−71.98	307.09	−56.47
N/kN	1655.86	2065.12	1351.20	1721.05	1027.00	1376.97
V/kN	255.83		230.57		205.10	
偏心判断	大	大	大	大	大	大
e_0/mm	378.63	10.04	271.57	41.82	299.02	41.01
e_a/mm	20.00	20.00	20.00	20.00	20.00	20.00
e_i/mm	398.63	30.04	291.57	61.82	319.02	61.01
e/mm	658.63	290.04	551.57	321.82	529.02	321.01
x	192.99	240.69	157.48	200.59	119.70	160.49
计算 $A_s=A'_s$ /mm²	1725.97	<0	507.47	<0	432.66	<0
实配单侧	选 4Φ25 (1964)		选 4Φ20 (1256)		选 4Φ20 (1256)	
ρ_s	1.75%>0.8%		1.12%>0.8%		1.12%>0.8%	
配箍	加密区 4 肢Φ10@100，非加密区 4 肢Φ10@150		加密区 4 肢Φ10@100，非加密区 4 肢Φ10@150		加密区 4 肢Φ10@100，非加密区 4 肢Φ10@150	

柱	A 柱					
层次	4		5		6	
截面尺寸 /mm×mm	600×600		600×600		600×600	
组合	一	二	一	二	一	二
M/kN·m	255.15	−57.48	151.38	−57.48	136.72	−67.88
N/kN	764.68	1032.90	462.35	688.82	207.49	344.75
V/kN	155.53		90.95		73.65	
偏心判断	大	大	大	大	大	大
e_0/mm	333.67	55.65	327.41	83.45	658.92	196.90
e_a/mm	20.00	20.00	20.00	20.00	20.00	20.00
e_i/mm	353.67	75.65	347.41	103.45	678.92	216.90
e/mm	613.67	335.65	607.41	363.45	938.92	476.90
x	89.12	120.38	53.89	80.28	24.18	40.18
计算 $A_s=A_s'$ /mm²	401.26	<0	183.65	<0	433.40	<0
实配单侧	选 4Φ20（1256）		选 4Φ20（1256）		选 4Φ20（1256）	
ρ_s	1.12%>0.8%		1.12%>0.8%		1.12%>0.8%	
配箍	加密区 4 肢Φ8@100，非加密区 4 肢Φ8@150		加密区 4 肢Φ8@100，非加密区 4 肢Φ8@150		加密区 4 肢Φ8@100，非加密区 4 肢Φ8@150	

表 10.9.4　　　　　　　　　B 柱 的 配 筋

柱	B 柱					
层次	1		2		3	
截面尺寸 /mm×mm	600×600		600×600		600×600	
组合	一	二	一	二	一	二
M/kN·m	653.73	14.43	473.29	53.71	437.55	44.90
N/kN	1105.86	2362.15	951.49	1975.41	770.61	1588.68
V/kN	290.85		337.12		2941.50	
偏心判断	大	大	大	大	大	大
e_0/mm	591.15	6.11	497.42	27.19	567.80	28.26
e_a/mm	20.00	20.00	20.00	20.00	20.00	20.00
e_i/mm	611.15	26.11	517.42	47.19	587.80	48.26
e/mm	871.15	286.11	777.42	307.19	847.80	308.26
x	128.89	275.31	110.90	230.23	89.81	185.16
计算 $A_s=A_s'$ /mm²	2218.78	<0	1386.92	<0	1369.38	<0
实配单侧	选 4Φ28（2463）		选 4Φ22（1520）		选 4Φ22（1520）	
ρ_s	2.20%>0.8%		1.36%>0.8%		1.36%>0.8%	
配箍	加密区 4 肢Φ10@100，非密区 4 肢Φ10@150		加密区 4 肢Φ10@100，非加密区 4 肢Φ10@150		加密区 4 肢Φ10@100，非加密区 4 肢Φ10@150	

柱	B 柱					
层次	4		5		6	
截面尺寸 /mm×mm	600×600		600×600		600×600	
组合	一	二	一	二	一	二
M/kN·m	389.55	45.32	245.61	45.32	139.35	49.83
N/kN	607.58	1201.95	458.61	815.21	224.99	428.48
V/kN	252.62		155.02		80.55	
偏心判断	大	大	大	大	大	大
e_0/mm	641.15	37.71	535.55	55.59	619.36	116.29
e_a/mm	20.00	20.00	20.00	20.00	20.00	20.00
e_i/mm	661.15	57.71	555.55	75.59	639.36	136.29
e/mm	921.15	317.71	815.55	335.59	899.36	396.29
x	70.81	140.09	53.45	95.01	26.22	49.94
计算 $A_s = A_s'$ /mm²	1287.07	<0	691.54	<0	423.63	<0
实配单侧	选 4Φ22（1520）		选 4Φ20（1256）		选 4Φ20（1256）	
ρ_s	1.36%>0.8%		1.12%>0.8%		1.12%>0.8%	
配箍	加密区 4 肢Φ8@100，非加密区 4 肢Φ8@150		加密区 4 肢Φ8@100，非加密区 4 肢Φ8@150		加密区 4 肢Φ8@100，非加密区 4 肢Φ8@150	

10.9.3 框架梁柱节点核心区截面抗震验算

以第 1 层中节点为例，由节点两侧梁的受弯承载力计算节点核心区的剪力设计值，因为节点两侧梁不等高，计算时取两侧梁的平均高度，即：

$$h_b = (600+400)/2 = 500(\text{mm})$$

$$h_{b0} = (565+365)/2 = 465(\text{mm})$$

二级框架梁柱节点核心区组合的剪力设计值 V_j 按下式计算

$$V_j = (\eta_{jb} \sum M_b)[l-(h_{b0}-a_s')/(H_c-h_b)]/(h_{b0}-a_s)$$

注：H_c 为柱的计算高度，可采用节点上、下柱反弯点之间的距离，即：

$$H_c = 0.5 \times 3.6 + 0.65 \times 4.7 = 4.9(\text{m})$$

$\sum M_b$ 为节点左右梁端逆时针或顺时针方向组合弯矩设计值之和，即：

$$\sum M_b = (354.76 - 225.98)/0.75 = 171.71(\text{kN·m})$$

可知，剪力设计值

$$V_j = (\eta_{jb} \sum M_b)[1-(h_{b0}-a_s')/(H_c-h_b)]/(h_{b0}-a_s)$$

$$= 1.35 \times 171.71 \times 10^3 \times [1-(465-35)/(4900-500)]/(465-35)$$
$$= 486.41 (\text{kN})$$

节点核心区截面的抗震验算是按箍筋和混凝土共同抗剪考虑的，设计时，应首先按下式对截面的剪压比予以控制

$$V_{ij} \leqslant 0.30 \eta_j \beta_c f_c b_j h_j / \gamma_{RE}$$

注：η_j 为正交梁的约束影响系数，楼板为现浇，梁柱中心重合，可取 1.5。

b_j、h_j 分别为核心区截面有效验算宽度、高度，为验算方向柱截面宽度。

$$b_j = 600\text{mm}, \quad h_j = 600\text{mm}$$

可知，$0.30 \eta_j f_c b_j h_j = 0.30 \times 1.5 \times 14.3 \times 600 \times 600/0.75$

$$= 3088800(\text{N}) \geqslant V_j = 486410(\text{N})，满足要求$$

节点核心区的受剪承载力按下式计算：

$$V_j \leqslant [1.1 \eta_j f_t b_j h_j + 0.05 \eta_j N b_j / b_c + f_{yv} A_{svj} (h_{b0} - a_s')/s]/\gamma_{RE}$$

注：N 取第 2 层柱底轴力 $N = 951.49/0.75 = 1286.6(\text{kN})$ 和 $0.5 f_c A = 0.5 \times 14.3 \times 600^2 = 2574(\text{kN})$ 两者中的较小值故取 $N = 1268.6(\text{kN})$。

该节点区配箍为 $4 \Phi 10@100$，则

$$[1.1 \eta_j f_t b_j h_j + 0.05 \eta_j N b_j / b_c + f_{yv} A_{svj} (h_{b0} - a_s')/s]/\gamma_{RE}$$
$$= [1.1 \times 1.5 \times 1.43 \times 600 \times 600 + 0.05 \times 1.5 \times 1268.6 \times 10^3 \times 600/600$$
$$+ 270 \times 4 \times 78.5 \times (465-35)/100]/0.75$$
$$= 1745500(\text{N}) \geqslant V_j = 493880(\text{N})$$

故承载力满足要求。

其他框架梁柱节点核心区截面抗震验算见表 10.9.5。

表 10.9.5　　　　　　　　　　　梁柱节点核心区截面抗震验算

层次	1		2		3	
节点	边节点	中节点	边节点	中节点	边节点	中节点
h_b/mm	600	500	600	500	600	500
h_{b0}/mm	565	465	565	465	565	465
H_c/m	5.0	4.9	4.1	3.8	3.6	3.6
$\sum M_b$/kN·m	546.12	171.71	472.57	174.15	473.11	174.15
V_j/kN	1223.12	386.41	1019.76	475.06	992.19	470.90
$b_j = b_c$/mm	600	600	600	600	600	600
h_j/mm	600	600	600	600	600	600
$0.30 \eta_j f_{cm} b_j h_j / \gamma_{RE}$/kN	3088.80	3088.80	3088.80	3088.80	3088.80	3088.80
配箍	$4 \Phi 10@100$	$4 \Phi 10@100$	$4 \Phi 10@100$	$4 \Phi 10@100$	$4 \Phi 10@100$	$4 \Phi 10@100$
$[1.1 \eta_j f_t b_j h_j + 0.05 \eta_j N b_j / b_c$ $+ f_{yv} A_{svj} (h_{b0} - a_s')/s]/\gamma_{RE}$(kN)	1911.83	1745.50	1872.52	1725.27	1833.63	1703.53
结论	合格	合格	合格	合格	合格	合格

层次	4		5		6	
节点	边节点	中节点	边节点	中节点	边节点	中节点
h_b/mm	600	500	600	500	600	500
h_{b0}/mm	565	465	565	465	565	465
H_c/m	4.0	3.6	4.0	3.9	1.3	1.3
$\sum M_b/kN \cdot m$	367.76	9.00	290.61	123.96	184.68	88.64
V_j/kN	788.99	24.38	623.48	340.30	470.41	281.43
$b_j = b_c/mm$	600	600	600	600	600	600
h_j/mm	600	600	600	600	600	600
$0.30\eta_j f_{cm} b_j h_j/\gamma_{RE}$ (kN)	3088.80	3088.80	3088.80	3088.80	3088.80	3088.80
配箍	4Φ8@100	4Φ8@100	4Φ8@100	4Φ8@100	4Φ8@100	4Φ8@100
$[1.1\eta_j f_t b_j h_j + 0.05\eta_j N b_j/b_c + f_{yv} A_{svj}(h_{b0} - a_s')/s]/\gamma_{RE}$ (kN)	1797.21	1679.78	1763.23	1652.52	1731.67	1618.63
结论	合格	合格	合格	合格	合格	合格

10.10 软件计算结果与手算计算结果的对比分析

10.10.1 内力计算结果的对比分析

1. 恒载作用下内力计算结果对比

恒载作用下二层 2 轴线框架梁梁端弯矩计算结果对比列于表 10.10.1。

表 10.10.1　　　　　恒载作用下的 2 轴线框架梁梁端弯矩计算结果

梁端弯矩	M_{AB}	M_{BA}	M_{BC}	M_{CB}	M_{CD}	M_{DC}
手算结果/(kN·m)	86.93	90.30	16.52	16.52	90.30	86.93
软件计算结果/(kN·m)	82.44	83.61	15.98	16.01	84.23	82.72
差别/%	5.17	7.41	3.27	3.09	6.72	4.84

在恒载作用下，框架梁梁端弯矩的手算结果均大于电算结果，差值在 7.41% 以内。

2. 活载作用下内力计算结果对比

活载作用下二层 2 轴线框架梁梁端弯矩计算结果对比列于表 10.10.2。

表 10.10.2　　　　　活载作用下的 2 轴线框架梁梁端弯矩计算结果

梁端弯矩	M_{AB}	M_{BA}	M_{BC}	M_{CB}	M_{CD}	M_{DC}
手算结果/(kN·m)	26.29	27.52	5.48	5.48	27.52	26.29
软件计算结果/(kN·m)	23.18	23.02	4.93	4.96	23.31	23.24
差别/%	11.83	16.35	10.04	9.49	15.30	11.60

在活载作用下，框架梁梁端弯矩的手算结果均大于电算结果，相差最大为16.35%。

3. 地震作用下内力计算结果对比

地震作用下二层2轴线框架梁梁端弯矩计算结果对比列于表10.10.3。

表 10.10.3　　　　　　地震作用下的 2 轴线框架梁梁端弯矩计算结果

梁端弯矩	M_{AB}	M_{BA}	M_{BC}	M_{CB}	M_{CD}	M_{DC}
手算结果/(kN·m)	297.92	284.63	211.26	211.26	284.63	297.92
软件计算结果/(kN·m)	284.37	281.02	206.20	207.63	283.11	284.98
差别/%	4.55	1.27	2.40	1.72	0.53	4.34

在地震荷载作用下，框架柱弯矩的电算结果与手算结果吻合较好，最大相差4.55%。

10.10.2　配筋结果对比分析

二层2轴线框架梁纵向钢筋配筋计算结果见表10.10.4。

表 10.10.4　　　　　　框架梁纵向钢筋配筋计算结果

计算位置	A 支座	AB 跨中	B 支座	BC 跨中
手算结果/mm²	1823.2	1104.4	1773.3	1651.0
软件计算结果/mm²	1703.1	1291.5	1746.8	1765.0
差别/%	7.05	14.49	1.52	6.46

框架梁纵向钢筋配筋的电算结果与手算结果相差不大，最大相差12.78%。

10.10.3　软件计算结果与手算结果差别分析

通过以上对部分框架梁截面的内力及配筋的对比可以看出手算结果是偏于安全的。软件计算结果与手算结果存在偏差是正常的，结构设计人员应懂得两者存在差别的原因，才能合理评价计算结果的准确性。这些内力与配筋方面的计算差距主要是由以下几个方面原因引起的：

（1）计算方法、计算假定的差异：手算计算结果与软件计算结果产生差异的主要原因之一是手算与软件计算的计算方法不同。如竖向荷载的内力计算，电算采用的是有限元法，而手算采用的是弯矩二次分配法。弯矩二次分配法假设某一节点的不平衡弯矩只对该节点相应的各杆件有影响，对其余的杆件没有影响，但实际结构是整体的，所以某一节点的不平衡弯矩对各杆件均会产生影响。其次手算地震作用内力是采用D值法，而电算是采用振型分解反应谱法。手算方法与软件计算时采用的不同方法及手算方法为了简化计算而引入的这些软件计算中没有的计算假定是产生这些差异的一个方面。

（2）计算简图的差异：手算方法取的是单榀框架进行计算，没有考虑各榀框架之间的相互影响；软件计算采用的是三维计算模型，考虑了各榀框架之间的相互影响。

（3）荷载效应组合的差异：手算方法中的荷载效应组合种类少，而软件计算中的荷载效应组合种类很多。

（4）参数的差异：在软件计算中的参数较多，这些参数的取值对计算结果具有很多影响，而手算方法的参数与软件计算中参数又不完全匹配，因此导致手算计算结果与软件计算结果产生差异。

10.11 弹塑性变形验算

多遇水平地震作用下框架结构层间弹性位移验算已经在前面给出，在此按照《建筑抗震设计规范》第5.5.4条计算考虑罕遇水平地震作用下的框架层间弹塑性位移。

1. 梁的极限抗弯承载力计算

计算时，采用构件实际配筋和材料的强度标准值，可近似地按式（10.11.1）计算：

$$M_{byk} = A_{ab} f_{yk}(h_{b0} - a_s') \tag{10.11.1}$$

计算过程和结果见表10.11.1。

表10.11.1　　　　　　　　梁的极限抗弯承载力

层次	支座	实配 A_{ab}/mm²	f_{yk}/(N/mm²)	h_{b0}/mm	a_s'/mm	M_{byk}/(kN·m)
1	A	2454	400	565	35	520.25
	B_l	1964	400	565	35	416.37
	B_r	1964	400	365	35	259.25
2	A	1964	400	565	35	416.37
	B_l	1964	400	565	35	416.37
	B_r	1964	400	365	35	259.25
3	A	1964	400	565	35	416.37
	B_l	1964	400	565	35	416.37
	B_r	1964	400	365	35	259.25
4	A	1473	400	565	35	312.28
	B_l	1473	400	565	35	312.28
	B_r	1473	400	365	35	194.44
5	A	1256	400	565	35	266.27
	B_l	1256	400	565	35	266.27
	B_r	942	400	365	35	124.34
6	A	942	400	565	35	199.70
	B_l	942	400	565	35	199.70
	B_r	628	400	365	35	82.90

2. 柱的极限抗弯承载力计算

根据《建筑抗震设计规范》第5.5.4条，当 $N_G/f_{ck}b_ch_c \leqslant 0.5$ 时，其极限抗弯承载力可按下式计算，并且计算时采用构件的实际配筋和材料强度标准值：

$$M_{cyk} = A_{sc} f_{yk}(h_0 - a_s') + 0.5N_G h_c(1 - N_G/f_{ck}b_ch_c) \tag{10.11.2}$$

式中　f_{ck}——混凝土抗压强度标准值；

　　　N_G——对应于重力荷载代表值的柱轴压力（分项系数可取21.0）；

b_c、h_c、h_0——柱截面的宽度、高度、有效高度。

计算过程和结果见表 10.11.2。

表 10.11.2　　　　　　　　　　柱的极限抗弯承载力

柱号	层次	A_{sc} /mm²	f_{yk} /(N/mm²)	h_0 /mm	a_s' /mm	N_G /kN	h_c /mm	b_c /mm	f_{ck} /(N/mm²)	M_{cyk} /(kN·m)
A柱	1	5892	400	560	40	2065.12	600	600	20.1	1668.26
	2	3768	400	560	40	1721.05	600	600	20.1	1177.26
	3	3768	400	560	40	1376.97	600	600	20.1	1118.23
	4	3768	400	560	40	1201.95	600	600	20.1	1084.43
	5	3768	400	560	40	815.21	600	600	20.1	1000.75
	6	3768	400	560	40	344.75	600	600	20.1	882.24
B柱	1	7389	400	560	40	2362.15	600	600	20.1	2014.22
	2	4560	400	560	40	1975.41	600	600	20.1	1379.32
	3	4560	400	560	40	1588.68	600	600	20.1	1320.44
	4	4560	400	560	40	1201.95	600	600	20.1	1249.17
	5	3768	400	560	40	815.21	600	600	20.1	1000.75
	6	3768	400	560	40	428.48	600	600	20.1	904.68

3. 确定柱端截面有效承载力 M_c

节点 A6：因 $M_{byk} < M_{cyk}$，199.70(kN·m)<882.24(kN·m)，

　　　　　所以，$M_{c6}^u = M_{byk} = 199.70$(kN·m)

节点 A5：因 $M_{byk} < \sum M_{cyk}$，266.27(kN·m)<882.24+1000.75(kN·m)，

　　　　　所以，$M_{c6}^l = M_{byk} \times k_6/(k_5+k_6) = 266.27/2 = 133.14$(kN·m)

　　　　　$M_{cyk6}^l = 882.24$(kN·m)

　　　　　取较小值 133.14(kN·m)

　　　　　$M_{c5}^y = M_{byk} \times k_5/(k_5+k_6) = 266.27/2 = 133.14$(kN·m)

　　　　　$M_{cyk5}^u = 1000.75$(kN·m)

　　　　　取较小值 133.14(kN·m)

节点 A4：$M_{c5}^l = 156.14$(kN·m)

　　　　　$M_{c4}^u = 156.14$(kN·m)

节点 A3：$M_{c4}^l = 208.19$(kN·m)

　　　　　$M_{c3}^u = 208.19$(kN·m)

节点 A2：$M_{c3}^l = 208.19$(kN·m)

　　　　　$M_{c2}^u = 208.19$(kN·m)

节点 A1：$M_{c2}^l = 520.25 \times 1.0/(1.0+0.77) = 293.93$(kN·m)

　　　　　$M_{c1}^u = 520.25 \times 0.77/(1.0+0.77) = 226.32$(kN·m)

柱底 A0：$M_{c1}^l = \sum M_{cyk1}^l = 1668.26$(kN·m)

节点 B6：$M_{c6}^u = 199.70 + 82.90 = 282.60(\text{kN} \cdot \text{m})$

节点 B5：$M_{c6}^l = 195.31(\text{kN} \cdot \text{m})$

   $M_{c5}^u = 195.31(\text{kN} \cdot \text{m})$

节点 B4：$M_{c5}^l = 253.36(\text{kN} \cdot \text{m})$

   $M_{c4}^u = 253.36(\text{kN} \cdot \text{m})$

节点 B3：$M_{c4}^l = 337.81(\text{kN} \cdot \text{m})$

   $M_{c3}^u = 337.81(\text{kN} \cdot \text{m})$

节点 B2：$M_{c3}^l = 337.81(\text{kN} \cdot \text{m})$

   $M_{c2}^u = 337.81(\text{kN} \cdot \text{m})$

节点 B1：$M_{c2}^l = 381.71(\text{kN} \cdot \text{m})$

   $M_{c1}^u = 293.91(\text{kN} \cdot \text{m})$

柱底 B0：$M_{c1}^l = \sum M_{cyk1}^l = 2014.22(\text{kN} \cdot \text{m})$

4. 各柱的受剪承载力 V_{yij} 的计算

第 i 层第 j 根柱的受剪承载力计算公式为

$$V_{yij} = (M_{cij}^u + M_{cij}^l)/H_{ni}$$

注：H_{ni} 为第 i 层的净高，可由层高 H 减去该层上、下梁高的 1/2 求得。

可得：$V_{y6A} = (199.70 + 133.14)/(3.6 - 0.6) = 110.95(\text{kN})$

   $V_{y5A} = (133.14 + 156.14)/(3.6 - 0.6) = 96.43(\text{kN})$

   $V_{y4A} = (156.14 + 208.19)/(3.6 - 0.6) = 121.44(\text{kN})$

   $V_{y3A} = (208.19 + 208.19)/(3.6 - 0.6) = 138.79(\text{kN})$

   $V_{y2A} = (208.19 + 293.93)/(3.6 - 0.6) = 167.37(\text{kN})$

   $V_{y1A} = (226.32 + 1668.26)/(4.7 - 0.6/2) = 430.59(\text{kN})$

   $V_{y6B} = (282.60 + 195.31)/(3.6 - 0.6) = 159.30(\text{kN})$

   $V_{y5B} = (195.31 + 253.36)/(3.6 - 0.6) = 149.56(\text{kN})$

   $V_{y4B} = (253.36 + 337.81)/(3.6 - 0.6) = 197.06(\text{kN})$

   $V_{y3B} = (337.81 + 337.81)/(3.6 - 0.6) = 225.21(\text{kN})$

   $V_{y2B} = (337.81 + 381.71)/(3.6 - 0.6) = 239.84(\text{kN})$

   $V_{y1B} = (293.91 + 2014.22)/(4.7 - 0.6/2) = 524.58(\text{kN})$

5. 楼层受剪承载力 V_{yi} 的计算

将第 i 层各柱的屈服承载力相加即得楼层受剪承载力

$$V_{yi} = \sum V_{yij}$$

则 $V_{y6} = (V_{y6A} + V_{y6B}) \times 2 = (110.95 + 159.30) \times 2 = 540.5(\text{kN})$

   $V_{y5} = (96.43 + 149.56) \times 2 = 491.98(\text{kN})$

   $V_{y4} = (121.44 + 197.06) \times 2 = 637(\text{kN})$

   $V_{y3} = (138.79 + 225.21) \times 2 = 728(\text{kN})$

   $V_{y2} = (167.37 + 239.84) \times 2 = 814.42(\text{kN})$

   $V_{y1} = (430.59 + 524.58) \times 2 = 1910.34(\text{kN})$

6. 罕遇地震下弹性楼层剪力 V_e 的计算

8 度水平地震影响系数最大值 $\alpha_{max}=0.16$，此时可用 0.9/0.16 的比值乘以多遇地震作用下层间地震弹性剪力 V_i 求出 V_e，V_i 的计算结果在第四部分已经算出，则

$$V_{e6}=1283.69\times0.9/0.16=7220.76(kN)$$

$$V_{e5}=2331.73\times0.9/0.16=13115.98(kN)$$

$$V_{e4}=3182.23\times0.9/0.16=17900.04(kN)$$

$$V_{e3}=3835.20\times0.9/0.16=21573(kN)$$

$$V_{e2}=4289.87\times0.9/0.16=24130.52(kN)$$

$$V_{e1}=4528.28\times0.9/0.16=25471.58(kN)$$

7. 楼层屈服承载力系数 ξ_{yi} 的计算

该建筑共有 9 榀横向框架，故

$$\xi_{y6}=9V_{y6}/V_{e6}=9\times540.5/7220.76=0.674$$

$$\xi_{y5}=9V_{y5}/V_{e5}=9\times491.98/13115.98=0.338$$

$$\xi_{y4}=9V_{y4}/V_{e4}=9\times637/17900.04=0.320$$

$$\xi_{y3}=9V_{y3}/V_{e3}=9\times728/21573=0.304$$

$$\xi_{y2}=9V_{y2}/V_{e2}=9\times814.42/24130.52=0.304$$

$$\xi_{y1}=9V_{y1}/V_{e1}=9\times1910.34/25471.58=0.675$$

以上计算部分总结见表 10.11.3。

表 10.11.3   楼层屈服承载力系数

层次	柱	M_c^u/kN·m	M_c^l/kN·m	V_{yij}/kN	V_{yi}/kN	V_{ei}/kN	ξ_{yi}
6	A	199.70	133.14	110.95	540.5	7220.76	0.674
	B	282.60	195.31	159.30			
	C	282.60	195.31	159.30			
	D	199.70	133.14	110.95			
5	A	133.14	156.14	96.43	491.98	13115.98	0.338
	B	195.31	253.36	149.56			
	C	195.31	253.36	149.56			
	D	133.14	156.14	96.43			
4	A	156.14	208.19	121.44	637	17900.04	0.320
	B	253.36	337.81	197.06			
	C	253.36	337.81	197.06			
	D	156.14	208.19	121.44			
3	A	208.19	208.19	138.79	728	21573	0.304
	B	337.81	337.81	225.21			
	C	337.81	337.81	225.21			
	D	208.19	208.19	138.79			

层次	柱	$M_c^u/\text{kN}\cdot\text{m}$	$M_c^l/\text{kN}\cdot\text{m}$	V_{yij}/kN	V_{yi}/kN	V_{ei}/kN	ξ_{yi}
2	A	208.19	293.93	167.37			
	B	337.81	381.71	239.84	814.42	24130.52	0.304
	C	337.81	381.71	239.84			
	D	208.19	293.93	167.37			
1	A	226.32	1668.26	430.59			
	B	293.91	2014.22	524.58	1910.34	25471.58	0.675
	C	293.91	2014.22	524.58			
	D	226.32	1668.26	430.59			

可知，$\xi_{y,\min}=\xi_{y3}=0.304$，第三层薄弱层，但与相邻层比较：

$$0.8\xi_{y\text{平均}}=0.8\times(0.304+0.320)/2=0.250<0.302$$

说明仍属于比较均匀的框架。

查表得弹塑性位移增大系数 $\eta_p=1.80$

8. 层间弹塑性位移验算（第 2 层）

$$\Delta u_e=V_e/D=21573\times10^3/709840=30.39(\text{mm})$$

由于计算中 D 值采用纯框架刚度，并未考虑填充墙的刚度，而在计算基本周期 T_1 时考虑了非结构填充墙的影响系数 0.6，使得 T_1 减小而 V_e 增大，两者不协调。由于 V_e 与 T_1 成正比，故可对 Δu_e 进行折减：

$$\Delta u_e=0.6\times30.39=18.23(\text{mm})$$

则弹塑性层间位移 $\Delta u_p=\eta_p\Delta u_e=1.80\times18.23=32.81(\text{mm})<[\theta_p]h=3600/50=72(\text{mm})$ 故满足要求。

10.12 楼板设计

10.12.1 楼板类型及设计方法的选择

对于楼板，根据塑性理论，$l_{02}/l_{01}<3$ 时，在荷载作用下，在两个正交方向受力且都不可忽略，在本方案中，$l_{02}/l_{01}=2$，故属于双向板。设计时按塑性绞线法设计。

10.12.2 设计参数

1. 双向板肋梁楼盖结构布置图和板带划分图（图 10.12.1）

2. 设计荷载

(1) 对于 1～5 层楼面，活载：$q=1.3\times2.0=2.6(\text{kN/m}^2)$

恒载：$g=1.2\times3.95=4.74(\text{kN/m}^2)$

$q+g=4.74+2.6=7.34(\text{kN/m}^2)$

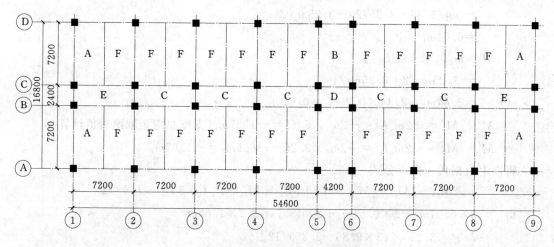

图 10.12.1 楼盖结构布置图

(2) 对于 6 层屋面，活载：$q=1.3 \times (2.0+0.2)=2.86(\mathrm{kN/m^2})$

恒载：$g=1.2 \times 5.35=6.42(\mathrm{kN/m^2})$

$q+g=2.86+6.42=9.28(\mathrm{kN/m^2})$

3. 计算跨度

(1) 内跨：$l_0=l_c-b$（l_c 为轴线长、b 为梁宽）

(2) 边跨：$l_0=l_c-250+50-b/2$

4. 选材

楼板采用 C30 混凝土，板中钢筋采用 I 级钢筋，板厚选用 120mm，$h/l_{01}=120/3600=1/30 \geqslant 1/50$，符合构造要求。

10.12.3 弯矩计算

首先假定边缘板带跨中配筋率与中间板带相同，支座截面配筋率不随板带而变，取同一数值，跨中钢筋在离支座 $l_1/4$ 处间隔弯起。

取 $m_2=am_1$，$a=1/n^2=1/4=0.25$（其中 n 为长短跨比值）

取 $\beta'_1=\beta''_1=\beta'_2=\beta''_2=2$，然后利用下式进行连续运算：

$$2M_{1u}+2M_{2u}+M_{1u}^I+M_{1u}^{II}+M_{2u}^I+M_{2u}^{II}=P_u l_{01}^2(3l_{02}-l_{01})/12$$

对于 1～5 层楼面

A 区板格：

$l_{01}=l_c-250+50-b/2$

$\quad =3600-250+50-300/2$

$\quad =3250(\mathrm{mm})$

$l_{02}=l_c-250+50-b/2$

$\quad =7200-250+50-300/2$

$\quad =6850(\mathrm{mm})$

$M_1=m_1(l_{02}-l_{01}/2)+m_1 l_{01}/4$

$$= m_1(6.85-3.25/2)+3.25m_1/4$$

$$=6.04m_1$$

$$M_2=m_2 l_{01}/2+m_2 l_{01}/4$$

$$= 3.25m_2/2+3.25m_2/4$$

$$=2.44m_2=2.44\times0.25m_1=0.61m_1$$

$$M_1^I= M_1^{II}=-2m_1 l_{02}=-2m_1\times6.85=-13.7m_1(支座总弯矩取绝对值计算)$$

$$M_2^I= M_2^{II}=-2m_2 l_{01}=-2m_2\times3.25=-6.5m_2=-1.62m_1$$

将以上数据代入以下公式

$$2M_{1u}+2M_{2u}+ M_{1u}^I+M_{1u}^{II}+M_{2u}^I+ M_{2u}^{II}=P_u l_{01}^2(3 l_{02} - l_{01})/12$$

得　　$$2\times6.04m_1+2\times0.61m_1+2\times13.7m_1+2\times1.62m_1$$

$$=7.34\times3.25^2\times(3\times6.85-3.25)/12$$

$$43.94m_1=111.77$$

$$m_1=2.54(\text{kN}\cdot\text{m})$$

$$m_2=0.25\times2.54=0.64(\text{kN}\cdot\text{m})$$

$$m_1^I=0,m_1^{II}=(-2)\times1.40=-2.80(\text{kN}\cdot\text{m})　（和 E 的 M_1^{II} 相等）$$

$$m_2^I=0,m_2^{II}=(-2)\times0.82=-1.64(\text{kN}\cdot\text{m})　（和 F 的 M_2^{II} 相等）$$

对其他区格板，按同理进行计算，详细过程从略，计算结果列于表 10.12.1、表 10.12.2。

表 10.12.1　　　　　按塑性绞线法计算弯矩表（1～5 层楼面）　　　　单位：kN·m

区格	A	B	C	D	E	F
l_{01}/m	3.25	3.90	2.10	2.10	2.10	3.30
l_{02}/m	6.85	6.85	6.90	3.90	6.88	6.85
M_1	$6.04m_1$	$5.89m_1$	$6.42m_1$	$3.42m_1$	$6.37m_1$	$6.02m_1$
M_2	$0.61m_1$	$0.72m_1$	$0.39m_1$	$0.39m_1$	$0.38m_1$	$0.62m_1$
M_1^I	$-13.7m_1$	$-13.7m_1$	$-13.9m_1$	$-7.9m_1$	$-13.8m_1$	$-13.7m_1$
M_1^{II}	$-13.7m_1$	$-13.7m_1$	$-13.9m_1$	$-7.9m_1$	$-13.8m_1$	$-13.7m_1$
M_2^I	$-1.62m_1$	$-1.92m_1$	$-1.05m_1$	$-1.05m_1$	$-1.02m_1$	$-1.65m_1$
M_2^{II}	$-1.62m_1$	$-1.92m_1$	$-1.05m_1$	$-1.05m_1$	$-1.02m_1$	$-1.65m_1$
m_1	2.54	3.41	1.16	1.03	1.11	2.61
m_2	0.64	0.85	0.29	0.26	0.28	0.65
m_1^I	0	0	-2.32	-2.06	-2.22	-2.32
M_1^{II}	-2.22	-2.06	-2.32	-2.06	-2.22	0
M_2^I	0	-1.70	-0.58	-0.52	0	-1.30
m_2^{II}	-1.30	-1.70	-0.58	-0.52	-0.58	-1.30

表 10.12.2　　　　按塑性绞线法计算弯矩表（6 层屋面）　　　　单位：kN·m

区格	A	B	C	D	E	F
l_{01}/m	3.25	3.90	2.10	2.10	2.10	3.30
l_{02}/m	6.85	6.85	6.90	3.90	6.88	6.85
M_1	$6.04m_1$	$5.89m_1$	$6.42m_1$	$3.42m_1$	$6.37m_1$	$6.02m_1$
M_2	$0.61m_1$	$0.72m_1$	$0.39m_1$	$0.39m_1$	$0.38m_1$	$0.62m_1$
M_1^I	$-13.7m_1$	$-13.7m_1$	$-13.9m_1$	$-7.9m_1$	$-13.8m_1$	$-13.7m_1$
M_1^{II}	$-13.7m_1$	$-13.7m_1$	$-13.9m_1$	$-7.9m_1$	$-13.8m_1$	$-13.7m_1$
M_2^I	$-1.62m_1$	$-1.92m_1$	$-1.05m_1$	$-1.05m_1$	$-1.02m_1$	$-1.65m_1$
M_2^{II}	$-1.62m_1$	$-1.92m_1$	$-1.05m_1$	$-1.05m_1$	$-1.02m_1$	$-1.65m_1$
m_1	3.21	4.31	1.47	1.30	1.40	3.30
m_2	0.81	1.07	0.37	0.33	0.35	0.82
m_1^I	0	0	-2.94	-2.60	-2.80	-2.94
M_1^{II}	-2.80	-2.60	-2.94	-2.60	-2.80	0
M_2^I	0	-2.14	-0.74	-0.66	0	-1.64
m_2^{II}	-1.64	-2.14	-0.74	-0.66	-0.74	-1.64

10.12.4　截面设计

受拉钢筋的截面积按公式 $A_s = M/(r_s h_0 f_y)$，其中 r_s 取 0.9。

对于四边都与梁整结的板，中间跨的跨中截面及中间支座处截面，其弯矩设计值减小 20%。

钢筋的配置：符合内力计算的假定，全板均匀布置。

以第 1 层 A 区格 l_1 方向为例

截面有效高度　　　　　　　$h_{01} = h - 20 = 120 - 20 = 100(\mathrm{mm})$

$$A_s = M/(r_s h_0 f_y) = 2.54 \times 10^6 / 0.9 / 270 / 100 = 134.39(\mathrm{mm^2})$$

配筋 $\phi 6@200$，实有 $A_s = 28.3 \times 1000 / 200 = 141.5$（$\mathrm{mm^2}$）

对于 1～5 层楼面，各区格板的截面计算与配筋见表 10.12.3、表 10.12.4。

表 10.12.3　　　　　　　　按塑性绞线法计算的截面计算与配筋表

	项目		h_0/mm	$M/\mathrm{kN \cdot m}$	$A_s/\mathrm{mm^2}$	配筋	实有 A_s /$\mathrm{mm^2}$
跨中	A 区格	l_1 方向	100	2.54	134.39	$\phi 6@200$	141.50
		l_2 方向	90	0.64	37.62	$\phi 6@300$	94.33
	B 区格	l_1 方向	100	3.41	180.42	$\phi 6@150$	188.67
		l_2 方向	90	0.85	49.97	$\phi 6@300$	94.33
	C 区格	l_1 方向	100	1.16×0.8	49.10	$\phi 6@300$	94.33
		l_2 方向	90	0.29×0.8	13.64	$\phi 6@300$	94.33
	D 区格	l_1 方向	100	1.03×0.8	43.60	$\phi 6@300$	94.33
		l_2 方向	90	0.26×0.8	12.23	$\phi 6@300$	94.33

项目			h_0/mm	$M/kN \cdot m$	A_s/mm^2	配筋	实有 A_s /mm²
跨中	E 区格	l_1 方向	100	1.11	58.73	Φ6@300	94.33
		l_2 方向	90	0.28	16.46	Φ6@300	94.33
	F 区格	l_1 方向	100	2.61	138.10	Φ6@200	141.50
		l_2 方向	90	0.65	38.21	Φ6@300	94.33
支座	A-E		100	−2.22	117.46	Φ6@200	141.50
	A-F		100	−1.30	68.78	Φ6@300	94.33
	E-F		100	−2.32	122.75	Φ6@200	141.50
	F-F		100	−1.30	68.78	Φ6@300	94.33
	C-F		100	−2.32	122.75	Φ6@200	141.50
	B-F		100	−1.70	89.95	Φ6@300	94.33
	C-D		100	−0.58	30.69	Φ6@300	94.33
	B-D		100	−2.06	109.00	Φ6@250	113.20
	C-C		100	−0.58	30.69	Φ6@300	94.33
	C-E		100	−0.58	30.69	Φ6@300	94.33

表 10.12.4　　按塑性绞线法计算的截面计算与配筋表（6 层屋面）

项目			h_0/mm	$m/kN \cdot m$	A_s/mm^2	配筋	实有 A_s /mm²
跨中	A 区格	l_1 方向	100	3.21	169.84	Φ6@150	188.67
		l_2 方向	90	0.81	47.62	Φ6@300	94.33
	B 区格	l_1 方向	100	4.31	228.04	Φ6@100	283.00
		l_2 方向	90	1.07	62.90	Φ6@300	94.33
	C 区格	l_1 方向	100	1.47×0.8	62.22	Φ6@300	94.33
		l_2 方向	90	0.37×0.8	17.40	Φ6@300	94.33
	D 区格	l_1 方向	100	1.30×0.8	55.03	Φ6@300	94.33
		l_2 方向	90	0.33×0.8	15.52	Φ6@300	94.33
	E 区格	l_1 方向	100	1.40	74.07	Φ6@300	94.33
		l_2 方向	90	3.35	196.94	Φ6@100	283.00
	F 区格	l_1 方向	100	3.30	174.60	Φ6@150	188.67
		l_2 方向	90	0.82	48.21	Φ6@300	94.33
支座	A-E		100	−2.80	148.15	Φ6@150	188.67
	A-F		100	−1.64	86.77	Φ6@300	94.33
	E-F		100	−2.94	155.56	Φ6@150	188.67
	F-F		100	−1.64	86.77	Φ6@300	94.33
	C-F		100	−2.94	155.56	Φ6@150	188.67

项目		h_0/mm	m/kN·m	A_s/mm²	配筋	实有 A_s /mm²
支座	B－F	100	－2.14	113.23	Φ6@200	141.50
	C－D	100	－0.74	39.15	Φ6@300	94.33
	B－D	100	－2.60	137.57	Φ6@200	141.50
	C－C	100	－0.74	39.15	Φ6@300	94.33
	C－E	100	－0.74	39.15	Φ6@300	94.33

10.13 楼梯设计

10.13.1 设计参数

1. 楼梯结构平面布置图

楼梯结构平面布置图如图 10.13.1 所示。

2. 基本情况

层高 3.6m，踏步尺寸 150mm×300mm，采用混凝土强度等级 C20，钢筋 HPB300 级，楼梯上均布活荷载标准值 $q=3.5$kN/m²。

10.13.2 楼梯板计算

板倾斜度 $\tan\alpha = 150/300 = 0.5$，$\cos\alpha = 0.894$

设板厚 $h=120$mm，约为板斜长的 1/30。

取 1m 宽板带计算。

1. 荷载计算

梯段板的荷载见表 10.13.1。

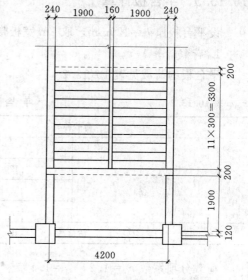

图 10.13.1 楼梯结构平面布置图

表 10.13.1 梯 段 板 的 荷 载

荷载种类		荷载标准值/(kN/m)
恒载	水磨石面层	(0.3+0.15)×0.65/0.3＝0.98
	三角形踏步	0.3×0.15×25/2/0.3＝1.88
	斜板	0.12×25/0.894＝3.36
	板底抹灰	0.02×17/0.894＝0.38
	小计	6.6
活荷载		3.5

荷载分项系数 $r_G=1.2$，$r_Q=1.4$

基本组合的总荷载设计值　$p=6.6\times1.2+3.5\times1.4=12.82(kN/m)$

2. 截面设计

板水平计算跨度 $l_0=3.3(m)$

弯矩设计值
$$M=pl_0^2/10$$
$$=12.82\times3.3^2/10$$
$$=13.96(kN\cdot m)$$

$h_0=120-20=100(mm)$

$\alpha_s=M/(f_cbh_0^2)=13.96\times10^6/9.6/1000/100^2=0.145$

$\xi=1-(1-\alpha_s)^{1/2}=0.157$

$r_s=0.922$

$A_s=M/(r_sf_yh_0)=13.96\times10^6/0.922/270/100=517.04(mm^2)$

选 $\Phi10@110$，实有 $A_s=714mm^2$；分布筋按构造要求选用 $\phi8$，每级踏步下一根。

10.13.3　平台板计算

设平台板厚 $h=120mm$，取 1m 宽板带计算。

1. 荷载计算

平台板的荷载见表 10.13.2。

表 10.13.2　　平台板的荷载

荷载种类		荷载标准值/(kN/m)
恒载	水磨石面层	0.65
	120厚混凝土板	$0.12\times25=3.00$
	板底抹灰	$0.02\times17=0.34$
	小计	3.99
活荷载		3.5

荷载分项系数 $r_G=1.2$，$r_Q=1.4$

基本组合的总荷载设计值　$p=3.99\times1.2+1.4\times3.5=9.69(kN/m)$

2. 截面设计

板的计算跨度 $l_{2n}=1.9(m)$

弯矩设计值　$M=pl_0^2/10=9.69\times1.9^2/10=3.50(kN\cdot m)$

$h_0=120-20=100(mm)$

$\alpha_s=M/(f_cbh_0^2)=3.50\times10^6/9.6/1000/100^2=0.036$

$\xi=1-(1-\alpha_s)^{1/2}=0.037$

$r_s=0.926$

$A_s=M/(r_sf_yh_0)=3.50\times10^6/0.926/270/100=139.99(mm^2)$

选 $\Phi6@140$，实有 $A_s=202(mm^2)$

分布筋 $\phi6$，每级踏步下一根。

10.13.4 平台梁计算

设平台梁截面为 $b \times h = 200\text{mm} \times 350\text{mm}$。

1. 荷载计算

平台梁的荷载见表 10.13.3。

表 10.13.3　　平 台 梁 的 荷 载

荷载种类		荷载标准值/(kN/m)
恒载	梁自重	$0.2 \times (0.35 - 0.07) \times 25 = 1.4$
	梁侧粉刷	$0.02 \times (0.35 - 0.07) \times 2 \times 17 = 0.19$
	平台板传来	$2.74 \times 2.1/2 = 2.88$
	梯段板传来	$6.6 \times 3.3/2 = 10.89$
	小计	15.36
活荷载		$3.5 \times (3.3/2 + 2.1/2) = 9.45$

荷载分项系数 $r_G = 1.2$，$r_Q = 1.4$

基本组合的总荷载设计值　$p = 15.36 \times 1.2 + 9.45 \times 1.4 = 31.66(\text{kN/m})$

2. 截面设计

计算跨度 $l_0 = l_n = 4.2 - 0.24 = 3.96(\text{m})$

内力设计值
$$M = pl_0^2/8$$
$$= 31.66 \times 3.96^2/8$$
$$= 62.06(\text{kN} \cdot \text{m})$$
$$V = pl_n/2 = 31.66 \times (4.2 - 0.24)/2 = 62.69(\text{kN})$$

近似按矩形截面计算

$h_0 = 350 - 35 = 315(\text{mm})$

$\alpha_s = M/(f_c b h_0^2) = 62.06 \times 10^6/9.6/200/315^2 = 0.326$

$\xi = 1 - (1 - \alpha_s)^{1/2} = 0.410$

$r_s = 0.795$

$A_s = M/(r_s f_y h_0) = 62.06 \times 10^6/0.795/270/315 = 917.8(\text{mm}^2)$

选 3Φ20，实有 $A_s = 941(\text{mm}^2)$

斜截面受剪承载力计算

配置箍筋Φ6@200：

则 $V_{cs} = 0.7 f_t b h_0 + f_{yv} n A_{sv1} h_0/s$

$= 0.7 \times 1.1 \times 200 \times 315 + 270 \times 2 \times 28.3 \times 315/200$

$= 78439(\text{N}) > 51460(\text{N})$ 满足要求。

10.14　基础设计

10.14.1　地质及水文资料

（1）土质（表 10.14.1）。

表 10.14.1	土 层 分 布	
素填土（容重 17.2kN/mm²）	土层厚 0.5m	
亚黏土（容重 18.0kN/mm²）	土层厚 1.0m	$f_k = 180$kN/m²
黏土（容重 7.2kN/mm²）	土层厚 6.0m	$f_k = 300$kN/m²

（2）冻结深度：-0.60m。

（3）地下水：无侵蚀性，最高地下水位距地面为 3.0m，最低地下水位距地面为 5.0m。

10.14.2 基础类型

地基承载力较高，地质情况良好，采用柱下钢筋混凝独立基础即可满足要求。地基主要受力范围内不存在软弱黏性土，且建筑层数不超过 8 层，高度在 24m 以下，根据《建筑抗震设计规范》第 4.2.1 条，本基础可不进行抗震承载力验算。

混凝土强度等级采用 C30（$f_c = 14.3$MPa，$f_t = 1.43$MPa），纵筋采用 HRB400（$f_y = 360$MPa），箍筋采用 HPB300（$f_y = 270$MPa）。

基础埋置深度为 1.6m，柱断面为 700mm×700mm，地基承载力标准值按上所给的地质剖面土参数，取 $f_k = 300$kPa。

10.14.3 作用于基础顶面上的荷载

按地基承载力确定基础底面积时，传至基础底面上的荷载效应按正常使用极限状态下荷载效应的标准组合。

A 柱：$F_k = 1299.32 + 311.04 = 1610.36$（kN）

$M_k = 12.50 + 3.86 + (7.33 + 2.26) \times (1.6 - 0.5) = 26.91$（kN·m）

B 柱：$F_k = 1426.54 + 436.32 = 1862.86$（kN）

$M_k = 8.78 + 2.57 + (5.48 + 1.61) \times (1.6 - 0.5) = 19.15$（kN·m）

10.14.4 确定基础的底面尺寸

基础埋置深度：根据地质条件取黏土作为持力层，则 $f_{ak} = 300$kPa，埋深取 1.6m。

1. A 柱

（1）初估基底尺寸。

由于基底尺寸未知，持力层土的承载力特征值先仅考虑深度修正，由于持力层为黏土，故查表 $\eta_d = 1.0$，$\eta_b = 0.00$。

$r_m = (17.2 \times 0.5 + 18.0 \times 1.0 + 17.0 \times 0.1)/1.6 = 17.7$（kN/m³）

$f_a = f_{ak} + \eta_d \gamma_m (d - 0.5) = 300 + 1.0 \times 17.7 \times (1.6 - 0.5) = 319.47$（kPa）

$A \geqslant \dfrac{1.1 F_k}{f_a - r_G d} = \dfrac{1.1 \times 1610.36}{319.47 - 20 \times 1.6} = 6.16$（m²）

取 $l/b = 1.5$m。则 $l = 3.2$（m），$b = 2.1$（m），A = 6.72（m²）

则基础底面抗弯刚度为 $W = \dfrac{bl^2}{6} = \dfrac{2.1 \times 3.2^2}{6} = 3.58$（m³）

200

（2）按持力层强度验算基底尺寸即地基承载力。

偏心距：$e=\dfrac{\sum M_k}{\sum F_k}=26.91/(1610.36+20\times1.6\times6.72)=0.015(\mathrm{m})$

$e<\dfrac{l}{6}=3.2/6=0.53\ (\mathrm{m})$

$p_{k\ \min}^{\ \max}=\dfrac{\sum F_k}{A}\pm\dfrac{\sum M_k}{W}=\dfrac{1610.36+20\times1.6\times6.72}{6.72}\pm\dfrac{26.91}{3.58}=\dfrac{279.15}{264.12}\ (\mathrm{kN/m^2})$

$P_k=\dfrac{\sum F_k}{A}=(1610.36+20\times1.6\times6.72)/6.72=271.64(\mathrm{kN/m^2})$

$<f_a=319.47(\mathrm{kPa})$

$p_{\max}=279.15(\mathrm{kN/m^2})<1.2f_a=319.47\times1.2=383.36(\mathrm{kPa})$

$\dfrac{1}{2}(p_{k\max}+p_{k\min})=\dfrac{1}{2}(279.15+264.12)=271.64<f_a=319.47(\mathrm{kPa})$

所以满足要求（图10.14.1）。

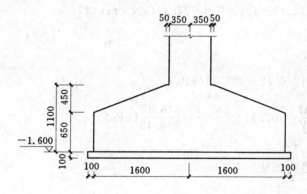

图10.14.1　A柱下独立基础尺寸

2. B柱

（1）初估基底尺寸。

$A\geqslant\dfrac{1.1F_k}{f_a-r_Gd}=\dfrac{1.1\times1862.86}{319.47-20\times1.6}=7.13(\mathrm{m^2})$

取 $l/b=1.5\mathrm{m}$，则 $l=3.5$，$b=2.3\mathrm{m}$，$A=8.05(\mathrm{m^2})$

则基础底面抗弯刚度为 $W=\dfrac{bl^2}{6}=\dfrac{2.3\times3.5^2}{6}=4.90(\mathrm{m^3})$

（2）按持力层强度验算基底尺寸即地基承载力。

偏心距：$e=\dfrac{\sum M_k}{\sum F_k}=\dfrac{19.15}{(1862.86+20\times1.6\times8.05)}=0.009(\mathrm{m})$

$e<\dfrac{l}{6}=\dfrac{3.5}{6}=0.58(\mathrm{m})$

$p_{k\ \min}^{\ \max}=\dfrac{\sum F_k}{A}\pm\dfrac{\sum M_k}{W}=\dfrac{1862.86+20\times1.6\times8.05}{8.05}\pm\dfrac{19.15}{4.90}=\dfrac{267.32}{259.50}(\mathrm{kN/m^2})$

$$P_k = \frac{\sum F_k}{A} = (1862.86 + 20 \times 1.6 \times 8.05)/8.05 = 263.41(\text{kN/m}^2)$$

$$< f_a = 319.47(\text{kPa})$$

$$p_{max} = 267.32(\text{kN/m}^2) < 1.2 f_a = 319.47 \times 1.2 = 383.36(\text{kPa})$$

$$\frac{1}{2}(p_{kmax} + p_{kmin}) = \frac{1}{2}(267.32 + 259.50) = 263.41 < f_a = 319.47(\text{kPa})$$

所以满足要求。

10.15　基础结构设计

1. 荷载设计值

基础结构设计时，需按荷载效应基本组合设计值进行计算。

A 柱：$F = 2065.12(\text{kN})$

$\quad\quad M = 20.74 + 1.1 \times 12.15 = 34.11(\text{kN·m})$

B 柱：$F = 2362.15(\text{kN})$

$\quad\quad\quad M = 14.43 + 1.1 \times 9.0 = 24.33(\text{kN·m})$

2. A 柱

(1) 基底净反力。

$$P_j = \frac{F}{A} = 2065.12/6.72 = 307.31(\text{kPa})$$

$$P_j \frac{max}{min} = \frac{F}{A} \pm \frac{M}{W} = 307.31 \pm \frac{34.11}{3.58} = \frac{316.17}{298.45}(\text{kPa})$$

(2) 冲切验算。

$\beta_{hp} = 0.93$ （线性内插法）

$b_c = 600$ （mm）

$b_c + 2h_0 = 600 + 2 \times 1050 = 2700(\text{mm}) > b = 2100(\text{mm})$

$$b_m h_0 = (b_c + h_o)h_0 - \left(\frac{b_c}{2} + h_0 - \frac{b}{2}\right)^2$$

$$= (0.6 + 1.05) \times 1.05 - (0.6/2 + 1.05 - 2.1/2)^2 = 1.64(\text{m}^2)$$

所以 $A_l = \left(\frac{l}{2} - \frac{a_c}{2} - h_0\right)b = \left(\frac{3.2}{2} - \frac{0.6}{2} - 1.05\right) \times 2.1 = 0.53(\text{m}^2)$

$$F_l = p_{jmax}A_l = 316.17 \times 0.53 = 167.57(\text{kN})$$

$$0.7\beta_{hp}f_t b_m h_o = 0.7 \times 0.93 \times 1.43 \times 1.72 \times 10^3 = 1601.2(\text{kN}) > F_l$$

基础高度满足要求。

(3) 配筋。

$$p_{j,I} = p_{j,min} + \frac{l + a_c}{2l}(p_{j,max} - p_{j,min}) = 298.45 + (3.2 + 0.6)/6.4 \times (316.17 - 298.48)$$

$$= 308.95(\text{kPa})$$

$$M_l = \frac{1}{48}(l - a_c)^2 [(2b + b_c)(p_{jmax} + p_{j,I}) + (p_{j,max} - p_{j,I})b]$$

$$= \frac{1}{48}(3.2-0.6)^2 \times [(2\times 2.1+0.6)(316.17+308.95)+(316.17-308.95)\times 2.1]$$

$$= 424.72(\text{kN} \cdot \text{m})$$

$$A_{s1} = \frac{M_1}{0.9f_y h_0} = \frac{424.72\times 10^6}{0.9\times 360\times 1050} = 1248.43(\text{mm}^2)$$

$$M_2 = \frac{1}{48}(p_{j\max}+p_{j\min})(b-b_c)^2(2l+a_c)$$

$$= \frac{1}{48}\times(316.17+298.45)\times(2.1-0.6)^2\times(2\times 3.2+0.6)$$

$$= 201.67(\text{kN} \cdot \text{m})$$

$$A_{s2} = \frac{M_2}{0.9f_y h_0} = \frac{201.67\times 10^6}{0.9\times 360\times 1050} = 592.80(\text{mm}^2)$$

3. B 柱

(1) 基底净反力。

$$P_j = \frac{F}{A} = 2362.15/8.05 = 293.43(\text{kPa})$$

$$P_j \frac{\max}{\min} = \frac{F}{A} \pm \frac{M}{W} = 293.43 \pm \frac{24.33}{4.90} = \frac{29840}{28847}(\text{kPa})$$

(2) 冲切验算。

$$\beta_{hp} = 0.93(\text{线性内插法})$$

$$b_c = 600(\text{mm})$$

$$b_c + 2h_0 = 600 + 2\times 1050 = 2700(\text{mm}) > b = 2300(\text{mm})$$

$$b_m h_0 = (b_c + h_o) h_0 - \left(\frac{b_c}{2} + h_0 - \frac{b}{2}\right)^2$$

$$= (0.6+1.05)\times 1.05 - (0.6/2+1.05-2.3/2)^2 = 1.69 \ (\text{m}^2)$$

所以 $A_l = \left(\frac{l}{2} - \frac{a_c}{2} - h_0\right)b = \left(\frac{3.5}{2} - \frac{0.6}{2} - 1.05\right)\times 2.3 = 0.92(\text{m}^2)$

$$F_l = p_{j\max}A_l = 298.40\times 0.92 = 274.53(\text{kN})$$

$$0.7\beta_{hp}f_t b_m h_o = 0.7\times 0.93\times 1.43\times 1.69\times 10^3 = 1573.27(\text{kN}) > F_l$$

基础高度满足要求。

(3) 配筋。

$$p_{j,\text{I}} = p_{j,\min} + \frac{l+a_c}{2l}(p_{j,\max}-p_{j,\min}) = 288.47 + (3.5+0.6)/7\times(298.40-288.47)$$

$$= 294.29(\text{kPa})$$

$$M_l = \frac{1}{48}(l-a_c)^2 [(2b+b_c)(p_{j\max}+p_{j,\text{I}})+(p_{j,\max}-p_{j,\text{I}})b]$$

$$= \frac{1}{48}\times(3.5-0.6)^2 \times [(2\times 2.3+0.6)\times(298.40+294.29)+(298.40-294.29)\times 2.3]$$

$$= 541.65(\text{kN} \cdot \text{m})$$

$$A_{s1} = \frac{M_1}{0.9f_y h_0} = \frac{541.65\times 10^6}{0.9\times 360\times 1050} = 1592.14(\text{mm}^2)$$

$$M_2 = \frac{1}{48}(p_{jmax} + p_{jmin})(b - b_c)^2(2l + a_c)$$

$$= \frac{1}{48} \times (298.40 + 288.47) \times (2.3 - 0.6)^2 \times (2 \times 3.5 + 0.6)$$

$$= 268.54 (\text{kN} \cdot \text{m})$$

$$A_{s2} = \frac{M_2}{0.9 f_y h_0} = \frac{268.54 \times 10^6}{0.9 \times 360 \times 1050} = 789.36 (\text{mm}^2)$$

10.16　施工图

钢筋混凝土框架结构的结构图一般包括：图纸目录，结构设计总说明，基础平面布置及基础详图，结构平面布置（楼面和屋面），框架梁、柱配筋图，楼、屋盖板的配筋图，楼梯间布置和楼梯构件配筋。具体施工图由于版面大而在本书中省略。

附　　录

附录1　普通钢筋的强度标准值和强度设计值

附录 1.1　　　　　　　　　　普通钢筋的强度标准值

牌号	符号	公称直径 d/mm	屈服强度标准值 f_{yk}/(N/mm²)	极限强度标准值 f_{stk}/(N/mm²)
HPB300	Φ	6～22	300	420
HRB335 HRBF335	Φ ΦF	6～50	335	455
HRB400 HRBF400 RRB400	Φ ΦF ΦR	6～50	400	540
HRB500 HRBF500	Φ ΦF	6～50	500	630

附录 1.2　　　　　　　　　　普通钢筋的强度设计值

牌号	抗拉强度设计值 f_y	抗压强度设计值 f'_y
HPB300	270	270
HRB335、HRBF335	300	300
HRB400、HRBF400、RRB400	360	360
HRB500、HRBF500	435	410

附录2　混凝土强度标准值和强度设计值

附录 2.1　　　　　　混凝土强度标准值　　　　　　单位：N/mm²

强度种类	混凝土强度等级													
	C15	C20	C25	C30	C35	C40	C45	C50	C55	C60	C65	C70	C75	C80
f_{ck}	10.0	13.4	16.7	20.1	23.4	26.8	29.6	32.4	35.5	38.5	41.5	44.5	47.4	50.2
f_{tk}	1.27	1.54	1.78	2.01	2.20	2.39	2.51	2.65	2.74	2.85	2.93	2.99	3.05	3.11

注　f_{ck}—混凝土轴心抗压强度；f_{tk}—混凝土轴心抗拉强度。

附录 2.2　　　　混凝土轴心抗压、抗拉强度设计值　　　　单位：N/mm²

强度种类	混凝土强度等级													
	C15	C20	C25	C30	C35	C40	C45	C50	C55	C60	C65	C70	C75	C80
f_c	7.2	9.6	11.9	14.3	16.7	19.1	21.1	23.1	25.3	27.5	29.7	31.8	33.8	35.9
f_t	0.91	1.10	1.27	1.43	1.57	1.71	1.80	1.89	1.96	2.04	2.09	2.14	2.18	2.22

注　f_c—混凝土轴心抗压强度；f_t—混凝土轴心抗拉强度。

附录3 混凝土弹性模量（×10⁴）

混凝土强度等级	C15	C20	C25	C30	C35	C40	C45	C50	C55	C60	C65	C70	C75	C80
E_c	2.20	2.55	2.80	3.00	3.15	3.25	3.35	3.45	3.55	3.60	3.65	3.70	3.75	3.80

附录4 钢筋的公称直径、公称截面面积

公称直径 /mm	不同根数钢筋的公称截面面积/mm²								
	1	2	3	4	5	6	7	8	9
6	28.3	57	85	113	142	170	198	226	255
8	50.3	101	151	201	252	302	352	402	453
10	78.5	157	236	314	393	471	550	628	707
12	113.1	226	339	452	565	678	791	904	1017
14	153.9	308	461	615	769	923	1077	1231	1385
16	201.1	402	603	804	1005	1206	1407	1608	1809
18	254.5	509	763	1017	1272	1527	1781	2036	2290
20	314.2	628	942	1256	1570	1884	2199	2513	2827
22	380.1	760	1140	1520	1900	2281	2661	3041	3421
25	490.9	982	1473	1964	2454	2945	3436	3927	4418
28	615.8	1232	1847	2463	3079	3695	4310	4926	5542
32	804.2	1609	2413	3217	4021	4826	5630	6434	7238
36	1017.9	2036	3054	4072	5089	6107	7125	8143	9161
40	1256.6	2513	3770	5027	6283	7540	8796	10053	11310
50	1963.5	3928	5892	7856	9820	11784	13748	15712	17676

参 考 文 献

[1] 中华人民共和国国家标准. 混凝土结构设计规范（GB 50010—2010）. 北京：中国建筑工业出版社，2010.

[2] 中华人民共和国国家标准. 建筑抗震设计规范（GB 50011—2010）. 北京：中国建筑工业出版社，2010.

[3] 中华人民共和国行业标准. 高层建筑混凝土结构技术规程（JGJ 3—2010）. 北京：中国建筑工业出版社，2010.

[4] 中华人民共和国国家标准. 建筑结构荷载规范（GB 50009—2012）. 北京：中国建筑工业出版社，2012.

[5] 中华人民共和国国家标准. 建筑地基基础设计规范（GB 50007—2011）. 北京：中国建筑工业出版社，2011.

[6] 国家建筑标准设计. 混凝土结构施工图平面整体表示方法制图规则和构造详图（11G101）. 北京：中国建筑标准设计研究所出版，2011.

[7] 国家建设部《建筑工程设计文件编制深度的规定》（建质［2008］216 号令）.

参 考 文 献

[1]
[2]
[3]
[4]
[5]
[6]
[7]